Territorial Spatial
Planning Support Systems
for Small Town Clusters Based on
Cloud Services and
Crowdsourcing Technologies

基于云服务
与众包技术的小城镇群
国土空间规划
支撑系统

张 明 李晓锋 李 兵 编著

中国建筑工业出版社

前 言

FOREWORD

2019年5月23日，中央政府颁发了《关于建立国土空间规划体系并监督实施的若干意见》（下称《意见》），该《意见》是对我国下阶段城镇化路径和可持续发展的重大策略部署。《意见》明确国土空间规划作为支撑国家社会经济发展空间引导指南，将既有的主体功能区规划、土地利用规划、城乡规划等空间规划融合，建立"多规合一"的规划编制审批、实施监督、法规政策和技术标准体系，实现全国国土空间开发保护"一张图"，从而全面提升国土空间在全国、区域和地方等各尺度层面的现代化规划与治理水平，构建生产空间集约高效、生活空间宜居丰富、生态空间和谐安全的空间格局，以保障社会经济的高质量发展和人民生活的高品质提升。然而，全国各地区和城市要完成从过去的条块部门各自制定与实施规划向整合的国土空间规划转型面临许多挑战，这些挑战来自体制、人员、标准、方法、数据和技术等方面。内陆偏远的城市和小城镇地区由于既有经济和技术条件局限面临的挑战更甚于经济相对发达的沿海地区和大中城市。

本书聚焦的地域对象是我国偏远地区县级或类似行政区划内的城市和乡镇。县是我国历史上最稳定的行政地理单元。县域内城镇和乡村共存，城乡聚落呈多元分布的离散空间形态，市、镇、乡之间被农林地隔离，在中西部和山地地区彼此交通联系不便，但行政和经济甚至传统习俗为同一整体。因此，县域是完成国土空间规划、实现健康城镇化目标的关键地域单元。本书将县域内的城、镇、乡作为一个整体对待，称之为"小城镇群"。"小城镇群"与国家层面的"城市群"概念在空间特征上有一定的类比性。"城市群"是指在地域上相对集聚的多核心、多层次城市组团。城市群内的各城市相对独立但在经济、生态和社会环境层面互动互通、彼此依存。本书的"小城镇群"概念特指县域内各发展规模不等、特质多样、空间上相对独立分布但社会经济、环境生态和文化传统密切相关的城镇聚落。

1949年以来我国小城镇地区发展政策定位多变，缺乏有特别针对性的、促进小城镇群健康城镇化发展的理论、专业和技术支撑。经济改革开放大大推进了我国的城市化和城市发展，但也普遍存在小城镇简单复制大城市发展建设模式，山区城镇机械套用平原地区技术方法，内陆城镇盲目因循沿海发达地区已走之路等弊端，由此形成了小城镇高成本、粗线条和同质化的城镇化走势。典型问题可概括为城镇化生态成本高，表现为城镇建设用地侵占农田，城镇水、大气等环境条件不断恶化，城镇文化特色丧失、千城一面等。与此同时，乡镇人居环境质量较低，表现为居住条件拥挤、居住环境杂乱，道路、给水排水、供电、燃气等基础设施落后，教育、医疗、文化等公共服务设施承载力不足，难以支撑新增城镇人口。此外，还普遍存在多元违"规"现象，违"规"体现在多个方面，如违反城乡规划乱拆乱建，违反自然规律削山造城、填湖建城，以及城市管理中出现的违反规章制度现象。小城镇群要走可持续发展的健康城镇化之道，必须结合自身条件，充分利用迅速发展的信息科技，借助外部智力资源，克服区位和专业技术瓶颈制约，提高综合规划水平、提升行业管理服务能力。

本书介绍面向小城镇群智慧规划建设与管理的技术集成和应用。技术集成的核心内容来自"十二五"国家科技支撑计划项目"小城市（镇）组群智慧规划建设和综合管理技术集成与示范（2015BAJ05B00）"的研究成果。项目负责单位为武汉大学，参与单位包括湖北省基础地理信息中心、湖北省测绘成果档案馆、武汉市规划研究院和湖北省神农架林区规划局和规划建筑设计院。项目的相关研究和示范应用工作历时三年，2018年通过课题验收，2019年通过项目验收。该项目的立项和展开呼应当时学术界和国家相关部委热烈讨论和强调在国家和地方层面实现国民经济和社会发展规划、城市总体规划和土地利用规划的"三规合一""多规合一"。项目完成验收之际正值《意见》正式发布之时，项目瞄准"多规合一"实施的技术难题，面向技术和经济实力相对薄弱的小城市（镇）发展需求，其研究内容和技术成果与《意见》确定的目标高度契合，具有较强的适时意义和推广应用潜力。

本书包括三篇共16章。第一篇含2章，分别介绍集成技术研究的背景和综述国内外相关技术应用。第二篇是集成技术的核心内容，分9章介绍，第3～5章为技术基础，包括多源数据融合、众包数据存取和云平台构建三个技术子系统。第6～11章为六个技术应用子系统，分别为生态承载力评估、建设用地适宜性评价、"多规"协同与冲突预警、远程专家评审、公众参与和基于手机众包技术的城镇建设反馈。第三篇含5章，介绍所开发的技术基础和规划应用子系统在神农架林区的实施示范。最后第16章为结论部分，总结项目的九项主要技术成果和六个创新点，同时概括技术成果的应用效益和推广前景以及项目研发和实施中遇到的主要问题，为未来技术改进和研究方向提出建议。

本书各章节初稿内容源于"小城市（镇）组群智慧规划建设和综合管理技术集成与示范（2015BAJ05B00）"的研究报告。项目及报告总负责人为张明、李兵。李晓锋、周俊负责项目管理、报告统筹和应用示范组织工作。在此报告基础上作者重构了本书框架，更新了各章节相关内容和插图。相关章节所介绍的技术研发与示范应用工作以及初始报告的撰写主要贡献人情况如下：第 1 章：张明、李晓锋、周俊、徐涛；第 2 章：张明、李晓锋、王国恩、杜宁睿、黄经南、黄正东、周俊、林沐、李兵、余晓敏；第 3 章：李兵、吴则刚、石永阁、赵晶；第 4 章：李兵、蔡为、余晓敏、秦昆、詹伟、赵晶、严宏基；第 5 章：蔡为、佘凯琪、李兵、石永阁；第 6 章、第 7 章：黄经南、王国恩、李臻、刘稳、李琛；第 8 章：杜宁睿、周末、鲁晨、陈婷婷；第 9 章：于卓、林莉；第 10 章：王玮、陈志高、李秭尧、周文亮、李文姝；第 11 章：黄正东、林沐、李博闻；第 12 章：李兵、詹伟、赵晶、蔡为、余晓敏、秦昆、严宏基；第 13 章：黄经南、李臻、刘稳、李琛、陈婷婷；第 14 章：杜宁睿、周末、鲁晨、于卓、林莉、陈婷婷；第 15 章：黄正东、林沐、李博闻、王玮、陈志高、李文姝、陈婷婷；第 16 章：张明、李晓锋。项目的若干成果已有参项成员在城乡规划和测绘领域的相关期刊上发表（详见各章节的参考文献）。本书对这些已发表文章的有关内容和插图酌情选用。本书终稿的修订及插图重绘由张明和李晓锋完成。

除上述所列各章节的贡献人之外，还有其他人员参与了项目不同阶段的相关工作，包括焦洪赞、吴昊、牛强、郑丽娜、王慧妮、邢光成、周毅、杨丽、郭涛等（如有遗漏，敬请原谅）。感谢各位对该项目所作的贡献！

特别致谢神农架林区政府领导和有关部门对本项目的示范应用所作的努力和支持，具体包括罗栋梁、牟波、贾成华、牛运辉、望开全、舒慧。林区相关部门在项目基础资料调研、项目技术应用培训和项目成果实施应用的过程中给予了项目组全力支持和保障。诚挚致谢刘奇志、何保国、陈韦等相关部门领导对项目工作的开展提供了大力支持。还有众多专家学者、工程技术人员和学生对项目的技术研发和示范应用做出了指导和贡献，在此一并致谢！

期望本书所介绍的技术成果和应用示范能为偏远地区小城镇群的"多规合一"实践及规划建设管理作出贡献，也希望在利用众包和云服务等新技术推进国土空间规划方面对其他地区和城镇有所裨益。书中不足之处，盼请批评指正。

张明　李晓锋　李兵

目 录

CONTENTS

第三篇 应用示范

后 记

Territorial Spatial
Planning Support Systems
for Small Town Clusters Based on
Cloud Services and
Crowdsourcing Technologies

第一篇

背 景

第 1 章　项目背景、系统概念与设计

1.1　国家和地方发展对智慧规划管理的需求

　　我国城镇化发展对信息技术应用和智慧规划管理的需求体现在国家及相关部委的规划纲要与文件里。《国家中长期科学和技术发展规划纲要（2006—2020 年）》（下称《纲要》）明确了我国城镇化与城市发展重点领域的发展思路，其中包括"以城镇区域科学规划为重点，促进城乡合理布局和科学发展，发展现代城镇区域规划关键技术及动态监控技术；加强信息技术应用，提高城市综合管理水平，开发城市数字一体化管理技术，建立城市高效、多功能、一体化综合管理技术体系"。同时，《纲要》将"城镇区域规划与动态监测""城市信息平台"列为优先专题。基于《纲要》的《国家"十二五"科学与技术发展规划》提出"大力加强民生科技核心关键技术突破"，对于"强化绿色城镇关键技术创新，促进城市和城镇化可持续发展"领域，提出"加强城镇区域规划与动态监测、城市功能提升与空间节约利用、城市生态居住环境质量保障和城市信息平台等技术研发"。

　　2014 年 3 月，国务院发布了《国家新型城镇化规划（2014—2020 年）》（以下简称《规划》）。《规划》对全国城镇化健康发展进行宏观性、战略性和基础性指导，要求促进各类城市协调发展，特别要加快中小城市和城镇的发展，把加快发展中小城市作为优化城镇规模结构的主攻方向。《规划》强调在我国进入全面建成小康社会的决定性阶段和城镇化深入发展的关键时期，通过推进智慧城镇建设，提高城镇规划的科学性，加强空间开发管制，健全规划管理体制机制，提升规划建设水平，以达到提高城镇可持续发展能力的目标。

　　"十二五"期间，国家在"城镇化与城市发展"领域立项了二十多个支撑计划研究课题，研究对象涵盖城市群、大城市、特殊地域（如西部）及专项建筑技术，但未有特别针对小

城市（镇）智慧城镇化需求应用的专项课题。我国小城市（镇）实现智慧规划建设与管理存有诸多迫切需求，主要反映在以下四个方面。

1.1.1　急需规划建设与综合管理数据集成

我国空间信息技术集成在城乡规划领域的应用起步较晚，缺乏规划建设和管理服务所需的地理空间和社会经济数据的集成是普遍问题，特别是小城市（镇）问题尤为严重。虽然信息技术应用、智慧城市建设在相对发达的大中城市逐步实施并有效地提高了规划管理和服务能力，但小城市（镇）受技术力量和硬件基础等条件约束，智慧城镇建设远远滞后。例如，国家测绘地理信息局的"天地图"建设项目，目前仅达到地级城市，主要的信息存储局限在省、地市州地理单元层面，小城市（镇）数据很少甚至残缺，普及到小城市（镇）至少还需要 5～8 年。同时，因建设周期长、维护成本高、所要求的技术力量强，短期内绝大多数小城市（镇）难以受惠。许多地方的"数字城市""智慧城市"建设依然存在数据分散、标准不统一、时间不一致的现状，小城市（镇）急需对城市规划、管理服务与监督反馈等各个环节的多源、海量、高维、异构数据进行整合管理，为智慧城镇化提供地理与社会经济时空数据集成服务。云计算、云服务技术的发展为小城市（镇）克服信息基础设施和技术等方面的瓶颈约束提供了契机。

1.1.2　急需规划建设与管理信息更新的经济适用技术手段

智慧城市建设，特别是规划建设与管理信息的史新需要有较好的基础设施、大量经济投入和支撑，而小城市（镇）尤其是地处偏僻地区的城镇和乡村交通不便，建设发展的物资和人员投入成本较高，经济实力义相对较低，这些约束条件使得小城市（镇）对地理信息数据入库和更新成本难以支付。因此，急需相对低成本的规划建设与管理信息更新技术，降低数据采集、处理和更新的经济成本门槛，弥补基础设施和专业人员缺乏的不足，推进小城市（镇）的规划建设管理信息化和智慧城镇建设。位于当前国际发展前沿的众包技术（Crowd Sourcing），借助普及程度高的手机，发动和利用大众力量，提供了相对低费用的数据获取和更新途径，值得大力开拓、充分利用。

1.1.3　急需综合规划编制和协同管理的技术支撑

我国 2004 年颁布实施的《中华人民共和国土地管理法》及 2008 年开始施行的《中华人民共和国城乡规划法》均提出了"三规合一"的相关要求，但在实践操作中，国民经济和社会发展规划、土地利用总体规划和城市总体规划（"三规"）之间仍缺乏有效的衔接，严重影响了城市和区域的可持续发展进程。究其原因，一方面是由于"三规"在规划内容、技术标准、目标等方面均存在差异；另一方面，"三规"的编制和实施分属不同部门，各部门彼此之间缺乏协调甚至部门利益冲突，导致开发管理上的混乱和建设成本的增加。实现"三规合一"或"多规合一"急需综合规划编制和协同管理的技术支撑，构建统一的基础地理信息库、统一的规划编制平台和统一的协同工作平台，以支撑各类规划编制与实施，解决"多规合一"在数据、标准、编制和实施协调等多方面的矛盾。国家力推的国土空间规划是基于先前的"三规合一""多规合一"等政策所采取的系统性、政策性和机制性的全面拓展和落实措施。

1.1.4　急需规划建设动态监测与服务的人员和技术力量

用于规划建设动态监测与服务的常规 3S 技术、4D 产品等技术方法大多应用在地理信息基础条件较好、经济实力较强的大中城市，而且建设周期长、维护成本高，需要充分的技术力量和硬件基础。小城市（镇）普遍缺乏这些基础，急需寻找和开发相对低建设成本、低应用维护费用、适宜于小城市（镇）的规划建设管理信息技术，弥补基础设施和专业人员的不足。与此同时，城乡建设开发过程中屡屡发生利益冲突，基于网页和手机等移动终端应用技术已成为公众维权和参与的重要工具。迫切需要开发利用基于手机的众包新技术，搭建公众参与的平台，拓宽信息沟通渠道，及时化解矛盾和潜在的开发建设冲突，维护社会稳定，促进城镇健康和谐发展。

针对国家，尤其是小城市（镇）智慧城镇化发展的需求，由武汉大学牵头、五家单位组成的联合团队于 2014 年申请并获批了"十二五"国家科技支撑计划项目"小城市（镇）组群智慧规划建设和综合管理技术集成与示范（2015BAJ05B00）"。该项目旨在突破小城市（镇）可持续发展面临的技术瓶颈制约，基于智慧/数字城市建设已有成果，瞄准技术科学理论发展前沿（"市民科学"，Citizen Science），借鉴引入云计算和基于手机的众包模式，研发示范面向小城市（镇）、相对低成本投入的智慧规划、管理和服务的技术集成，助力提升小城市（镇）智慧城镇化发展水平。其成果对促进我国新型城镇化建设在小城市（镇）发展和区域协同发展层面均具有特别的示范作用。

项目选择技术应用的地域目标为县或县级市域，以及部分地级市和类似级别的行政区。它们是城、镇共存的相对稳定、基层的区划地理单元，城镇聚落呈空间离散分布（尤其在中西部和山地地区），但行政和经济文化为同一整体。在项目中称之为小城市（镇）组群，本书中直称为"小城镇群"。项目选择国家可持续发展实验区湖北省神农架林区为应用示范区。该区所辖八个乡镇聚落离散地分布于 3253km^2 的范围，单个城镇的地形地貌、区位经济和发展历史特征鲜明，整体则构成位于同一生态、经济和行政架构下相互关联的地域组群。项目研发的小城镇群智慧规划建设和综合管理技术，结合了神农架林区的特征条件，同时又具有普适示范作用。

1.2 研究目标与任务分解

本项目针对小城镇群智慧城市建设基础较为薄弱的现状，开展基于云平台和移动终端众包技术的小城镇群智慧规划建设和综合管理技术集成与示范。项目依托省级地理信息成果与云平台服务基础，研发面向小城镇群规划建设与管理服务云平台关键技术，构建"地理信息、规划信息、公众反馈信息"三位一体的数据信息处理云平台，实现服务于小城镇群的动态数据处理更新功能，为智慧规划决策支持提供技术基础与数据支撑，同时借助移动终端的动态、普及度高的优势，实现面向流式数据的整合与信息半自动提取。项目结合城镇规划建设与管理实践需要，研究小城镇群规划支持技术和基于移动终端众包技术的建设管理关键技术。

围绕总体目标，项目分解为两个课题开展研发。如图 1-1 所示，课题 1 研发小城镇群智慧规划建设与综合管理服务时空信息云平台。课题 2 研发基于云平台的智慧规划与管理专题应用技术集成。两个课题研发的技术成果在国家可持续发展实验区湖北省神农架林区展开示范应用，检测各个子系统的实践应用效果，验证其可行性和有效性，为该系统的推广应用提供示范。

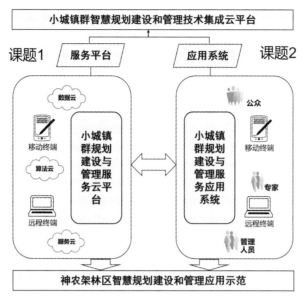

图 1-1 项目研究总体方案

图 1-2 所示为项目分解课题的具体目标和课题相互间的目标关联。课题 1 的主要研发内容含三个目标任务：目标 1 研发面向云平台的规划建设与管理数据融合技术，目标 2 研发面向众包数据的动态接入与存储处理技术，目标 3 研发面向小城镇群的规划建设与管理

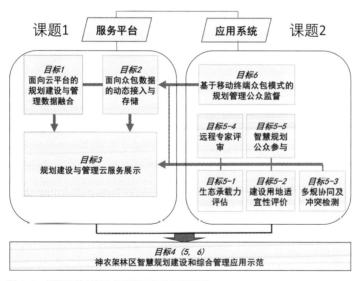

图 1-2 课题具体目标和课题相互间的目标关联

基于云服务与众包技术的小城镇群国土空间规划支撑系统

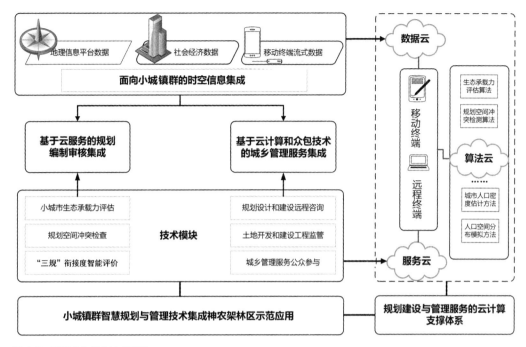

图 1-3　项目实施总体技术路线

云服务机制。课题 2 含两组六个具体研究目标，目标 5-1 到目标 5-5 研发为规划编制与评审应用服务的技术模块，目标 6 研发基于移动终端众包模式的规划管理公众监督的技术应用模块。目标 4 由课题 1 和课题 2 共同完成，将各课题目标成果在神农架林区作示范应用。图 1-3 展示了项目的实施总体技术路线。

1.3　研究内容

1.3.1　课题 1 研究内容

课题 1 "小城镇群智慧规划建设与管理服务时空信息云平台技术"研究内容包括以下三个方面。

（1）面向云平台的规划建设与管理数据融合

规划建设与管理数据整合技术的研发内容主要包括基于基础地理空间数据的规划管理网格构建、面向云平台的小城镇群规划信息整合以及规划数据同步与反馈更新技术三大模块。其中，基于基础地理空间数据的规划管理网格通过对山地小城镇群地理空间可达性建模、构建多尺度规划管理网格和实现基础地理空间数据与规划管理数据的多尺度网格化匹配来构建；面向云平台的小城镇群规划信息整合的具体技术线路包括小城镇群规划数据组织标准、规划空间数据与非空间数据关联技术、垂直规划数据与跨部门规划数据一致性融合技术；规划数据同步与反馈更新技术需实现地理空间规划信息网格新增、地理空间规划信息网格灭失、地理空间规划信息网格替换、地理空间规划信息网格合并以及地理空间规划信息网格分裂五个技术模块。

（2）面向云平台的众包数据的动态接入与存储处理

来自移动终端与传感器的数据具有实时性、易失性、突发性、无序性、无限性等流式特征，因而这类数据的接入与处理对于本项目具有十分重要的意义。众包数据的优点是获取成本低、来源广，缺陷是统计噪声大、质量可靠性相对低，尤其是照片类型的海量数据不可能完全依靠人工视觉解读。因此，需要开发特别算法加以储存、索引、展示和建模。根据城镇规划建设和管理服务工作的类别不同，众包数据管理应用也不同。小城镇群众包数据实时更新与动态存储的技术体系主要包括众包数据的采集与分类、存储与管理、时空索引与快速检索以及处理与并行策略的具体应用，设计开发小城镇群众包数据的动态接入与存储子系统。

（3）小城镇群规划建设与管理云服务机制

规划建设与管理服务平台是一个复杂的大系统，用户涵盖普通大众、行业用户、专家和决策者等多个层次，平台所涵盖的功能服务也比较多，集成技术和方法多。因此，基于当前云技术和地理信息公共服务，构建面向小城镇群规划建设与管理服务的时空信息云平台，建立全局优质的应用共享服务平台迫切需要解决的问题。考虑现有基础设施、数据和服务资源的利用，保护政府投资、拓展服务功能、创新智能管理，实现与时空信息资源的协同共享和有效利用，项目建设充分利用湖北省测绘地理信息局时空信息数据中心资源和建设成果。依托湖北省自然资源厅地理信息公共服务平台，构建面向小城镇群规划建设与管理服务的云计算支撑服务体系，实现时空信息资源和规划数据成果与服务的集中管理、共享服务和增值服务，集中体现有机整合、深度利用，用云计算、知识引擎实现利用按需服务的信息服务共享。

1.3.2　课题 2 研究内容

课题 2 "小城镇群智慧规划建设和管理应用技术与示范" 依托课题 1 的云平台研究六个子系统，这六个子系统对应上述目标 5-1 ~ 目标 5-5 和目标 6，分别为生态承载力评估、建设用地适宜性评价、多规协同及冲突检测、远程专家评审、智慧规划公众参与和基于移动终端众包模式的规划管理公众监督。

（1）生态承载力评估

对于山地城市建设，生态承载力评估的必要性比平原城市更为重要。该子系统研发集成数据管理模块、空间分析模块和统计分析模块，通过用户与云服务系统的交互式操作，实现不同发展情景下小城镇群生态承载力评估，建立评价分区，并在系统中引入灰色系统，提高生态承载力评估的弹性，增强规划的灵活性。具体内容包括生态承载力评估模型研究、生态承载力评估因子影响权重的半自动评估技术、生态承载力评估及分区技术和统计分析及可视化技术。

（2）建设用地适宜性评价

该子系统根据小城镇群自然资源、社会经济、产业发展、城市建设、生态环境等现状条件，兼顾环境效益、经济效益、社会效益，建立重大项目选址分析因子和评价体系，动态生成量化评价报告，辅助规划管理人员合理规划设计、科学管理决策，快速、准确、直观地筛选出符合条件的选址方案，为城市规划管理决策提供可靠依据。具体内容包括建设用地适宜性评价基本原则标准研究、建设用地适宜性类型分类标准研究、建设用地适宜性影响因子及指标体系研究、建设用地适宜性分析模型和建设用地选址综合评价模型开发。

（3）多规协同及冲突检测

针对小城镇群规划专业管理人员技术薄弱的特点，基于云服务平台，开发面向规划管理人员的"多规"协同及冲突检测子系统。重点从经济发展目标、发展规模、土地用途、空间布局、开发强度及生态保护等方面进行分析，建立"多规"协同评价模型及专家系统，同时利用冲突检测工具，对"多规"的规划目标、发展规模、空间定位、土地类型及用途等的冲突与差异进行检测，自动生成差异列表，并进行预警提示。具体内容包括"多规"协同智能评价指标体系研究、指标权重确定（熵值法）、"多规"协同指标体系和智能评价（格兰杰因果关系检验法）、"多规"空间冲突自动检测技术和"多规"空间冲突处理及预警技术。

（4）远程专家评审

应对小城镇群地域偏远，交通成本和设计成本较高等特点，开发面向规划建筑专业设计人员和评审专家的远程评审子系统。基于基础地理信息系统的拓展，通过远程在线登录子系统，向相关专家提供技术规范和行业标准查询、空间数据多模式分析、周边项目分析、指标测算等测评功能，使各地的专家能够在统一平台上对某一项目进行测评，并能够将不同专家的测评报告按照统一的专题格式提交到数据云进行存档，同时也可以通过数据云调阅其他专家的测评报告以供参阅、讨论。具体内容包括规范标准与法规知识库建设、空间数据多模式分析技术、集成服务规划编制的空间数据分析方法和技术工具及避让检测与指标测算技术。

（5）智慧规划公众参与

在"互联网＋"时代，公众的参与与话语权意识不断增强，本子系统开发基于云服务平台的"智慧规划公众参与软件"，支持规划管理及编制人员对公众手机发布规划成果，收集不同格式的公众意见众包数据，对公众意见进行整理、分类，统计分析公众意见数据生成报表进行展示，通知规划管理、编制人员，将公众意见处理情况实时反馈给公众参与终端，并实时了解规划建议的最新动态，最终形成互联网模式下的规划公众参与及互动平台。平台同时支持基于 PC 客户端和基于手机客户端的参与互动功能。鉴于微信公众号已是国内主要的自媒体平台之一，本研究主要面向广大的手机用户群体，利用微信公众号精准传播、高效传播的特点，快速寻找目标人群，解决规划问题，从而创新传统的规划编制方法。本子系统开发基于智能手机的"规划公众参与手机应用程序"，便利公众获取、查询城乡规划信息，向服务器发送公众意见众包数据，开展问卷调查，再通过云服务器上的"智慧规划公众参与软件"将信息筛查后提交规划编制人员、管理人员进行处理，并将公众意见处理情况发布于手机终端。

（6）基于移动终端众包模式的规划管理公众监督

为应对城乡建设开发过程中屡屡发生的利益冲突现象，网络和移动终端应用技术已成为政府管理和公众监督的重要工具。本子系统利用众包新技术，研发适用于多用户群体的反馈平台，同时多方位实时监督城镇建设用地和建设工程，及时发现、预警违规违章现象和建设管理隐患所在，联动迅速处理，提高动态处理快速反应能力。研发内容包括违法用地与建设监督举报、灾情实时报警、交通路况信息实时反馈和基础设施故障反馈等技术模块，这些模块功能均通过手机 App 实施。

六个子系统主题内容的选择考虑了我国当下城镇化和城乡发展规划的热点和难点问题，即生态问题、保护用地和建设用地的矛盾、多规合一、公众参与和规划建设精细化管理。每个子系统的开发都采用了相对成熟的相关理论和方法，以保证该子系统应用的专业可靠性和稳定性。这六个子系统并非城乡规划与管理实践工作的所有内容，但涵盖了涉及城乡规划与管理实践的前期自然环境条件分析、中期规划编制和相关规划与政策分析、中后期规划方案的专家评审和公众参与，以及后期规划实施与管理。六个子系统内在逻辑联系紧密，构成完整、集成的智慧规划与管理支撑体系。项目研发的技术支撑子系统（课题 1 的研究内容）和规划管理应用子系统（课题 2 的研究内容）在神农架林区完成示范应用，根据规划与管理业务的不同特点，各子系统的示范应用范围包括全林区以及辖区内的四个镇，分别为松柏镇、木鱼镇、新华镇和红坪镇。

第 2 章　国内外相关研究与技术综述

本章概述国内外相关研究和技术应用的现状与发展趋势。

2.1　"智慧城市""数字城市"

2008 年 11 月，IBM 提出了"智慧的地球"这一理念，进而引发了智慧城市研究和建设的热潮。在欧美，智慧城市的建设在多个城市开展。例如，美国迪比克市以建设智慧城市为目标，将城市的水电油气、交通和公共服务等数字化并连接起来，监测、分析和整合各种数据，进而智能化地响应市民的需求并降低城市的能耗和成本，使迪比克市更适合居住和商业发展（Wood, 2013）。在西班牙，巴塞罗那利用各种传感器设备，包括盲道信号传感器、停车感应器、智能垃圾箱容量检测器与气味传感器等，对城市生产生活的细节进行监督与管理（Bakici, et al., 2012）。在北欧，瑞典首都斯德哥尔摩通过设置路边监视器，利用射频识别、激光扫描和自动拍照等技术，对车辆进行自动识别，降低了交通拥堵水平和温室气体排放量，丹麦首都哥本哈根通过规划使得市民在一公里以内能使用到轨道交通来降低碳排放量（Paskaleva, 2019）。在亚洲，韩国以网络和移动终端为基础，将资源数字化、网络化、可视化和智能化，实现行政服务智能化。在新加坡，完善的资讯通信基础设施帮助实现高密度高速网络覆盖和高度的城市管理公众参与与行政服务电子化。在日本，数字信息技术融入电子政务治理、医疗健康服务、教育与人才培养三大公共事业领域，智能电网战略抢占未来低碳经济制高点（巫细波，杨再高，2010；Allwinkle, Cruickshank, 2011；Mahizhnan, 1999）。

国内数字城市的建设在全面推进、重点突破的渐进式过程中，已经从地方试点演变成为全国推广的国家推动模式，随着城市化进程的加速和信息技术的迅猛发展，数字／智慧城市建设已经成为战略和社会发展的重要方向。深圳大力建设"智慧深圳"作为推进建设国家创新型城市的突破口，着力完善智慧基础设施、发展电子商务支撑体系、推进智能交通、培育智慧产业基地，已被有关部委批准为国家三网融合试点城市（黄明顺，潘慧，2015）。南京提出要以智慧基础设施建设、智慧产业建设、智慧政府建设、智慧人文建设为突破口建设"智慧南京"（何军，2013）。沈阳市政府与IBM合作，创新运用绿色科技和智慧技术，以互联网和物联网的融合为基础，打造"生态沈阳"（刘思，等，2017）。

武汉城市圈提出完善软件与信息服务发展环境，加快信息服务业、服务外包、物联网、云计算等智慧产业的发展（丛晓男，庄立，2018）。宁波提出以网络数据基地、软件研发推广产业基地、智慧装备和产品研发与制造基地、智慧服务业示范推广基地、智慧农业示范推广基地、智慧企业总部基地为重点加快智慧产业发展（李卫忠，2013）。昆山依托其发达的高新技术提出要大力发展物联网、电子信息、智能装备等智慧产业，支撑智慧城市建设。昆山此次智慧城市建设重点包括智能交通、智慧医疗、服务型电子政务等方面，从而为城市运营和管理提供更好的指导能力和管控能力（周菡琦，等，2016）。佛山市为了打造"智慧佛山"，提出了建设智慧服务基础设施十大重点工程（李长海，2013）。

上海推出的《上海推进云计算产业发展行动方案》（即"云海计划"）中认为"智慧城市"建设所需要的云计算是非常重要的基础条件（邢帆，2011）。南昌通过实施数字南昌综合指挥调度平台、智能交通系统、市政府应急系统、"数字城运""数字城管"等重大工程，提升城市运行监测和城市公共信息服务水平（黄峥，2012）。

杭州因地制宜提出了建设"绿色智慧城市"，着力发展以信息、环保和新材料等为主导的智慧产业（金烨，2012）。重庆提出要以生态环境、卫生服务、医疗保健、社会保障等为重点建设智慧城市，提高市民的健康水平和生活质量，打造"健康重庆"（唐相桢，等，2021）。

成都提出要提高城市居民素质，完善创新人才的培养、引进和使用机制，以智慧的人文为构建智慧城市提供坚实的智慧源泉（李卫忠，2013）。

在科研层面，"十二五"国家科技支撑计划"智慧城市管理公共信息平台关键技术研究与应用示范"项目为当前智慧城市建设作出的探索性研究是本项目重要的立项基础与案例。该项目在智慧城市管理公共信息平台软件、智慧城市地理信息数据库、智慧城市建设综合信息管理、城市停车诱导与泊位管理、城市居民智慧出行服务、智慧社区民生服务、公共住房与保障对象智能撮合、智能街道公共服务八个分系统已取得了阶段性的成果。如智慧城市管理公共信息平台软件已完成第一版原型系统开发，完成地名智能定位、GPS导航定位、视屏集成等接口研发并测试；完成城市多维数据资源管理、城市地理信息数据整合与转换、应用构建和配置管理四个子系统原型系统研发与集成测试。智慧城市建设综合信息管理实现了三维建筑模型批量自动化构建，基本开发完成重要公共设施选址规划、建筑物合法性凭证参考、道路通达性分析等功能模块。基于这些技术，与之对接的城市智慧规划建设和综合管理技术集成即显现出其开发迫切性。

2.2　规划数据库技术研发

2.2.1　城市三维地理空间数据库

城市三维地理空间是基于 GIS 软件的常用规划表达形式。国内已有学者（刘刚，等2011；张元生，等，2010；朱良峰，等，2006）提出了兼顾空间关系和语义关系的三维空间数据模型，用于地质体数据的集成。顾及语义对地学数据进行多尺度划分而给出的顾及语义差异的多尺度模型序列和基于 6 层 LOD 的地上下无缝集成多尺度建模的体系结构，使得三维地质建模成为三维 GIS 在地学中的一个重要应用。三维地层模型对实际的地质分析的极大作用使得该数据库在城市生态建设与灾害预警等方面具有相当重要的分量。

城市三维地理空间数据库也应用于"十二五"期间提出的地理国情普查。通过开展重要地理国情信息普查，建设地理国情动态监测信息系统；基本建成地理国情监测技术体系、指标体系和标准体系，基本具备常态化监测重要、典型地理国情信息的能力；开展相关试点和示范工作，完成对地形地貌、地表覆盖、地理界线等地理国情信息的统计、分析工作；形成重要与典型地理国情监测信息统计分析报告和多样化地理国情信息产品，逐步建立地理国情信息报告机制；通过整合并充分利用各级、各类基础地理信息资源，开展重要地理

　　　　　　　　　基于云服务与众包技术的小城镇群国土空间规划支撑系统

国情信息普查，构建国家级地理国情动态监测信息系统，持续对全国范围的自然、生态等地理环境要素进行空间化、定量化、常态化监测，构建地理国情信息网格，形成定期报告和监督机制，从而实现该数据库对政府、企业和公众的服务，为国家战略规划制定、空间规划管理、区域政策制定、灾害预警、科学研究和为社会公众服务等提供有力保障。

2.2.2　传统的社会经济属性关联数据库

空间数据与经济数据关联数据库（RDBMS）是应用最为广泛的城市规划数据库，如总人口、国内生产总值等社会经济数据一般是以基层行政区为基本单元，通过普查、抽样统计等方式，经过逐级汇总后最终形成的二维表格。这些数据通常使用关联型数据结构以实现存储、检索、更新、数据分析和信息重现等功能。

传统关联型社会经济数据库具有较强的法律归属性，并以严谨的统计学理论和方法作为支撑，具有权威、系统、规范等特点。但在实际应用中也存在许多不足，如时间分辨率低、更新周期长，空间分辨率低，调查单元不稳定、不规则，直观性差，不支持空间运算和分析等。

当前，在社会经济数据空间化与网格化数据库建设方面，已建成一批全球尺度和国家尺度的社会经济网格数据库，如世界栅格人口数据库（Gridded Population of the World, GPW）（SEDAC, 2021）、LandScan 人口分布数据库（LandScan Population Distribution Database）（ORNL, 2021）、世界地理栅格化经济数据集（Geographically based Economic data）（Yale University, 2011）、中国 1km 栅格人口和经济数据集等（付晶莹，等，2014）。但因其多建立在较大的空间尺度上，且数据更新成本高、周期长，难以适应小城市（镇）组群智慧城市建设对于数据服务的需求。

2.2.3　分布式数据库

关系数据库在传统 GIS 领域中具有重要作用，但近年来，伴随着卫星通信、GPS、RFID、无线传感器、物联网通信、视频跟踪等技术的不断发展与广泛应用，全球范围内各种大小的移动对象都能得到较为准确的定位和有效跟踪。这些技术使得信号接收设备可以从定位终端上采集到大量流式数据（如浮动车数据、轨迹数据和视频流数据等）。这些数据蕴含着非常丰富的信息，并且随着时间的推移，数据量会变得越来越庞大、复杂，迫切需要进行进一步扩展和灵活的分析。

对于海量空间数据的存储、组织、管理，过去主要依赖于传统关系型数据库，直接使用或者在其上构建海量空间数据存储管理系统，例如直接使用 Oracle Spatial，或通过在 RDBMS 之上借助空间数据引擎中间件实现空间数据的管理，代表性的产品有 ESRI 的 ArcSDE、MapInfo 的 SpatialWare 等（马荣华，黄杏元，2003；李清泉，李德仁，2014）。

随着空间数据精度不断提高，数据量不断增大，信息获取方法也更加多样化，传统时空分析侧重于库存数据，比如遥感影像处理、DEM 分析等，对数据先存储后计算，实时性不高；传统数据挖掘从数据库中发现的规则只能反映当下的数据状况，一旦数据更新之后，先前挖掘的规则可能不适用，而重新进行挖掘又费时费力的缺点不断暴露出来，使得对海量数据的存储、组织和管理成为亟待解决的问题。

面对动辄以 TB，甚至 PB 计的数据，基于关系型数据库的空间数据库、时空大数据进行高速、有效计算与分析面临着瓶颈，关系数据库的一些优势在空间数据库领域显得多余，甚至是性能损耗的关键，分布式数据库的优势由此体现出来。

空间数据分布式管理是分布式处理、维护与共享的基础，分布式空间数据管理是空间数据管理发展的必然趋势。分布式数据库的一个重要发展方向是分布式非关系数据库（NoSQL）。基于海量数据的分布式非关系数据库平台的突出特点是将分布式数据库与非关系数据库进行融合，用以存储和管理海量数据信息。NoSQL 得到真正的快速发展开始于 2007 年，从 2007 年到现在，先后出现了十多种比较流行的开源 NoSQL 数据库产品。开源 NoSQL 数据库产品主要可分为以下四类：①面向列存储，如 Hbase、Cassandra；②面向文档存储，如 MongoDB、CouchDB；③面向 key-value 存储，如 Tokyo Cabinet / Tyrant、Berkeley DB、MemcacheDB、Redis；④面向图存储，如 Neo4J、FlockDB 等。NoSQL 数据库是非关系型数据存储的广义定义，它打破了长久以来关系型数据库与 ACID 理论大一统的局面（李绍俊，等，2017）。

随着云技术的产生和发展，国内外学者进行了弹性云存储环境下海量空间数据存储与管理尝试（黄伟，2011；李乔，郑啸，2011）。例如，在 PC 集群环境下构建通用的分布式文件系统实现对全球海量遥感影像数据的层次化组织和分布式组织；使用分布式 NoSQL（Hadoop HBase、MongoDB）来实现影像金字塔数据、矢量要素数据的管理和索引。在产业界，IBM、Oracle、Microsoft、Google、Amazon、Facebook等跨国巨头是发展大数据处理技术的主要推动者。Google 用 CFS 存储非结构化数据，BigTable 以 GFS 为基础来存储半结构化数据或结构化数据，这种存储方案已经用在Google 内部的多个项目中，例如用 GFS 存储网络爬虫大数据、用户 Web 请求的日志大数据；用 BigTable 存储 Google Analytics、Google Finance 和 Google Earth 等项目的大数据。

同时，面对目前地理信息服务的使用率并不高，长期稳定在线的地理信息服务大多以数据共享服务和绘制为主（WMS、WCS 和 WFS 占其中的绝大多数），在线处理和分析服务极少且由于传统在线服务的性能和可靠性不高、针对大规模的用户 / 任务并发很容易出现服务器崩溃的情况，高性能、高可靠并且安全的高性能计算和云计算为分析和挖掘大量聚集的各类时空数据提供了可能，为在线地理信息服务的成熟和大众化应用提供了技术支持。

2.3 云计算、众包技术及应用

2.3.1 云计算服务及其应用案例

随着经济技术的快速发展，城市规模的扩大，很多城市在信息网络基础构架方面的不足逐渐显现出来。

云计算是继个人计算机、互联网后人类的第三次 IT 革命。它是一种基于网络的支持异构设施和资源流转的服务供给模型，能提供给客户可自治的服务（王鹏，2009；徐孝春，2011；Furht, 2010）。云计算支持异构的基础资源和异构的多任务体系，可以实现资源的按需分配、按量计费，达到按需索取的目标，最终促进资源规模化，促使分工专业化，有利于降低单位资源成本，促进网络业务创新。2010 年 10 月，国务院发布了《国务院关于加快培育和发展战略性新兴产业的决定》（国发〔2010〕32 号），将以云计算为主的新一代信息网络领域定位为"十二五"战略新兴产业之一。

智慧城市云计算服务平台是云计算在城市层面的运用，集电子政务、企业创新、公共计算服务等功能于一体，城市（镇）根据自身需要，通过搭建一定规模和职能（储存云、计算云、用户服务云）的云中心，使城市具备集先进政务计算与信息处理、开放科研开发基础平台、面向综合信息化管理的综合办公平台于一体的基础设施。

城市云计算服务属于基础设施即服务（IaaS）（Kavis，2014），即城市云中心提供主机、存储、网络等资源，通过虚拟化技术进行分装，将计算机资源从一种基于资产的方式转化为一种面向服务的方式，进而支持各类政务系统和公共服务系统工作运营。按照服务类型，云计算分三种模式：软件即服务、平台即服务以及基础设施即服务。

目前，云计算作为城镇政务信息系统和公共服务系统、城乡规划、公共教育、城市管理、城市防灾等的支撑平台已被广泛应用于城市建设中。

以无锡市为例，2009年8月，国务院提出将无锡建设成"感知中国"中心，正是这一关键节点，开启了无锡建设智慧城市的大门。"感知中国"中心建设的总体方案计划通过利用云计算平台实现5年内建成引领中国传感网技术发展和标准制订的中国物联网产业研究院，实现产值500亿元。这将使无锡成为中国乃至世界上传感信息技术的创新高地、人才高地和产业高地，从而带动整个中国，乃至全球的传感产业的发展、应用和技术上的创新，将无锡打造成一个传感网络示范城市（葛雯斐，2016）。13年来，无锡已发展成为中国物联网产业应用发展的前沿阵地，不断筑高科创"智"高点。截至2022年，"感知中国"团队牵头、参与制定国际标准12项、国家标准45项、行业标准4项、团体标准13项、联盟标准4项。无锡物联网产业研究通过物联网产融商科技协助金融机构为4000多家实体企业的4000多亿元的实物底层资产提供了科技服务。

通过云计算大力发展智慧产业，是实现以信息化促进工业化，实现两化深度融合和促进结构调整、转变增长方式的必然需求。常德市在浪潮集团的协助下进行了智慧城市顶层设计，计划完成从云计算数据中心、信息资源整合到公共服务平台搭建一体化的建设。双方依托现有基础，通过"建设云中心、整合数据资源、搭建公共服务平台"三步曲搭建智慧常德整体框架，整合政府传统组织内部的数据，整合政府跨部门之间的数据，创新运营模式，有序对外开放，并通过数据开放实现数据的深加工，扎实推进公共服务的应用，带动一批中小微企业，培育新的信息消费产业链条（周永松，2018）。

作为"数字化、网络化、智慧化"的城市支撑平台，云计算服务极大地提升了区域信息服务水平，提升了城镇规划管理、防灾减灾效率。然而，由于小城市（镇）数据更为分散、多源等原因，云计算在小城市（镇）的应用发展远不及大城市，为小城市（镇）的智慧决策提供弹性、高能效和绿色低碳的计算基础设施、面向应用和公众的服务能力的云服务平台亟待进一步发展。

2.3.2　众包技术及其应用

随着社会经济的高速发展，公众的维权和决策参与意识日渐增强。城乡建设开发过程中的利益冲突现象屡屡发生，且呈现剧烈的增长趋势。网络和手机等技术已成为公众维权联络的重要工具，迫切需要有意识地积极开发利用众包新技术，搭建公众参与的平台，拓宽信息沟通渠道，以利于及时解决潜在的开发建设中的矛盾冲突，维护社会稳定，促进城镇健康和谐发展。

"众包"概念由美国《连线》杂志记者杰夫·豪于 2006 年 6 月提出（Howe，2006），指的是企业事业单位、机构乃至个人把由员工执行的工作任务以自由自愿的形式外包给非特定的社会群体解决或承担的做法，具有低成本生产、联动潜在生产资源、提高生产效率、满足用户个性化需求等优势以及开放式生产、动态性组织构成、广泛的物理分布、自主参与等特征。这种利用大众的智慧解决公司的商业难题的形式即是早期传统的"众包"，从较早应用于化学和生物领域的马萨诸塞州"创新中心"（InnoCentive.com）到投入 10 亿美元开发众包模型的 IBM 公司。如今，通过众包技术，搜狗输入法已有两万种皮肤和一万两千个词库，市场体现出众包技术的重要价值。而在短短的 8 年内，这一技术模式从商业模式成功转型并在城市规划与管理领域有了创新性的应用。

在对于众包的处理过程的研究中，Vukovic（2009）提出众包过程中通用的 4 个阶段，22 个步骤，其用例中较广泛使用的阶段包括任务申请、任务初始化、任务执行和任务完成，主要步骤如下：

1）任务申请：用户在网站注册登记，由网站审核发布通行证；众包任务申请模式，包括任务描述、预期结果、期限、质量参数和奖励政策等；对不同粒度任务的定义和支持机制；需求模板允许初级需求者从一个任务的发布开始；高级需求者可以并行发布多个任务。

2）初始化众包申请：协作服务（如论坛、即时信息等），允许接发包即时沟通众包进展、需求，以及商谈条件等；支持合同谈判与知识产权管理服务；基于用户的技能设置、关注率等实时主动发掘潜力提供者；形成虚拟团队，采用专业的知识配套机制和发现用户社会关系；动态知识集成平台，提供有效的搜索，捕捉用户经验，支持协同知识演化。

3）执行众包申请：简易的操作界面允许申请者监控并管理多个提供者的任务执行进程；移动设备接口，协同不同时空的接包方及时执行某一具体任务（如应急反应）；技术配置，允许任何人参与，提供工具和服务，访问任务。

4）完成众包申请：评分和审核服务，获取接发包者的相关属性；自动提交评价；如果贡献者提交内容适用，则自动配置众包交付进程。

Peta Jakarta 是众包技术在城市规划管理领域应用的首个试点（Holderness，Turpin，2015）。澳大利亚伍伦贡大学"城市宜居性，可持续发展和弹性"研究小组的众多科技人员开发数据收集试点，旨在提高我们理解和促进弹性城市在应对极端气候和长期基础设施改造方面的能力。该项目以印度尼西亚共和国首都雅加达为研究区域，雅加达作为东南亚地区最危险的三角洲城市之一，洪水是城市面临的最紧迫问题。该项目以 petajakarta.com 这个开放的网络为平台，利用社会媒体的力量，收集整理并为雅加达居民和政府机构提供可视化的实时洪水信息。这个平台运行在开放资源软件 Cognicity 上。Cognicity 是该小组开发的一个基于智慧基础设施的地理情报框架，允许社区成员通过他们的位置启用移动设备来收集和传播信息，同时优化基础设施调查和政府角色的资产管理业务，为移动设备配备可伸缩的测绘技术和临界警报服务，这个软件使得来自个体与政府机构的两种重要信息可以达成交流。重要的是，Cognicity 不是一个 App 应用，它是该地理情报框架中的软件组件，允许社区成员无需额外的插件或移动设备，即可允许数据的收集和传播。在 Peta Jakarta 的试点研究中，地理情报方法将允许平台获取关于环境变量、基础设施功能及个体和政府应对四季极端天气包括长时间的持续降雨，强风暴和沿海地区由于涨潮的沿海洪水增加，海平面上升和地面极端沉降等的关键数据。这些信息可从网页上实时获得，同时作为远期的智慧"城市宜居性，可持续发展和弹性"的数据分析存储数据。该小组定期地分析这些数据，并在 Peta Jakarta 上发布公升的研究报告。该项目为"众包"技术在城市规划方面的应用打开了光明的前景。

目前，众包技术已经扩展到虚拟旅游、文化遗产保护和国防安全等应用领域。"一天建成罗马斗兽场"的例子显示了众包在建筑动态监测和 3D 重建中的应用（Agarwal, et al., 2011）。通过互联网网站上的照片分享搜索出的给定建筑的照片，可以重建出 3D 场景。这个系统集成了新颖的并行分布式匹配和重建算法，旨在最大化各个阶段的并行管道并且最小化序列化的瓶颈。已有试验结果表明：现在利用已有的 15 万张影像可以在一天内通过 500 个计算内核组成的集群来重建出一个城市。

"众规武汉"是武汉市国土资源和规划局主创的大众规划工作平台（图 2-1）（熊伟，周勃，2016）。平台基于"众包、众筹"理念，秉承人民城市人民建的宗旨，在城乡规划建设领域，搭建一个由社会大众、专业机构共同参与的众人规划平台，扩大规划编制工作过程中的可参与化。"众规武汉"开放平台于 2015 年 1 月开始试运营，确立了"三个平台、一个窗口"的功能定位。三个平台分别是"规划编制过程的公众参与平台""规划师与社会各界交流的新媒体平台"和"规划信息发布的新媒体平台"。一个窗口则是"社会公众了解规划的窗口"。"众规武汉"公众平台采用"微信 + 网页 +GIS"的技术路线，充分利用微信、网页、GIS 各自的技术特点实现优势互补，综合使用。公众通过台式电脑、平板电脑、智能手机等多种终端设备随时随地参与其中。为了方便公众参与，在武汉市人民政府网站、国土规划局网站等多个网站的互动交流频道可直接点击"众规武汉"的链接。"众规武汉"开放平台技术框架下的微信平台作为网络平台衍生出的新媒体形态，具有信息传播的交互性与即时性，海量性与共享性等优势，拥有非常广泛的用户基础。开通仅 2 年时间，已有 2 万多名用户关注。

众包技术的应用在城市规划中已取得了一定的成就，尤其在促进公众参与城市规划方

图 2-1　"众规武汉"首页和手机移动终端界面

面有着很大的优势，相较传统的公众参与规划方式有了质的飞跃，但由于基础条件以及经济实力等原因，目前众包技术还没有在小城市（镇）规划中得到有效利用。

2.4 "多规合一"

2.4.1 "三规合一"

进入 21 世纪，我国面临着快速城市化带来的一系列难题。伴随着城镇化、工业化的进程，城市建设向四周扩张。但是，作为我国空间规划管理依据的"城市总体规划""土地利用总体规划"以及"国民经济和社会发展规划"的技术标准与编制目的有所不同，编制和实施也分属不同部门。三类规划间存在的标准差异导致了城镇布局、经济等规划不能有效衔接、土地利用效率不高等问题，影响了城镇的良性发展。

2004 年我国颁布实施的《中华人民共和国土地管理法》及 2008 年开始施行的《中华人民共和国城乡规划法》均提出了"三规合一"的相关要求。《中华人民共和国城乡规划法》第五条提出：城市总体规划、镇总体规划以及乡规划和村庄规划的编制，应当依据国民经济和社会发展规划，并与土地利用总体规划相衔接（何冬华，2017）。2019 年中共中央办公厅印发了《关于建立国土空间规划体系并监督实施的若干意见》，全面开启了国土空间规划框架下的"多规合一"工作。

智慧规划信息平台通过构建统一的基础地理信息库、统一的规划编制平台、统一的协同工作平台，从空间上支撑各类规划编制与实施，在技术层面解决"三规合一"在数据、标准和协调机制上的矛盾。截至 2020 年 4 月初，住房和城乡建设部公布的智慧城市试点数量已经达到 290 个；再加上相关部门所确定的智慧城市试点数量，我国智慧城市试点数量累计近 800 个，我国正成为全球最大的智慧城市建设实施国。

广东省云浮市基于此进行了针对"三规合一"的地理信息平台建设（王俊，何正国，2011）。首先，对基础数据库进行改扩建，即对各类政府部门的相关数据进行数据整合，由于各部门的空间数据格式和坐标不尽相同，数据符号库更是千差万别，为了防止数据转换的时候信息丢失，建立全要素的符号库以及国家标准的符号库；对坐标进行坐标转换和格

基于云服务与众包技术的小城镇群国土空间规划支撑系统

式统一后，就可以建设符合"三规合一"标准的基础地理数据库。然后，为了更好地协调各种规划，需要建立不同规划之间的用地分类对应关系。在充分研究《城市用地分类与规划建设用地标准》GB 50137、《全国土地分类》等标准的基础上，建立了这些用地分类的对应关系，即标准库。另外，传统的由各主管部门独立进行专项规划的做法，由于彼此间缺乏沟通与协调，导致了各级各类规划在空间上很难衔接，产生重叠、偏离、矛盾等问题，如城市规划与土地利用规划中土地利用性质的不一致。统一的规划编制平台让所有规划编制人员在统一编制基础资料、统一编制标准、统一协调机制的平台进行工作，解决了各规划之间的协调问题（图 2-2）。

武汉市通过规划"一张图"核心数据库的建设，实现不同类型数据（矢量、栅格、文档）的集中管理与统一加工、处理；实现不同业务数据，如地形、详查、规划、耕保、土地交易、土地利用、基准地价之间的整合配准、叠置显示与集成。规划"一张图"数据库的建成将为管理信息系统的开发建设、国土资源信息的深度开发和广泛利用及向社会提供信息资源服务奠定数据基础（图 2-3）。

广州市为落实"科学编制城市总体规划，促进三规有机衔接"的相关要求，消除国民经济和社会发展规划、城乡规划、土地利用总体规划的差异，促进城市空间合理布局和土地资源的高效利用，将"三规合一"的工作目标确定为在协调城乡规划、土地利用总体规划建设用地布局差异的基础上，将国民经济与社会发展规划的相关内容（以重点建设项目为代表）予以体现和落实（张少康，等，2014）。

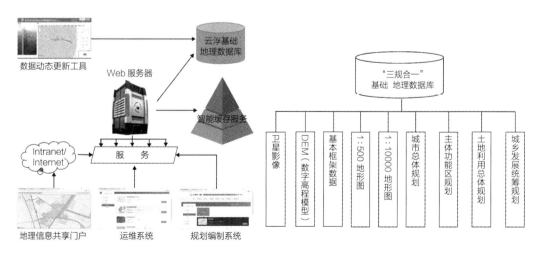

图 2-2　广东云浮"三规合一"地理信息平台及数据库
（资料来源：改绘自王俊，何正国，2011）

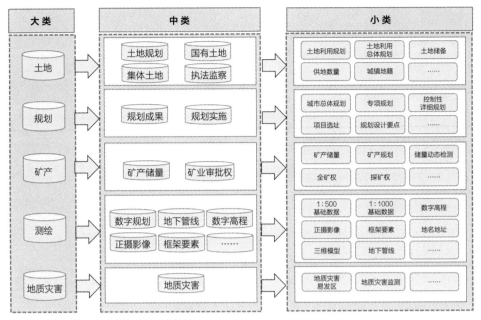

图 2-3 武汉规划"一张图"数据库总体架构

"三规合一"或"多规合一"的统一编制可避免城市的重复建设，协调解决资源分配和实施安排间的矛盾，也有助于城乡统筹发展的实现。"多规合一"的智慧规划在平台建设的基础上，目前在全国各地已展开许多应用探索和实施（金兵兵，等，2017；席广亮，等，2018；刘权毅，等，2020；皇甫玥，等，2021）。

2.4.2 "四化同步"

2011 年年底，我国城镇人口已经达到 6.91 亿，城镇化率首次突破 50% 大关，达到了 51.27%。这表明我们已经告别了以乡村型社会为主体的时代，进入以城市型社会为主体的新时代。目前，我国处于重要的战略机遇期，是否能将机遇转变为持续跨越式发展的现实，关键在于转变发展方式。

在此基础上，党的十八大报告明确提出，"坚持走中国特色新型工业化、信息化、城镇化、农业现代化道路，推动信息化和工业化深度融合、工业化和城镇化良性互动、城镇化和农业现代化相互协调，促进工业化、信息化、城镇化、农业现代化同步发展。"此外，对于四化之间的关系，党的十八大也作了深刻、准确的描述：其一，"信息化和工业化深度融合"，这既是提高经济效率的必由之路，也是提高工业经济和企业核心竞争力的重要手段。信息化必将为工业化插上腾飞的翅膀，工业化无疑又是信息化的坚实基础。其二，"工业化和城镇化良性互动"，这是现代经济社会发展的显著特征。工业化是城镇化的经济支撑，城镇化是工业化的空间依托，推动工业化与城镇化良性互动，既为工业化创造了条件，也是城镇化发展的内在规律。其三，"城镇化和农业现代化相互协调"，这也是中国农村发展的大势所趋。没有农业现代化，城镇化就会成为无源之水、无本之木，而没有城镇化，农业现代化也会失去依托目标，广大农民向何处去就会成为一个大问题。"四化同步"是新形势下实现科学发展的重要指针，是中国当今发展的根本任务（刘文耀，蔡焘，2014）。

目前，湖北省委、省政府已在全省启动黄梅小池镇、大冶陈贵镇、鄂州汀祖镇等21个"四化同步"示范乡镇建设（熊巍，祁春节，2014；陈霈，黄亚平，2014），并相对应地出台了一系列"实打实"的扶持政策，如一次性安排1亿元规划编制专项补助资金、从2014年起的3年内每年安排10亿元调度资金、省国土资源部门优先安排示范乡镇城乡建设用地增减挂钩指标等。同时，湖北省努力实现大中小城市和乡镇的协调，并探索形成以县域、镇域为平台的"三化协调"模式。此外，还涌现出大批规模经营和农民利益有机协调的模式，特别是农民专业合作社和股份合作社的迅速发展，如钟祥彭敦模式、天门华丰模式、襄州双丰收模式等。

2.4.3　神农架林区松柏镇"四化同步"试点规划

2014年3月27日，神农架林区第十八次会议审议批准了《林区松柏镇"四化同步"示范乡镇试点规划》。神农架林区松柏镇正式成为湖北省"四化同步"示范试点乡镇之一。

《林区松柏镇"四化同步"示范乡镇试点规划》以城乡统筹、五位一体为重点，以建设新型城镇化示范区为目标，按照"全域统筹、多规协调、产城融合"的规划理念，科学推进"镇域、镇区、村庄"三个层面的规划，指导和促进示范乡镇试点健康持续发展。

规划围绕"林海漫城、养生逸谷"的发展目标，积极探索特殊产业发展带动的山地地区城镇化及新农村建设路径模式，在生态保护及防灾安全评价基础上，构建了沟域带状集中为主、全域一体的城乡空间组织框架，带状组团、弹性生长的镇区布局结构，因地制宜制定了特色化的新农村居民点建设规划方案，创建了良好的全域景观生态格局，强化了山地景观风貌及地域建筑特色，制定了详实且具有可操作性的全域及镇区分片区指引，并提出了产业发展及布局、城乡土地利用、镇村体系结构、旅游规划、生态保护及空间管制、一体化支撑体系规划。此外，规划还制定了特色生态建设及安全防灾专题、村庄规划建设技术导则，为松柏镇的发展奠定了坚实的基础。

规划着重突出"四化同步"建设。目前神农架林区没有重工业，需要把"工业化"思想转变为"产业化"思想，进一步梳理产业发展区域里的重点区域，突出规划分析和发展路径研究，提炼好近期建设项目计划，将建设计划在"四化同步"的规划中进行分析与论证，打造神农架林区"慢生活"。

2.4.4　神农架林区国家可持续发展实验区"十二五"建设规划

为实现全面建设小康社会的总体目标，认真贯彻以人为本，全面、协调、可持续的科学发展观，加强神农架林区国家可持续发展实验区的建设力度，探索以生态林区保护与建设为主体，以在国家级生态资源重点保护区域中率先推进绿色和谐发展为实验区特色创建目标，全面落实神农架林区"一园四区"（即：国家公园、国家可持续发展实验区、国家现代林业示范区、全省统筹城乡发展先行区、鄂西生态文化旅游圈核心区）的发展战略构想，神农架林区制定了《神农架林区国家可持续发展实验区"十二五"建设规划》（以下简称《规划》）。

《规划》以邓小平理论和"三个代表"重要思想为指导，按照落实科学发展观和构建社会主义和谐社会的要求，以国家可持续发展实验区规划指导方针和发展目标为指导，根据神农架林区建设国家可持续发展实验区的总体要求和发展指标，其重点建设内容是：①立足民生工程，构建和谐社会；②抓住发展机遇，完善基础设施；③发展生态产业，构建经济体系。具体包括14项工作内容，即：推进社会公共事业发展、建立健全社会保障体系、稳步推进新农村建设、建立健全生态补偿机制、全面开展精神文明建设、搭建交通网络平台、保障水利与饮水安全、完善通信基础设施建设、加快市政基础设施建设、加大旅游景区景点建设力度、发挥资源优势统筹发展生态旅游业、依靠特色环境加快发展生态农业、坚持绿色开发合理发展生态工业以及整合文化资源发展生态文化产业。

此外，林区实施包括生态系统建设、自然资源保护、生态环境保护、生态安全保障在内的四大重点工程。通过全面实施可持续发展战略，初步构建以四大生态产业为重点的循环经济发展模式，继续调整和优化经济产业结构，加快发展步伐，推进体制创新，建设和谐社会，实现总体上向以全面小康为基础的和谐社会转型，促进人与自然的和谐相处，促进神农架林区的经济社会可持续发展。

2.5　智慧规划与建设监测技术

2.5.1　空间信息技术在城乡规划管理中的集成应用

以 3S 技术 [地理信息统计技术（GIS）、遥感技术（RS）、全球定位统计技术（GPS）]、4D 产品 [数字高程模型（DEM）、数字正射影响图（DOM）、数字栅格图（DRG）、数字线画地图（DLG）]、虚拟现实与三位仿真技术为主体的空间信息技术是城市规划信息化的主要技术手段与方法，主要分为两个时期：20 世纪 90 年代以前以单项技术（RS、GIS）应用为主，20 世纪 90 年代以后逐渐走向多技术的融合。

国外的空间信息技术在城乡规划领域的集成应用相对较早。1995 年，美国的 William Jepson 领导的 UCLA 建筑和城市规划模拟研究小组综合应用 CAD、3D-GIS 及 VR 技术，实现了洛杉矶市域的交互式虚拟城市模型，预测洛杉矶市未来的城市发展方向和趋势，并对绿化等环境进行了仿真研究（Liggett, Jepson, 1995）。在英国，伦敦大学的 CASA 的 Martin Dodge 等人深入研究了虚拟物体摆放到全景图中的实现技术，对伦敦进行了虚拟城市模拟（Doyle, et al., 1998）。

类似的应用研究工作在日本东京、德国柏林等城市规划中也相应开展。2005 年 Google Earth 的推出寓意着空间信息技术集成应用进入了一个全新的、适用化、社会化的高度。

我国的空间信息技术集成在城乡规划领域的应用起步较晚，20 世纪之前主要是应用遥感数据对城乡土地利用进行动态监测。1989—1993 年，我国开展了对北方草原动态平衡的监测工作；1993—1996 年，进行了全国耕地变化遥感监测研究；1996 年和 1997 年，运用 TM 和 SPOT 等卫星遥感资料，分别对 19 个城市和 100 个城市的城市扩展与耕地变化进行了动态监测；1999 年和 2000 年，完成了对全国 66 个城市的建设用地和耕地变化的动态监测研究。2000 年之后开始对多种空间信息技术进行集成运用于城乡规划领域。罗名海（2004）就 3S 技术的发展与集成及其在城市规划中的应用途径与前景进行了探讨；徐振华与李挺（2005）分析了 3S 技术在城市规划现状调查与数据管理、现状评价与空间分析、交通调查与模拟分析、方案评价与成果表现、信息发布与公众参与等方面的最新应用前景；牟凤云等（2007）利用陆地卫星 MSS 影像、TM（或 ETM+）影像、灾害监测星座数据和"北京一号"小卫星数据，对 1973—2005 年北京市建成区的扩展过程、面积变化和土地利用影响进行了监测分析，并对城市变换的动力进行了一定的探究。

但是，目前这些常用的 3S 技术、VR 技术以及 4D 产品等信息技术大多应用在地理信息基础条件较好、经济实力较强的大城市，但中小城市（镇）受到建设周期长、维护成本高、技术力量和硬件基础薄弱等条件约束，规划信息化建设远远滞后。

2.5.2　移动终端的规划管理服务应用

相较于大城市的智慧城市发展道路，开发相对低建设成本、低应用维护、适宜于小城市（镇）的规划建设管理信息技术，是小城市（镇）规划信息化建设的一大重点。因此，弥补基础设施和专业人员不足，且成本相对低廉的移动终端应用技术，逐渐成为小城市（镇）规划管理服务应用的选择。

随着移动智能终端处理能力和存储空间的不断提高和扩大，移动智能终端已具备掌上电脑的特点，成为一个融合通信、个人业务处理、多媒体播放、互联网接入、数据存储和交互功能的信息处理中心。在国内外的研究中，面向移动智能终端的应用研究在城市建设、监管、运营等方面始终保持着很高的热度。

在国外，澳大利亚伍伦贡大学在雅加达构建基于智慧基础设施的地理情报框架的过程中，利用大众移动智能终端上传的洪水灾情信息，汇总并分析雅加达的洪水淹没情况，为政府救灾提供了有力的决策支持。美国华盛顿大学的研究者利用手机上传至 twitter 的城市地标建筑影像，还原了地标建筑三维场景与多尺度下的空间特征，极大地降低了地标建筑虚拟旅游项目耗费的资金（Agarwal S, Furukawa Y, Snavely N, et al., 2012）。

在国内，智能终端的应用随着智慧城市的建设也越来越多，目前主要应用在智慧交通、智慧便民、智慧生活、智慧旅游等方面。在无锡市建设智慧城市的过程中，"智慧无锡"实现了智能手机、Pad、PC等终端多屏融合的全网覆盖，结合定位、短信、邮件等功能，面向政府、企业以及个人用户提供涵盖政务、旅游、民生、产业等方面的全方位服务（徐立青，2012）。中国移动基于无线通信技术与智能终端设备研发的家庭信息化新产品——宜居通，通过接入无线传感设备，采集处理各类环境信息，经由无线网络传递，方便用户实时监控与管理。在具备TD无线移动座机功能之余，更从安防预警、家电远程控制、无线路由等方面全方位优化生活方式和居住环境，开启物联网智能生活（赵经纬，2011）。

在城市监督管理的移动终端应用中，已有多家公司进行技术开发和应用。中国电信研发的城市管理监督系统使用CDMA城管通作为信息采集器，在所划分的区域内巡查，将城市部件和城市事件的相关信息报送到监督中心，同时接受监督中心和领导的任务派遣与调度。无线数据采集终端应用包括：监督员巡查发现问题时的问题上报、公众举报问题的核实、问题处理结果的核查、部件信息的普查采集等。数慧系统技术有限公司开发的"规划批后移动监察软件"实现了建设项目的全过程监察跟踪管理，通过引入移动端，形成"发现及时、处置快速、解决有效、监督有力"的长效管理机制，为规划的管理决策提供支持，有效提高行政管理能力。

在交通出行方面，基于移动终端的"智慧交通"相关软件也得到了广泛的应用。上海市交通信息中心与有关单位合作开发的"智慧出行"手机软件将上海市主要道路的拥堵状况、停车场空车位、最近加油站等信息实时更新，极大地促进了交通状况的改善。深圳市德立达公司开发的基于智能终端的城市停车诱导系统成功应用于疏导交通、缓解拥堵，进一步提高了城市道路交通管理的水平，并为公众出行提供了全方位的信息发布服务，智能优化行车线路与停车地点。

2.5.3 小城市（镇）城镇化可持续发展评价系统

可持续发展作为一个明确的概念是在1987年联合国环境与发展委员会报告《我们共同的未来》中正式出现的。随后许多国家围绕可持续发展问题组织或进行了一些大规模的会议和行动计划，研究者从资源、环境、社会、经济等多个方面或综合的角度对可持续发展问题进行了广泛的探讨，分析可持续发展的内涵，解决可持续发展中的问题，包括从可持续发展涉及的领域出发对可持续发展进行研究、区域可持续发展评价研究以及通过数学模型与系统模拟方法的定量研究等。

1992年联合国环境与发展大会以来，中国积极有效地实施了可持续发展战略。2003年年初，国务院颁布了《中国21世纪初可持续发展行动纲要》，明确提出我国实施可持续发展战略的指导思想及我国21世纪初可持续发展的总体目标。国内从事可持续发展相关研究的队伍也逐渐壮大，取得了一些适合我国可持续发展特点的理论和方法，逐渐从可持续发展以及协调发展的具体定性分析，转变为针对复合系统的模糊性和不确定性的定量分析与模拟，研究视角从一维的社会经济繁荣走向财富、健康、文明的三复合系统优化，并在可持续发展理论的社会学、经济学以及生态学研究方向的基础上，开创了可持续发展的系统学方向。代表成果如下。

（1）中国21世纪议程管理中心成果《可持续发展指标体系的理论与实践》

《可持续发展指标体系的理论与实践》一书，由中国21世纪议程管理中心组织中国科学院和中国—欧盟环境管理合作计划中的一批中外专家联手编写。为了逐步建立符合我国国情、多层次的可持续发展指标体系和监测评价系统，开展国家和地区的可持续发展水平监测评价，定期发布监测评价报告，该书系统地整理和总结了近年来国内外有关可持续发展评价指标体系的理论与方法，阐明了可持续发展指标体系遵从的可持续发展理念框架及其内涵，确定了指标体系的功能以及在政策形成、规划和决策中的可能应用，拟订了指标体系的规范标准，还介绍了已经开发的不同区域尺度的可持续发展评价指标体系及其实践案例。该书通过已有的经验和智慧，选择了不同区域更具有战略意义的可持续发展指标体系及核算方法，并对其进行了全面介绍。我们相信，这些指标体系及计算方法将在可持续发展规划和管理中起到重要作用。

（2）"十一五"科技支撑项目《城镇化与村镇建设动态监测关键技术》

科技部"十一五"科技支撑项目《城镇化与村镇建设动态监测关键技术》，在对我国城镇化存在问题进行深刻分析的基础上，构建了我国城镇化理性支撑的系统框架。该项目以建立中国城乡动态监测技术体系为主攻方向，从城乡识别与动态监测技术研究、城乡要素动态监测评价关键技术研究、城乡动态监测技术集成与示范三个方向，以人、地双要素为研究纵轴，以经济、社会、生态与重大设施为四层面研究横轴，构建了以"识别技术—动态监测—评价与预警—集成与监测"为脉络的研究体系，最终在城镇化的技术数据采集、信息系统优化、城乡综合预警及政策协调支撑等方面取得关键性突破（吴志强，等，2011）。

该项目的关键成果中，构建了城乡可持续发展综合预警技术，包括：构建城乡数据采集与交换信息平台，构建城乡可持续发展综合预警模型，构建关键警情识别技术以及城乡动态监测集成平台。在城乡可持续发展综合预警技术中，项目构建了城乡可持续发展"原始指标—课题指标—预警指标"3级指标体系，提供3个层面的预警：第1层面，基于城乡社会、经济与生态三个维度的综合预警；第2层面，基于12项核心指标的城乡发展预警；第3层面，基于城乡人口、土地、生态、社会、产业、设施等子系统的预警。项目通过构建城乡可持续发展状态"预警盒"，实现关键警情识别。

（3）美国得克萨斯州可持续社区区域规划支持系统

"美国得克萨斯州可持续社区区域规划"项目是由美国住建、交通和环保三个机构跨部门合作开展"可持续社区伙伴计划"的组成部分。项目从人文地理、公共安全、教育及儿童发展、社会公平、公共文化、经济竞争力、生态环境、社区健康、土地利用及交通系统等角度确定了得州中心地区的可持续发展指标，并由得州首府地区可持续发展联合会（CATS）开发了"得克萨斯州可持续社区区域规划支持系统"，为得州首府地区相关规划的可持续性提供支持（Paterson，Mueller，2013）。

得克萨斯州可持续社区区域规划支持系统的核心思想包括：①情景规划思想。该系统能够模拟奥斯汀等社区中心的不同发展情景，并通过分析模块评估不同情景可能带来的长远影响，包括经济效益和社区健康等，该系统还可就不同情景规划下住房供给、交通选择、就业岗位数的变化情况进行评估对比。②公众参与思想。该系统支持将公众参与收集的信息以网格的方式转化到空间数据平台中，得到不同的发展情景；系统可针对不同的发展情景，生成不同的插片，向公众生动展示地域规划预期景象，并通过统计表、图像向公众直观展示反映住房、交通、就业等关键问题的发展差异。

得克萨斯州可持续社区区域规划支持系统主要由服务平台、规划数据模块、未来愿景模块、UT模块、Teaching tools模块、交通活跃指数模块以及3D技术模块构成，分别具有以下功能：

1）服务平台：The Texas Advanced Computing Center（TACC）为系统提供云平台、网站及可视化技术（软硬件）。云平台集成区域发展相关数据库、数据转换系统以及分析工具集。TACC 提供的服务还具有实时反馈的特性。

2）Criterion Planner：制定了数据质量设置规则，能够对区域规划相关数据进行自动化处理，为外部的规划分析工具提供支持。

3）未来愿景模块（Envision Tomorrow）：一个 GIS-Excel 联合分析平台，能够实现对区域和地区规划愿景的分析。该模块以建筑为基本单元，构建情景方案，就不同情景下的住房情况、交通方式、就业岗位数量等进行评估，生成统计报表，并支持网络可视化。

4）UT 模块：不仅能对规划方案的财政效益进行评估，还能对可持续发展效益进行分析。

5）Teaching tools 模块：在一个场景某些指标超过可接受的阈值时，弹出窗口，直接连接引用的研究指标。

6）交通活跃指数模块：由 The Center for Transportation Research（CTR）和 the Capital Area Metropolitan Planning Organization（CAMPO）联合制定，能够对土地利用和交通愿景进行分析，为政策制定提供依据。该模块还集成了最优路径分析、区域交通模型及地区交通模拟工具。

7）3D 技术模块：可以对分析工具得出的结果，进行 3D 建模。

2.5.4　人口预测技术系统

当前，对区域人口数据的统计是建立在严格城市户籍管理制度基础之上的，其方法已不适应市场经济发展的形势，导致传统的户籍人口统计数据与现状人口存在较大差异，无法及时表示人口的各种属性特征、空间特征时间特征，需要采用新技术、新方法对城镇人口进行预测模拟。

目前，国内常用的人口预测分析技术软件为中国人口预测通用软件（CPPS）以及国际通用人口预测软件（PADIS-INT），在"十一五"国内科技支撑计划"基于 3S 和 4D 的城市规划设计集成技术"中也集成了"城镇人口预测"相关的技术应用。

（1）中国人口预测通用软件（CPPS）

中国人口预测软件（CPPS）是由国家人口和计划生育委员会研究开发的人口预测系统。CPPS软件的开发和研制一方面为适应中国的人口与计划生育预测和规划的迫切需要，另一方面为推动中国人口与计划生育决策科学化发挥辅助作用。

CPPS软件是以菜单驱动和快捷方式相结合，人机对话方式实现人口预测。从总体上看，CPPS软件主菜单包括文件操作、数据管理、人口分析、数据图形显示和帮助文件。文件操作主要实现数据文件的建立、打开、关闭和存储等功能；数据管理由数据准备、表结构、修改表结构、数据格式转换和数据计算组成；人口分析包括人口数据质量评价、生命表、人口数据标准化和人口预测等功能；图形模块主要是对打开的数据库变量进行作图，生成包括线性图、直方图、点状图和年龄结构图等。CPPS所具备的功能模块既可以相互组合使用，也可以相对独立使用，既能够与其他数据源配合，还可以独立进行数据管理，提供不同数据格式的兼容和相互转换，并通过直观、友好的界面使人口预测过程操作简单、方便。

CPPS软件已被广泛用于我国省、自治区、直辖市、城市的人口预测之中。郭志仪、丁刚（2005）利用CPPS软件，以计量经济学中的PDL（多项式分布滞后）模型为依据，对甘肃省2010年的城市化水平作出预测。苏艳丽等（2006）运用CPPS软件对凭祥市未来人口的发展作了高、中、低三种不同方案的预测，并对总人口、人口年龄结构及占总人口的比重等预测结果进行了分析。李菲（2009）利用CPPS软件，对甘肃省环县2008—2030年的人口规模和人口年龄结构进行了预测和分析。张晓霞（2012）使用CPPS软件，运用第五次全国人口普查和第六次全国人口普查的有关数据，对江西省2011—2060年的人口发展趋势进行预测，并从老年人口规模、老年人口系数、老少比、老年抚养系数、社会抚养系数等方面对江西省未来50年的人口老龄化程度进行分析。陈毅华、苏昌贵（2013）采用CPPS软件对2011—2100年的湖南省人口增长进行了预测，就湖南省人口老龄化趋势进行了分析。张从发（2013）以湖北省第六次人口普查数据资料为基本依据，运用CPPS软件对湖北省未来十年不同年龄段人口变动趋势以及变动趋势对产业结构调整的影响进行了预测和分析。

（2）国际通用人口预测软件（PADIS-INT）

人口宏观管理与决策信息系统（Population Administration Decision Information

System，简称"PADIS"）项目一期工程是国家人口和计划生育委员会在"十一五"期间承担的经国家发改委批准的国家电子政务重点建设项目。PADIS-INT 是在 PADIS 基础上，得到联合国人口司大力支持的，中国人口与发展研究中心、神州数码研发的国际通用人口预测软件。

PADIS-INT 软件引入了迭代算法、非线性预测模型、多区域动态平衡预测等先进技术，能够实现时间区间 500 年，多区域（多民族）人口情景预测，实验中以联合国人口预测结果为参照，主要结果误差率小于 1%（PADIS-INT 官方网站，2014）。该软件人机交互界面友好，输入简单，输出结果丰富，并支持多种图形展示，可视化效果好。该软件还基于网络建立人口预测平台，任何浏览器、世界任何地方均可实时使用。同时，该软件面向国际化需求，采用联合国的六种工作语言，操作手册也采用联合国的六种工作语言，并且建立了集支持软件下载、在线使用、咨询等功能于一体的免费的专门网站，以保障软件能够在世界范围推广，尤其是适合发展中国家的需求。

PADIS-INT（2.0 版本）已关联了经济增长、劳动力需求、能源需求、污染物排放等因素，已经升级为人口与发展综合规划系统，具备人口发展与经济、社会、资源环境多情景模拟功能。

中国人口与发展研究中心在 2011 年联合国人口与发展委员会第 44 届会议和 2012 年联合国可持续发展大会期间召开 PADIS-INT 推介边会，举办 PADIS-INT 国际培训班。目前已有肯尼亚等国家将其应用于本国的人口趋势分析和发展规划，巴西、印度、墨西哥等国家与我们达成了 PADIS-INT 使用意向。联合国人口基金驻华办事处提供资助，在重庆、安徽、山东、河南等省份推广使用 PADIS-INT，丰富各省份的人口规划和战略研究。

（3）其他人口预测系统

国内数慧、中地、吉奥等公司开发的城市规划支持系统多为用于城市规划建设管理的软件或软件包，未包含与人口预测相关的技术模块。

"十一五"国内科技支撑计划课题"基于 3S 和 4D 的城市规划设计集成技术"结合城市规划设计需要研究 3S 和 4D 在城市规划不同层次的应用，开发了"城市人口预测与模拟"相关功能模块。在其"城市总体规划的空间分析模型"中，集成了人口空间分布模拟技术，通过人口统计数据，采用适宜的参数和模型方法，反演出人口在一定时间点和一定地理空间中的分布状态这一过程，创建区域范围内连续的人口密度表面。该模块集成了简单的核函数制图、简单密度制图方法，以实现人口空间分布模拟，并可制作人口密度图。

2.5.5 城镇建设用地演进空间模拟技术系统

土地利用变化模拟预测模型，是在深入了解土地变化机制的基础上，遵循土地利用变化规律，对未来土地利用变化情况进行的模拟，它有助于了解区域土地利用变化过程并进行定量描述，也能够直观地预测并呈现未来土地利用变化情况，辅助土地利用规划及土地利用政策的制定。作为区域可持续发展的重要工具，它是当前土地利用/覆盖研究的最新动向之一。

（1）土地利用变化模拟模型

目前，国内外广泛应用的土地利用变化模拟模型，主要是元胞自动机（CA）模型、土地利用变化（CLUE）模型，也有一些学者探索其他模拟方法，并取得了较好的成果，如马尔可夫（Makrov）模型、Logistic 模型等。模型各有特色，许多学者在研究时都会选择性地结合使用，提高预测模拟的精度。

在土地利用变化模拟模型中，元胞自动机模型是最常用也是发展最为成熟的模型。元胞自动机模型，是时间、空间、状态都离散，空间的相互作用及时间上因果关系皆局部的网格动力学模型，其优势在于它能够通过简单的局部转换规则来模拟出复杂的空间结构，非常适用于地理过程的预测模拟。自 Michael Batty（1994）首次将该理论系统性地应用于布法罗市城市土地利用变化模拟后，被国内外学者广泛采用。叶嘉安、黎夏两位学者多次利用 CA 模型，并结合其他模型方法，对广州、东莞乃至珠三角地区的土地利用变化进行了模拟，并得到了较为理想的模拟结果。White 和 Engelen 的研究表明 CA 与 GIS 结合可以有效地克服 GIS 在模型功能方面的局限（Li, et al., 1999）。

CA 模型在城市空间形态模拟中的应用主要包括以下几个类型：

1）ANN-CA 模型：黎夏等人提出的基于 BP 神经网络的城市空间元胞自动机模型。该模型的主要特点是结构简单，模型参数通过对神经网络的训练自动提取，无需用户定义转换规则，提高了运行速度。模型分为校正和模拟两个基本步骤。此外，模型与 GIS 软件紧密集成，可以直接读取 GIS 的空间数据。同时，该模型选取东莞市作为试验区，取得了较高的模拟精度（Li, et al., 2005）。

2）非栅格 CA 模型：该模型是由 Shi 等（2000）提出的基于 Voronoi 的 CA 矢量城市模型，该模型以非栅格空间数据为基础，利用元胞自动机理论对城市空间进行模拟；其操作对象是矢量格式的点、线、面，且相邻的元胞被定义为在 Voronoi 空间模型中共享边界的空间对象。该模型最突出的特点是当局部对象的状态发生改变后，可有效地处理各空间对象之间的拓扑关系。

3）社会经济 CA 模型：基于经济、人口模型一般不具备空间性，且形成的栅格空间精度不够，难以与 CA 模型集成等原因，White 等（2000）将经济—人口模型和 CA 模型相结合，建立时空模拟系统，即区域经济—人口模型和基于 CA 的土地利用模型两个系统。系统根据经济—人口模型计算得到某区域对人口和经济活动的需求，最后转换成对元胞空间的需求。最终 CA 模型根据需求来预测城市的发展状况。

4）概率统计 CA 模型：该模型的特点是将数学原理和方法应用到建模的过程中，常用的数学方法为概率和数理统计。例如，Wu（1998）利用模糊逻辑控制的原理及 CA 模型模拟城市发展；黎夏等（2002）采用主成分分析法来解决多变量之间的相关性。

5）其他模型：随着 CA 模型在城市规划领域应用的不断改进与成熟，在 CA 模型中将逐渐引入宏观决策因素，进一步分析其对城市空间形态演化的影响，已成为该领域发展的一个重要因素。如 Yin（2008）提出的 UPCA 模型，引入"自上而下"的运行机制对传统的 CA 模型进行扩展，提高了模拟精度，增强了模型的规划决策功能，使模型具备了一定的社会经济分析能力。

（2）城市空间发展模拟系统

SLEUTH 系统是基于 CA 模型建立起来的城市空间发展模拟系统。SLEUTH 是指坡度层（Slope）、土地利用层（Landuse）、排除层（Excluded）、城市范围层（Urban）、交通道路层（Transportation）、阴影层（Hillshade）。该模型是由 Clarke 等（2001）利用城市发展的历史数据，根据城市的交通、地形条件等设定适当的参数，与 GIS 松散集成的，对旧金山和华盛顿都市区进行了成功模拟和长期预测。Silva 等将该模型用于模拟地理环境完全不同的两个欧洲城市——葡萄牙的里斯本和波尔图，研究结果表明，通过利用历史数据进行反复校正，SLEUTH 模型可以对城市的发展作出较好的预测。

2.6 本章小结

　　智慧城市建设在国内外进程非常迅猛，在国内多集中在大城市和经济发达地区。欧美智慧城市的建设突出以可持续发展、低能源损耗和低碳排放量为目标。亚洲发达国家的智慧城市建设多以数字化、电信化、网络化为目标，强调行政服务智能化与公众参与。国内智慧城市全面推进与重点突破均有，但更多的是根据城市发展自身的战略需要选择相应的突破重点，建设类型主要分为五种：以深圳、南京和沈阳为例的创新型智慧城市建设；以武汉、宁波为例的产业型智慧城市建设；以昆山、佛山为例的管理与服务型智慧城市建设；以上海、南昌为例的前沿技术与基础设施建设型智慧城市建设；以杭州、重庆和成都为例的生态与人文型智慧城市建设。

　　随着计算机及相关技术的快速发展，与城乡建设相关的空间数据库技术及其应用也有了重大进步。城市三维地理空间数据库在地学方向有重要应用，其在地理国情普查方向的应用能为空间规划管理、区域政策制定、灾害预警和社会公众服务等提供有力的保障。分布式数据库在海量数据的存储和管理方面具有较大优势，能更好地应对精度不断提高、数据量不断增大，信息方法更多样化的空间数据。基于高性能计算和云计算的分布式数据库对动态海量流式数据的分析与挖掘，为高效的 Web 在线地理信息服务和大众化应用提供了可能。传统关联式数据库以其权威、系统、规范的特点在城市规划中具有广泛的应用，但仍面临较多问题。虽然当前一批全球尺度和国家尺度的社会经济网格数据库已经逐步完善，但难以适用于众多的，尤其是偏远地区经济欠发达的小城镇区域的需求。基于智慧城市建设和空间数据技术的发展进步，本项目提出的面向小城镇群需求的智慧规划建设和综合管理技术集成具有特定的研究承接性和需求紧迫性。

本章参考文献

[1] 巫细波，杨再高. 智慧城市理念与未来城市发展 [J]. 城市发展研究，2010，17（11）：56-60.

[2] 刘思，路旭，李古月. 沈阳市智慧社区发展评价与智慧管理策略 [J]. 规划师，2017，33（5）：14-20.

[3] 黄明顺，潘慧."智慧深圳"：信息化积淀实现智慧化飞跃 [J]. 广东科技，2015，24（11）：17-21.

[4] 何军. 智慧城市顶层设计与推进举措研究：以智慧南京顶层设计主要思路及发展策略为例 [J]. 城市发展研究，2013，20（7）：72-76.

[5] 李长海. IBM 报告建言"智慧佛山" [J]. WTO 经济导刊，2013（8）：85-85.

[6] 李卫忠. 智慧宁波建设继续前行 [J]. 中国信息界，2013（5）：40-41.

[7] 周菡琦，贝灏星，马丽."智慧昆山"市民公共服务平台建设的相关研究 [J]. 现代电视技术，2016（9）：74-77.

[8] 丛晓男，庄立. 智慧城市群建设背景下中心城市智慧产业发展战略研究：以武汉为例 [J]. 城市，2018（1）：18-24.

[9] 邢帆."十二五"信息化的转型热点：云平台撑起上海能力 [J]. 中国信息化，2011（7）：20-23.

[10] 黄峥. 关于数字城市地理空间框架建设的研究 [J]. 测绘与空间地理信息，2012，35（10）：159-160.

[11] 金烨. 智慧杭州以人为本 [J]. 中国经济和信息化，2012（21）：73-74.

[12] 唐相桢，薛梅，袁轶，等. 重庆智慧社区信息服务平台建设实践与研究 [J]. 城市勘测，2021（1）：45-47.

[13] 李卫忠，吴庆敏. 成都：天府之国 魅力成都：智慧城市建设之路 [J]. 中国信息界，2013（8）：18-25.

[14] 付晶莹，江东，黄耀欢. 中国公里网格人口分布数据集 [J]. 地理学报，2014，69（S1）：41-44.

[15] 李清泉，李德仁. 大数据 GIS[J]. 武汉大学学报（信息科学版），2014，39（6）：641-644.

[16] 李绍俊，杨海军，黄耀欢，等. 基于 NoSQL 数据库的空间大数据分布式存储策略 [J]. 武汉大学学报（信息科学版），2017，42（2）：163-169.

[17] 黄伟. 云环境中海量空间数据处理关键技术研究 [D]. 武汉：武汉大学，2017.

[18] 葛雯斐. 感知中国智慧无锡：无锡智慧城市建设探索 [J]. 信息化建设，2016（10）：30-31.

[19] 周永松. 常德市：大力推进智慧城市建设成效显现 [J]. 中国信息界，2018（5）：72-73.

[20] 张少康，温春阳，房庆方，等. 三规合一：理论探讨与实践创新 [J]. 城市规划，2014（12）：78-83.

[21] 席广亮，甄峰，罗亚，等. 智慧城市支撑下的"多规合一"技术框架与实现途径探讨 [J]. 科技导报，2018，36（18）：63-70.

[22] 刘文耀，蔡焘."四化同步"的本质特征和指标构建 [J]. 改革，2014（8）：65-71.

[23] 熊巍，祁春节. 湖北省"四化"同步发展水平评价与对策研究 [J]. 科技进步与对策，2014，31（9）：130-135.

[24] 陈霈，黄亚平. 乡镇规划编制理念、体系与方法创新：以湖北省"四化同步"21 示范乡镇规划为例 [J]. 小城镇建设，2014，12.

[25] 罗名海. 3S 技术的发展趋势与在城市规划中的应用前景 [J]. 地理空间信息，2004（4）：4-7.

[26] 徐振华，李挺. 3S 技术在城市规划中的最新应用前景 [J]. 信息技术，2005，29（9）：64-67.

[27] 牟凤云，张增祥，刘斌，等. 基于 TM 影像和"北京一号"小卫星的北京市土地利用变化遥感监测 [J]. 生态环境，2007，16（1）：94-101.

[28] 皇甫玥，苏玲，郑晓华. 国土空间规划背景下专项规划与控规一张图融合工作新思考：基于南京的实践 [J]. 城市发展研究，2021（1）：9-13.

[29] 何冬华. 空间规划体系中的宏观治理与地方发展的对话: 来自国家四部委"多规合一"试点的案例启示 [J]. 规划师, 2017, 33（2）: 12-18.

[30] 金兵兵, 马桂云, 刘洋, 等. "多规合一"信息平台设计及关键技术研究 [J]. 测绘工程, 2017（7）: 52-56.

[31] 刘权毅, 詹庆明, 刘稳, 等. 地理国情数据辅助于国土空间规划底图编制的探讨 [J]. 西部人居环境学刊, 2020（1）: 50-56.

[32] 刘刚, 吴冲龙, 何珍文, 等. 地上下一体化的三维空间数据库模型设计与应用 [J]. 地球科学: 中国地质大学学报, 2011, 36（2）: 367-374.

[33] 张元生, 吴立新, 郭甲腾, 等. 顾及语义的地上下无缝集成多尺度建模方法 [J]. 东北大学学报（自然科学版）, 2010, 31（9）: 1341-1344.

[34] 朱良峰, 潘信, 吴信才. 三维地质建模及可视化系统的设计与开发 [J]. 岩土力学, 2006, 27（5）: 828-832.

[35] 马荣华, 黄杏元. 大型 GIS 海量数据分布式组织与管理 [J]. 南京大学学报（自然科学版）, 2003, 39（6）: 836-843.

[36] 李乔, 郑啸. 云计算研究现状综述 [J]. 计算机科学, 2011, 38（4）: 32-37.

[37] 徐孝春. 云计算服务模式: 一切皆服务 [J]. 通信企业管理, 2011, 29（8）: 84-85.

[38] 王鹏. 走近云计算 [M]. 北京: 人民邮电出版社, 2009: 36-66.

[39] 李德仁, 朱欣焰, 龚健雅. 从数字地图到空间信息网格: 空间信息多级网格理论思考 [J]. 武汉大学学报（信息科学版）, 2003, 28（6）: 642-650.

[40] 王俊, 何正国. "三规合一"基础地理信息平台研究与实践: 以云浮市"三规合一"地理信息平台建设为例 [J]. 城市规划, 2011（1）: 74-78.

[41] "基于3S和4D技术的城市规划设计集成技术研究"课题组. 空间信息技术在城市规划编制中的应用研究 [M]. 北京: 中国建筑工业出版社, 2012.

[42] 中国 21 世纪议程管理中心. 可持续发展指标体系的理论与实践 [M]. 北京: 社会科学文献出版社, 2004.

[43] 吴志强, 仇勇懿, 干靓, 等. 中国城镇化的科学理性支撑关键: 科技部"十一五"科技支撑项目《城镇化与村镇建设动态监测关键技术》综述 [J]. 城市规划学刊, 2011（4）: 1-9.

[44] 郭志仪, 丁刚. 基于 PDL 模型的我国省域城市化水平预测研究: 以甘肃省为例 [J]. 中国软科学, 2005（3）: 99-104.

[45] 苏艳丽, 胡衡生, 严志强, 等. CPPS 软件在凭祥市人口预测中的应用研究 [J]. 广西师范学院学报（自然科学版）, 2006（S1）: 54-57.

[46] 李菲, 石培基. CPPS 软件在人口预测中的应用研究 [J]. 河南科学, 2009（1）: 80-83.

[47] 张晓霞. 江西人口预测及发展趋势分析 [J]. 江西社会科学, 2012（10）: 233-237.

[48] 陈毅华, 苏昌贵. 基于六普数据的湖南省人口老龄化发展态势与对策研究 [J]. 经济地理, 2013（1）: 21-26, 40.

[49] 张从发, 王华莹, 邓有成. 人口年龄结构变化对产业结构调整的影响: 以湖北省为例 [J]. 中南财经政法大学学报, 2013（6）: 131-137.

[50] 熊伟, 周勃. "众规武汉"开放平台的建设与思考 [J]. 北京规划建设, 2016（1）: 100-102.

[51] ALLWINKLE S, CRUICKSHANK P. Creating smarter cities: an overview [J]. Journal of urban technology,

2011, 18(2): 1-16.

[52]MAHIZHNAN A. Smart cities: the Singapore case[J]. Cities, 1999, 16(1): 13-18.

[53]BAKICI T, ALMIRALL E, WAREHAM J. a smart city initiative: the case of Barcelona[J]. Journal of the knowledge economy, 2012 (3): 1-14.

[54]AGARWAL S FURUKAWA Y, SNAVELY N, et al. Building Rome in a day[J]. Communications of the ACM, 2011, 54(10): 105-112.

[55]LI X, YEH, A G -O. Cellular automata for simulating complex land use system suing neural networks [J]. Geographical research, 2005, 24(1): 19-27.

[56]LI X, YEH A G -O. Constrained cellular automata for modelling sustainable urban forms [J]. ACTA geographica sinica, 1999, 54(4): 289-298.

[57]MARSH W M, JOHN M G. Environmental geography: science, land use and earth systems [M]. Chichester:John Wiley & Sons, 2005.

[58]SHI W, PANG M Y C. Development of voronoi-based cellular automata: an integrated dynamic model for geographical information systems [J]. International journal of geographical information science, 2000, 14(5): 455-474.

[59]CLARKE K C, GAYDOS L J. Loose-coupling a cellular automaton model and GIS: long-term urban growth prediction for San Francisco and Washington-Baltimore [J]. International journal of geographical information science, 2001, 12(7): 699-714.

[60]FURHT B. Cloud computing fundamentals.[M]// Handbook of cloud computing . Boston: Springer, 2010:3-19.

[61]HOLDERNESS T, TURPIN E. From Social Media to GeoSocial intelligence: crowdsourcing civic co-management for flood response in Jakarta, Indonesia, in NEPAL S, PARIS C, GEORGEAKOPOULOS D. Social media for government services , 2015: 115-133.

[62]KAVIS M J. Architecting the cloud: design decisions for cloud computing service models (SaaS, PaaS, and IaaS)[M]. Chichester: John Wiley & Sons, 2014.

[63]SEDAC.Gridded population of the world[EB/OL]. socioeconomic data and applications center (SEDAC), NASA, 2021. https://sedac.ciesin.columbia.edu/data/collection/gpw-v4.

[64]ORNL. LandScan.Oak Ridge National Laboratory[EB/OL]. 2021. https://landscan.ornl.gov/.

[65]Yale University. Geographically based economic data (G-Econ) [EB/OL]. 2011.https://gecon.yale.edu/

[66]HOWE J. The rise of crowdsourcing[J]. Wired, 2006,14(6):5.

[67]VUKOVIC M. Crowdsourcing for enterprises[C]// 2009 congress on services-I . IEEE, 2009.

[68]LIGGETT R, JEPSON W. An integrated environment for urban simulation[J]. Environment and planning B, 1995, 22: 291-302

[69]DOYLE S, DODGE M, SMITH A. The potential of web-based mapping and virtual reality technologies for modelling urban environments[J].Computers, environment and urban systems, 1998, 22(2): 137-155.

[70]PATERSON R, MUELLER E.Developing the next generation of scenario planning software[EB/OL].

Center for Sustainable Development, UT Austin，2013. https://sustainability.utexas.edu/sites/sustainability.utexas.edu/files/2013_Paterson_Planning.pdf.

[71]BATTY M. Using GIS for visual simulation modeling[J].GIS World, 1994,7(10):46-48.

[72]WHITE R, ENGELEN G, ULJEE I. Modelling land use change with linked cellular automata and socio-economic models: a tool for exploring the impact of climate change on the island of St Lucia 1S9 introduction. [M]// Spatial information for land use management . CRC Press,2000:245-260.

[73]WU F. Simulating urban encroachment on rural land with fuzzy-logic-controlled cellular automata in a geographical information system[J]. Journal of environmental management, 1998, 53(4):293-308.

[74]LI X，YEH A G O.Urban simulation using principal components analysis and cellular automata for land-use planning[J].Photogrammetric engineering and remote sensing, 2002，68(4)：341-352.

[75]YIN C L , ZHU J J, ZHANG H H, et al. Study on the dynamic simulation of urban morphology based on UPCA Model[J]. Journal of Hunan university (natural sciences), 2008.

[76]WOOD C. Data makes dubuque, iowa smart and sustainable[J/OL]. Government Technologies, 2013. https://www.govtech.com/data-makes-dubuque-iowa-smart-and-sustainable.html.

[77]PASKALEVA K A. Enabling the smart city: the progress of city e-governance in Europe [J]. International journal of innovation and regional development, 2009, 1(4): 405-422.

Territorial Spatial
Planning Support Systems
for Small Town Clusters Based on
Cloud Services and
Crowdsourcing Technologies

第二篇

技术支撑系统

第3章 面向云平台的规划建设与管理数据融合

3.1 引言

城乡规划建设与管理实践涉及不同层级政府机构和同级政府不同部门，不同机构和部门都有各自的数据和文档管理的标准及数据库或数据档案。这些数据档案和标准为各部门的业务和服务管理特性而制定，跨部门、跨机构之间的数据和标准往往互不兼容。实现智慧规划建设与管理目标的首要技术基础就是整合来自不同数据源、拥有不同结构和特性的各类数据，数据整合需在云平台完成，实现智能云同步（图3-1）。

本项目的数据整合目标通过"面向云平台的规划建设与管理数据融合"的子系统实现。该子系统包含三个部分：①地理空间信息规划管理网格构建；②小城镇群规划信息整合；

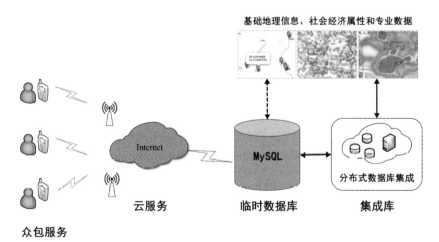

图 3-1 面向众包和云服务的规划建设与管理数据融合示意图

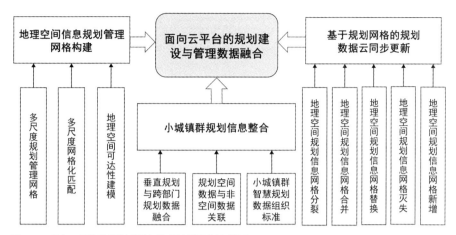

图 3-2　面向云平台的规划建设与管理数据融合技术框架

③基于规划网格的规划数据云同步更新。其中，地理空间信息规划管理网格的构建基于湖北省基础地理信息云平台完成，内容包括多尺度规划管理网格的构建、基础地理空间数据与规划管理数据的多尺度网格化匹配和山地小城镇群地理空间可达性建模。面向云平台的小城镇群规划信息整合的具体技术线路包括小城镇群规划数据组织标准、规划空间数据与非空间数据关联技术、垂直规划数据与跨部门规划数据一致性融合技术；规划数据同步与反馈更新技术包括在地理空间规划信息网格基础上的数据新增、删除、替换、合并和分裂五个技术模块（图3-2）。

3.2　基于基础地理空间数据的规划管理网格构建

　　规划网格管理是指将城乡规划实践与管理的地域对象按照一定的标准细分为网格化地理单元，提供建立完整的网格结构和各单元之间的协调机制，保障各网格单元之间便捷的信息互通，实现资源整合、运行高效的管理目标。基础地理空间数据为城乡规划实践与管理提供必不可少的基础信息，基于基础地理空间数据和地理网格来构建规划管理网格是顺理成章的选择。国土空间规划的推进也依赖于国土资源信息与规划管理信息的网格化整合。但不同实践领域有各自不同的网格概念、空间单元界定和编码标准，整合不同的网格体系需要克服许多理论和技术方法上的困难。相关学者已开展深入研究并提出了有效的应对方案。

武汉大学李德仁院士在2003年提出了空间信息多级网格（Spatial Information Multi-Grid, SIMG）的理论和方法体系（李德仁，等，2003）。该体系旨在将地球空间信息多级空间层次的网格组织和表达与基于互联网等的网格计算能力整合，发挥快速发展的信息技术的计算优势，克服传统地理空间信息技术多尺度互通性弱的缺陷，实现不同时空和不同尺度数据源的互通和共享，为国家和省市地区社会与经济发展决策提供高效支撑。SIMG的体系结构由四部分组成。其一是空间信息多级网格的划分，将多级网格层次与全国、省、地（市）、县等行政地理层级建立关联，确定网格的层次数和大小。其二是每个网格点的属性项，包括基本属性、自然属性、社会属性、经济属性、文化属性等。其三是行政区划与空间信息多级网格在尺度、属性等方面的对应关联，为以行政区划为单元的信息统计、专题分析及政策决策提供支撑。其四是基于网格计算技术的空间信息多级网格，凭借空间信息多级网格结构与网格计算技术的整合优势，提供空间信息服务的体系与服务模式。

2008年李德仁院士及其团队将所提出的空间信息多级网格体系在广东省东莞市展开应用实践，具体完成了东莞国土资源网格化管理与服务系统原型的设计与构建（李德仁，等，2008）。该网格化体系由网络层、数据层与应用层以及安全保障和标准化板块构成，以管理单元网格为基本单位，构建网格化地块（即各种宗地）、网格化事件（即国土资源管理涉及的业务）、网格化服务（即国土资源管理的各类服务）以及网格化监督（即国土资源管理监督实行基于单元网格的监督员责任制）精细化管理。管理单元网格有四个层级：①市级：东莞市域为一个大网格，是全省或全国的管理网格基本单元。②街道（乡）级：为我国市县行政区划以下的行政管理单元。这一地理单元汇总较全面的各种社会经济统计数据。③社区（村）级：在法定层面社区（村）不是行政管理单元，而是居民自治组织，但其具有一定的管理职能，是我国社会经济统计信息采集的基础单元。④网格级：根据网格划分原则对社区（村）进行进一步的单元网格划分。网格级的确定考虑国土资源多级网格化管理的需要，以国土用地类型为基础，在统一用地性质的前提下再按照道路、河流等自然属性和行政管理属性实现对全市分层、分级、全区域的无缝覆盖。

李德仁院士提出的结合行政单元的网格化概念和技术在省级范围也有广泛应用。广东省国土资源动态巡查系统是省级空间管理网格化的典型示例。该系统含四级网格单元，分别为市、县、镇和基础单元网格，这些网格单元和地域都有统一和唯一的识别编码，编码由 13 位数字组成，依次是 6 位为市辖区（或县）编码、3 位为乡镇编码、4 位为单元网格编码。基于这个网格编码体系整合城市的社会、经济、地籍等信息，实现各种空间基础数据的实时动态更新与管理。此外，该国土资源动态巡查系统还与广东省电子政务平台集成，实现在线监管、实时巡查、及时处理和反馈，极大地提升了资源管理的效率和监督服务的水平。

本子系统采用了李德仁院士提出的网格化概念和技术框架来构建基于湖北省基础地理空间数据的、面向小城镇群规划与管理的规划管理网格。

在进行基础地理空间数据的规划管理网格构建时，单一的规划网格无法满足各类用户的多元需求，需要建立多尺度空间网格及相对应的数据信息，以满足城市规划管理与服务的各阶段与各环节对于不同空间尺度数据的各种要求。本子系统构建的基于基础地理空间数据的规划管理网格含三个组成部分，其一是多尺度规划管理网格体系，对应小城镇群规划管理实践常用的空间尺度，如市域或镇域、镇区、街道、小区、城镇管理格网和林业防火格网等。其二是基础地理空间数据与规划管理数据的多尺度网格化匹配，实现多源数据多尺度之间的无缝衔接和转换。其三是山地小城镇群地理空间可达性建模。前面两部分旨在完整建立数据元素和区位实体之间的空间拓扑关系及相应属性关联，在此基础上，第三部分构建数据实体和区位单元的空间互动（Spatial Interaction）关系及实现互动的时间成本。可达性建模可为本书后面章节介绍的城乡规划与管理应用提供必不可少的空间分析基础。

3.2.1　多尺度规划管理网格构建

（1）关键问题

城市规划管理与服务的各阶段与各环节对于数据空间尺度的需求不同，因此需要建立多尺度空间格网。根据山地小城镇群地理空间可达性分析，以道路、明显的自然地貌、地物为分界线，利用自底向上的数据聚合技术与自顶向下的数据分配技术构建多尺度规划管理网格。

（2）技术方法

网格构建一般一共两种方法，一种只是制图时创建经纬网之类的网格，只能在版面视图出现，另一种是创建一个真实的图层。在 ArcGIS 中由于采用的是路网数据，所以涉及路网的生成、加载及显示。其中，还涉及自底向上的数据聚合技术与自顶向下的数据分配技术。

自底向上的数据聚合技术就是对底层数据源进行高效整合和深度挖掘，不断进行改进的多源异构的数据聚合方法。方式是自底向上，能满足分级聚合的要求，并且不易出错。

自顶向下的数据分配技术就是为了提高数据的分配和存储的效率，采用的一种数据存储的关键性技术。而多尺度则体现在不同比例尺下地图的变化上，满足某些特定需要。

在没有考虑比较任务和数据之间的特殊依赖关系的情况下，会导致数据移动增加，存储效率低，任务分配不均衡，整体计算性能下降。为此，提出自顶向下的数据分配算法。首先通过理论分析把顶部数据进行整理，然后成功构造自顶向下的分配结构，并根据分配结构开始进行数据分配。

规划数据主要是城市规划数据，通过用地类型的不同进行分类，例如，根据城市用地类型可以进行分类，以便于管理。使用时，所有数据又是归于规划数据这一总数据之下。

另一数据集基础数据则包括路网数据以及其他基础设施数据。这些数据通过在 ArcGIS 中进行分布，后通过调用服务实现在云平台上进行加载、显示与浏览。

3.2.2 基础地理空间数据与规划管理数据的多尺度网格化匹配

（1）关键问题

由于基础地理空间数据与规划管理数据的数学基础不同，采集精度与标准各异，导致规划管理数据难以全面地呈现在地理空间中，限制了利用规划管理数据进行时空分析的能力，难以为城市提供智慧服务。因此，采用空间变换的方法统一基础地理空间数据与规划管理数据的数学基础，实现基础地理空间数据与规划管理数据的多尺度网格化匹配。

基于云服务与众包技术的小城镇群国土空间规划支撑系统

（2）技术方法

虽然现在处于大数据时代，数据的获取多种多样且十分方便。但在实际应用过程中，获得的数据往往有着不同的统计单元。最简单的是根据数据格式进行划分，数据可以分为矢量和栅格两种格式，如土壤的结构和质地，以及地形地貌等专题数据属于 GIS 管理下的矢量数据，利用不同遥感平台获取的地表不同类型的专题信息是以像元作为统计单元的栅格数据。由于统计单元不同，不便于利用多源数据进行相关比较和分析，不能充分发挥已有数据的优势。实践证明，多源数据的网格化是解决这一问题的有效方法之一。由于网格可以被认为是其他任何统计单元内部的细胞，通过它可以表达任何统计单元的信息，因此在 GIS 等技术的支持下，经过网格化处理的数据及其派生出的结果，在时间上可以形成以网格为基础的数据序列，便于动态规律分析，在空间上形成的网格数据，可以以不同单元为基础进行空间分异规律研究，同时也便于和遥感数据结合，尤其是统计分析时，将行政区划和网格数据联系起来，便于统计行政区划范围内的有用信息。可见网格化数据具有匹配和融合多源数据的优势，特别适合空间模型的构建、实现和表达，同时数据的网格化也是许多图形绘制、科学计算和空间模型实现的基础工作。鉴于数据网格化的诸多优势，数据网格化的存储方式正受到越来越多的重视。

尺度在各个学科都普遍存在并受到广泛关注。在不同尺度或聚集水平上得出的统计结果是不同的，在一个尺度上推演出的结论和过程往往只适用于那个尺度，不可能适用于另一尺度。如果认识不到过程对尺度的依赖性，往往就会用不恰当的甚至是错误的尺度去观察、说明或解释问题，从而在一定程度上混淆事物现象与本质关系的认识，将根据一个尺度上得出的结论应用到另一个尺度上去，或者是以点的特征来简单代替面或体的特征。不同尺度的数据往往推绎出不同的结果，"尺度"已成为人们认识客观世界格局、过程及其时空分布特征的一把关键"钥匙"。选择合适的尺度来了解研究对象及热点，尺度问题也在这些领域得到了越来越多的重视。

多尺度网格化中，由于数据网格化便于多源数据的比较分析、匹配和融合，适合空间模型构建等，早年在测绘、规划领域就得到了广泛的应用（白凤文，许华燕，2012；丁华祥，等，2014）。但是在获得一些土地数据、规划数据等原始数据后，可以生成不同大小的网格的土地利用动态度数据，然后通过网格动态度数据和原始动态度数据的比较得出，基于原始数据的不同大小，网格化数据与原始数据的接近程度会有所差别，所以不是所有格网数据都能代替原始数据进行分析，格网数据要择优选择，这也是网格化的多尺度特性。

本系统采用的网格数据主要是路网数据，在以路网数据为基础数据的基础上再进行规划数据的录入。

3.2.3　小城镇群地理空间可达性建模

（1）关键问题

依据地理空间数据中的地貌类型、高程、坡度、交通等地理因子，运用空间分析理论与方法，结合山地小城镇群的地理特性、经济和人口属性，对山地小城镇群的地理空间可达性进行建模。山地小城镇群的地理空间比较繁杂，各类地貌盘错，不同的地理特性导致道路交通网也十分复杂。如何利用先进的信息技术，实现城市规划与管理服务的智慧化，进而为城市中的人创造更美好的生活，促进城市的和谐、可持续成长，也是系统需要考虑到的。

（2）技术方法

地理空间可达性建模基于空间可达性评价展开。空间可达性评价可以分为四个步骤：可达性概念确定、可达性评价指标和度量模型选择、可达性计算以及可达性评价。

1）可达性概念确定

可达性概念的确定主要涉及明确可达性评价的目的，理解进行可达性评价的背景（对象、空间尺度等），阐述评价应用背景下的可达性定义。

在不同学科中可达性概念的内涵稍有不同。可达性概念基于图论，指在图中从一个顶点到另一个顶点的易达程度。如果存在一系列相邻顶点，则可达性为从起始顶点 s 到达终极顶点 t 并经过介于 s 和 t 之间中间顶点的难易程度。难易度受起、始点之间的阻抗影响，阻抗越小，可达性越高。在地理学、城乡规划和交通科学领域，可达性概念可以界定为个人参与社会活动的自由度，或者是分布于不同区位的地理单元之间相互吸引、互动的潜力，再或是指在特定时间选择某种交通工具到达目的地的能力。

可达性概念内涵的差异源于对可达性评判的主体视角不同。可达性可以从个体如个人或一个公交站点的角度理解；也可以从一个地理单元如社区或城市来解读。可达性可以从主观层面界定，如心理或认知可达性；也可以从客观层面界定，如交通网络或通信系统的覆盖和承载力。

2）选择可达性度量模型

可达性度量有多种模型可选。式（3-1）~式（3-5）列举了五种常用的模型。各模型各有利弊，宜根据分析研究目的和具备的数据酌情选定。基于可达成本的模型仅考虑到达最邻近目的地或设施的直线或基于路网的道路或时间距离，该模型直观易懂、计算操作相对简单，缺点是忽略了目的地的吸引力属性。等时累积模型是在设定的出行时间或距离阈值内计算从某点出发能够获取目的地机会资源的总数，模型结果解读直观。缺点是忽略了空间隔离效应。基于空间互动的重力模型在各种可达性模型中应用最为广泛，该模型既考虑因距离增加而增大的空间阻抗效应，也考虑目的地属性的数量或质量差别。这类模型的不足是对结果的解读直观性相对差，阻抗系数的确定需依赖当地的出行调查数据。个体选项总效用模型的优点在于其度量可细化到个人层面，难点是需要首先对各个体选项（如地铁、巴士公交、小汽车等）作效用优化离散建模，模型搭建和优化需要较多的计算和数据资源。本子系统内置了前四种模型。

选用不同的可达性度量模型需准备的基本数据略有不同。主要数据内容包括：空间单元、交通数据、起讫点、吸引力、交通阻抗、其他数据等。空间可达性一般按空间单元进行度量，空间单元可以是交通枢纽、居民小区，也可以是更小的建筑，道路交叉口或者栅格等。交通数据主要包括各等级道路（高速公路、国道、省道、县道、城市快速路、主干道、次干道、支路）及其他设施组成的道路网络。起讫点说明从哪里到哪里的可达性度量，起始点即需求点，主要指空间单元的质心，目标点即供给点，主要指提供机会的吸引点，可以是商店、学校、公园、医疗健康中心等社会服务设施或者区域范围的城镇节点。吸引力的确定应该由所选择吸引点的关键特征决定，如吸引点的数量、吸引点的规模等。交通阻抗是指从起始点到目标点所要克服的出行阻难，表明了起始点与目标点在空间上的分离。它可以由距离、旅行时间、旅行费用来衡量，这里的距离可以是直线距离、网络距离（真实的旅行路程）。其他数据包括空间单元的人口特征（如人口规模）、出行方式、摩擦系数等。

- 基于可达成本的出行成本模型

$$A_i = \sum_j C_{ij} \qquad (3-1)$$

- 时空棱柱（Space-Time Prism）模型

$$A_i = \frac{1}{n(n-1)} \sum_i \sum_{j \neq i} C_{ij} \qquad (3-2)$$

- 基于空间互动的等时累积模型

$$A_i = \sum_{j \in C_i} O_j \qquad (3-3)$$

- 重力模型

$$A_i = \sum_j O_j exp(-\beta \cdot C_{ij}) \qquad (3-4)$$

- 基于个体效用的个体选项总效用模型

$$A_n = \frac{1}{\mu} \ln \sum_d e^{\mu U_n(d)} \qquad (3-5)$$

式中　A_i —— 个体或地理单元 i 的可达性；

　　　C_{ij} —— 从 i 位置到 j 位置的时间或费用成本；

　　　O_j —— j 位置的机会吸引量，如就业岗位、劳动力或经济总量；

　　　d —— 个体选项，如可供选用的交通出行工具；

　　　β —— 确定阻抗大小的摩擦系数；

　　　U_n —— 个体 n 的效用（经济学中的 Utility 概念）。

（Ben-Akiva, Lerman, 2021; Hansen, 1959; Miller, 1991; Morris, et al., 1979）

用于确定可达性的算法分为两类：需要预处理的算法和不需要预处理的算法。Floyd-Warshall 算法（Floyd-Warshall Algorithm）是解决任意两点间的最短路径的一种算法（Cormen，et al., 2009），可以正确处理有向图或负权的最短路径问题，同时也被用于计算有向图的传递闭包。Floyd-Warshall 算法的时间复杂度为 O（N），空间复杂度为 O（$N \cdot N$）。

对于平面有向图，一种更快的方法是 Mikkel Thorup（2004）所提出的算法。计算复杂度为 O（a（m，n），log（m，n）），其中为增长速度非常缓慢的 inverse-Ackermann 函数。该算法还可以提供近似最短路径距离以及路由信息。

如果图形是平面的，非循环的，并且还表现出以下附加属性，则可以使用由 T.

Kameda 于 1975 年提出的更快的预处理方法（Kameda, et al., 1975）：所有 0-indegree 和所有 0-outdegree 顶点出现（通常假设为外面），并且可以将该面的边界分割为两个部分，使得所有 O 个不等的顶点出现在一个部分上，并且所有的 O 度外的顶点出现在另一个部分上（即两种类型的顶点不交替）。

3）可达性分析

根据准备好的数据和所选择的度量模型计算可达性值，并标准化可达性值。目前可达性的主要研究方法有缓冲区分析法、距离法、网络分析法等。其中，网络分析是 ArcGIS 空间分析的一种重要手段，其中涉及的网络一般有两种：一类是道路（交通）网络；一类是实体网络（河流、电力网络等）。道路交通网络是城市的基本骨架，其作用是服务公众出行和客货输送，从而保障城市各项基本功能的正常运转，进而促进城市社会经济的进步。对道路交通网络进行建模及结构特征分析能够为道路的设计者和交通的管理者提供一定的数据支持；考虑道路交通网络中交通拥堵的地点固定性和时间规律性，对道路交通网络中关键交叉口和路段的识别及道路交通网络状态的时序分析，能够为缓解交通的策略制定和实施提供一些针对性的帮助。

道路网络分析就是在已获得网络数据集的基础上，可以使用网络分析工具进行最短路径分析、最近服务设施分析、服务区域分析等。最短路径分析即求得道路上两点间的最短路径；最近服务设施分析就是获得最近的设施点以及之间的路径（如：引导最近的救护车到事故地点）；服务区域分析就是确定一个设施点的服务范围（确定公共设施的服务区域）。其中所有的最近、最短都可以表现为距离最近，或者时间最短。

具体实现方案：在本系统中，根据可达性要求以及获得的基础路网数据和基础设施点数据，实现最短路径分析以及服务区域分析。首先，根据基础路网数据，调用网络分析模块，建立网络模型（模型中应包含时间属性），创建网络分析图层，添加网络位置，设置分析选项，执行网络分析并显示分析结果。将包含的基础数据图层以及创建的网络分析图层和网络数据集进行封装，并通过 ArcGIS Server 进行发布或服务。需要注意的是网络模型中的时间属性正是路径分析中的阻抗，是判断路径合理是否的关键因素。

4）可达性评价

可达性评价利用计算或标准化后的可达性指标，通过可视化表达分析具体问题，并从中得出有用信息，为规划、决策等服务。

3.3 基于云平台的小城镇群规划信息整合

面向云平台的小城镇群规划信息整合机制需实现基于小城镇群规划数据标准规范数据库的建立、规划空间数据与非空间数据的关联技术以及垂直规划数据与跨部门规划数据一致性融合技术。通过建立小城镇群规划数据组织标准，整合上下级政府与同级政府各部门间的规划数据，达到上下游规划信息一致，且各部门规划数据关联，实现小城镇群规划空间数据的无缝衔接。图3-3展示了实施规划信息整合的技术路线，主要步骤包括将所获得的空间数据和非空间数据进行组织和存储，然后建立两者之间的互联关系，最后通过一致性融合技术完成数据间的融合。

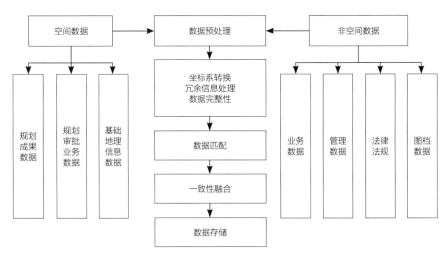

图 3-3 小城镇群规划信息整合技术路线图

空间数据与非空间数据关联技术就是建立空间数据与非空间数据（属性数据）之间"一对一"或者"一对多"的关系。由于一般数据库只能存储一种形式的数据，所以空间数据与非空间数据的存储可以分为三种方式：第一种是分别建立数据库进行存储，即分别建立两个数据库，分别存储空间数据与属性数据。第二种是建立空间数据库后，将属性数据也存储在内，但是不可避免的就是数据十分分散且不对应，数据库的要求也比较高，且无法产生对应联系。第三种就是在数据库建立好之后，通过一个基表以及关联文件，达到空间数据与属性数据的关联。这样就可以获得某个空间实体的全部数据，包括空间数据与属性数据。

所以，空间数据与属性数据的关联主要依靠数据库的结构和操作方法，即建立相应的空间数据与存储空间信息的空间数据表之间的关联，每个空间对象建立相应的索引。

数据融合技术是指利用计算机对按时序获得的若干观测信息，在一定准则下加以自动分析、综合，以完成所需的决策和评估任务而进行的信息处理技术。通过数据融合技术，可以满足提高数据质量和对多源数据进行处理的要求。在测绘方面，可以通过融合来提高精度，在规划领域中，可以接受多规数据，通过一系列的方法与工具进行统一（孙群，2017）。

数据融合的方式从交互程度来讲，可分为数据组合、数据整合和数据聚合等三个层次，由低到高，逐步实现数据之间的深度交互。不同数据的融合，都具有互补性和完整性，将有效提升数据内涵价值。

从种类上看包括了数据层融合、特征层融合以及决策层融合。这三者层次依次增高。数据层融合指在原始数据未进行预处理之前就进行数据的综合与分析，一般采用集中式融合体系进行融合处理，如成像传感器中通过对包含任一像素的模糊图像进行图像处理来确认目标属性的过程。特征层融合是对原始信息进行特征提取（特征可以是目标的边缘、方向、速度等），然后对特征信息进行综合分析和处理，一般采用分布式或集中式的融合体系。决策层融合通过不同类型的传感器观测同一个目标，每个传感器在本地完成基本的处理，其中包括预处理、特征抽取、识别或判决，以建立对所观察目标的初步结论。然后通过关联处理进行决策层融合判决，最终获得联合推断结果。

3.3.1 小城镇群规划数据组织标准

（1）关键问题

参照国家及省部级标准，完成制定完善规划编制成果数据类、建设项目规划审批类、基础地理框架类数据标准规范，用于指导规划综合数据库建设。主要包括空间数据和非空间数据。

（2）技术方法

数据组织是按照一定的方式和规则对数据进行归并、存储、处理的过程，多用于GIS，即地理信息系统中。数据组织一般可分为基于特征的数据组织以及基于分层的数据组织。

基于分层的数据组织，即把地理实体结构化为数学上的点、线、面以及栅格单元（格网）。GIS的数据由若干个空间数据图层及其相关属性数据组织而成，一个空间数据图层又是以若干个空间坐标或栅格像元的形式存储的。对于这一逻辑组织模型可概括为坐标对—空间对象—图层—地图。一个空间对象及其属性信息在这一模型中属于最基础层次，而地图则是这个模型的最高层次。地理数据逻辑组织模型中的信息可进行以下的分类：地图集，图层集和图层。

人们对客观世界的初识是基于地理特征的，这种认知方式造就了基于地理特征的数据组织方法。目前，ISO/TC211和OGC（Open Geospatial Consortium，开放地理空间信息联盟）分别对地理特征进行了定义。基于特征的GIS数据组织的基础是特征分类。它直接影响地理数据的组织、管理、查询以及分析的有效性；影响地理数据模型语义的完备性以及数据的共享。因此，基于特征的GIS可以使用面向对象的技术来构造。其数据组织框架需要使用认知分类理论的有关概念和制图学的有关方法。这种数据组织方法要求正确、合适的地理分类体系，该体系在遵循一般分类学原则的同时，还必须考虑GIS技术（如面向对象技术）的需要，要求将分类体系纳入一种由非空间属性所决定的空间体系中。

以下是数据组织的具体实现。

1）空间数据包括：

①规划成果数据：总体规划；控制性详细规划；专项规划；四线。

②规划审批业务数据：包括建设项目选址规划红线、建设用地规划红线、建设工程规划红线。

③基础地理信息数据：包括小城镇群DLG矢量数据与地面数据库。

2）非空间数据包括：

①业务数据：在一书三证行政许可审批过程中，产生的与业务相关的数据。

②管理数据：管理数据主要指对业务进行控制、管理的数据，比如各种业务之间的关

基于云服务与众包技术的小城镇群国土空间规划支撑系统

联表、规则表等。

③法律法规：指测管业务中的法律法规材料等。主要包括与城市规划、建设及管理相关的国家、省、市法律法规、规范标准和规章制度。

④图档数据（四类）：主要指在规划方案中包含的图件、文档、照片、多媒体等信息数据。

数据库逻辑设计系统数据从用户角度来讲分两大类：地理空间数据和业务数据，从系统角度来看，包括系统维护管理数据库。维护人员直接访问，可以管理地理空间数据和业务数据，对于普通用户，数据访问都需通过管理数据库来进行解释与控制。

地理空间数据根据应用目的包含以下子库：基础地形库、数字正射影像库、数字高程模型库、地名数据库、公共地下空间及地下综合管线库、规划成果数据库、规划审批成果库。每个子库可按照"子空间→大类→逻辑图层"的结构进一步细分，作为空间信息最终的入库标准，并且子库应拥有存储 DLG 数据、DEM 数据、DOM 数据、地名地形数据以及三维模型数据的功能。

其中，DLG（Digital Line Graphic，数字线划地图）是与现有线划基本一致的各地图要素的矢量数据集，且保存了各要素间的空间关系信息和相关的属性信息，是 4D 产品的一种。DEM 数字高程模型（Digital Elevation Model，DEM），是通过有限的地形高程数据实现对地面地形的数字化模拟（即地形表面形态的数字化表达），它是用一组有序数值阵列形式表示地面高程的一种实体地面模型。DOM 数字正射影像图（Digital Orthophoto Map，DOM）是对航空（或航天）相片进行数字微分纠正和镶嵌，按一定图幅范围裁剪生成的数字正射影像集。它是同时具有地图几何精度和影像特征的图像。

在规划行业中的业务数据之间存在着三种主要关系：业务关系、索引关系、空间位置关系。管理数据按应用目的划分，包括：系统设置数据、数据库元数据、索引数据、数据字典四大类。

规划数据处理的内容有：图形数据的标准化、属性数据的规范化、数据格式的标准化、数据入库质量检查、数据关系的分析、数据分类、数据逻辑分析、编制数据字典、空间数据分层、数据编码、数据库结构设计、数据质量控制体系等。整个数据处理过程如图 3-4 所示。

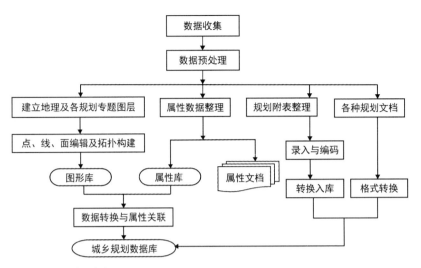

图 3-4　数据库建库流程

3.3.2　规划空间数据与非空间数据关联技术

（1）关键问题

数据库很难实现空间数据与非空间数据的同时存储，而通过某种关联技术就可以实现两种数据分别进行存储，然后再建立数据之间的相互关系，从而实现某个要素或者图形的两种数据的存储。

（2）技术方法

空间数据表现了地理空间实体的位置、大小、形状、方向以及几何拓扑关系。属性数据表现了空间实体的空间属性以外的其他属性特征，属性数据主要是对空间数据的说明。如一个城市点，它的属性数据有人口、GDP、绿化率等描述指标。

规划空间数据与非空间数据关联技术的实现利用 SQL Server 数据表技术。用关系数据库（RDBMS）管理空间数据，空间数据 SQL Server 数据表存储在一个 BLOB（Binary Large Objects）类型的字段中，每种形状（如点、线、面）的对象组成一个形状表，在表中每个空间对象以记录的形式存储。非空间数据分为结构化数据和非结构化数据，结构化数据以 SQL Server 数据表的方式存储，所有非结构化数据以文件的方式存放在文件服务器的文件目录中，SQL Server 数据库中存储图、文档数据的相对路径索引及目录组织索引。

空间数据和属性数据的连接主要通过"关键标识码"来实现。对不同的属性内容建立不同的属性表，每一个表都要设计一个关键标识码，相关各表之间以及空间数据与属性数据之间通过关键标识码连接起来，实现数据库之间的相互调用与数据的统一。

关键字识别码是空间数据与属性数据进行连接与相互调用的关键。在规划管理中，从用地选址到建筑工程竣工验收的整个过程都是对相应的地块进行管理，同一建设项目所有的审批都对应着同一个地块，所以可将标识用地地块进行一一对应的编码并形成关键标识码，并以它建立索引，就可将空间数据与属性数据以及各关系属性表连接起来，建立一个完整的、统一的、"图文一体化"的系统数据库，如图3-5所示。

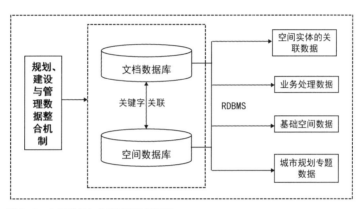

图3-5 空间数据与文档数据的关联图

3.3.3 垂直规划数据与跨部门规划数据一致性融合技术

（1）关键问题

垂直规划数据与跨部门规划数据首先各自都有不用的数据结构和类型，用途也有区别。例如，跨部门规划数据由于规划类型不同，实现的应用也会不同。这就需要数据融合技术来实现两种不同数据的融合。

（2）技术方法

数据融合是通过一系列的方法和工具，让其数据质量有所提高。在测绘领域中，数据质量是通过数据的精度、准确度等指标进行判定的，提高精度也就代表提高数据的重要程度。而在规划领域中，经常会接收到遥感影像、地形图、矢量数据等多源数据。空间数据的来源不同，其融合方式不同。这就决定了融合层次的多样性和层次性。融合层次主要包括像素融合、决策融合和特征融合三层次（崔铁军，郭黎，2007）。

基于数据种类可以分为矢量数据融合、栅格数据融合和矢量栅格交互融合。矢量数据融合是采用地理数据转换方法，构建科学化、专业化的数据模型，在这个模型中对来源不同的数据进行分类分级，实现几何位置的融合，达到丰富数据属性的目的。栅格数据之间的融合技术手段相对比较成熟，在各部门，尤其是遥感测绘领域已有广泛应用。矢量数据与栅格数据虽然在数据结构上有很大差异，但很多 GIS 软件系统已经集成化，可以对矢量和栅格结构的空间数据作便利、有效的操作处理和管理。矢量数据和栅格数据的地理空间数据主要分为数据集成与数据匹配两部分。集成涉及数据标准、分类和模型的统一化。匹配含几何匹配、语义匹配和复合匹配等内容（图 3-6）。

本系统中，由于垂直规划数据与跨部门规划数据首先各自都有不同的数据结构和类型，用途也有区别，所以我们需要对两种数据进行整合与组合。首先在数据库系统中，通过将各级政府与同级政府各规划部门分别按照规划数据组织标准建立独立的数据库，然后利用空间网格，利用自底向上的数据聚合技术与自顶向下的数据分配技术，将数据进行分类整合，再通过发布服务、服务网关、API 网关等实现不同数据组合后，在网页上进行可视化显示与调用，从而实现垂直规划数据与跨部门规划数据一致性融合。

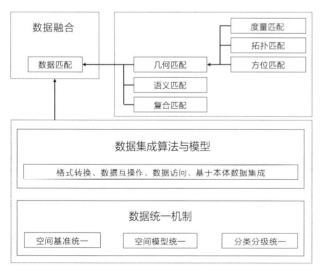

图 3-6　地理空间数据融合

3.4 基于规划网格的规划数据云同步更新技术

在城镇化的带动下，城市发展迅速，土地利用类型改变，规划数据也需要实时同步更新，以满足其他部门有效、准确地进行决策的要求。通过编写算法，建立功能，完成在云平台以及数据库上实时更新网格数据的目的（徐道柱，等，2016）。通过时空数据模型，完成对数据的更新反馈，实时保证数据的现势性，并将历史数据进行保留备用。

数据的更新反馈关系到一个系统使用的效果、寿命，良好的数据更新能够保证系统的稳定性、易操作性，同时也保证了系统有效、持续、高效、准确地运行。如果失去了数据更新或者数据更新反馈得不及时，很有可能会影响数据的应用和决策。

小城镇群规划数据智能云同步与更新软件框架包括系统界面和数据库管理两部分，系统界面功能框架如图 3-7 所示。

用户可以使用已有账号或者注册新账号登录系统，登录后，地图上默认是天地图底图的加载，可以进行矢/栅切换；同时可以进行基础数据中的路网数据加载、显示与浏览；

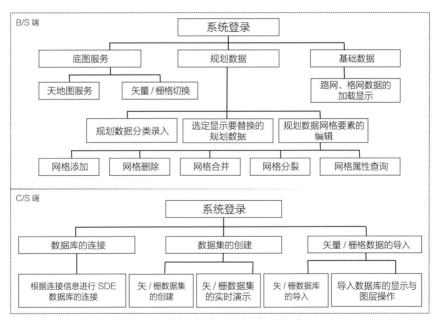

图 3-7　小城镇群规划数据智能云同步与更新软件功能框架

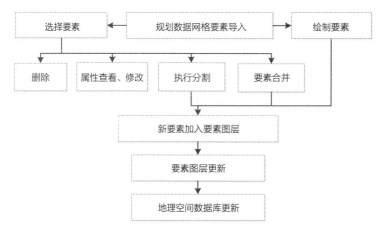

图 3-8　规划数据同步更新技术路线图

接着加载分类完成后的规划数据，可以选定要处理的规划数据，对其中的网格要素进行编辑、更新操作。具体的操作包括网格要素的添加、删除、合并、分裂、查询以及上传附件，除此之外还可以在路网数据上进行可达性分析。

通过规划数据网格的增加、删除、修改、合并、分裂操作完成规划网格数据的反馈更新。图 3-8 所示为规划数据同步更新技术路线图。

按照规划编制成果与规划审批数据更新规划地理空间网格，建立以时间和空间驱动的规划数据同步更新机制。针对城市规划建设与管理的更新事件，数据更新由更新事件对象完成，任何一次更新都需先向系统提交有关事件，更新事件调用更新操作算子实现规划数据同步与反馈更新。

本着兼容性、完备性、标准性、可靠性、可扩充性原则，运用组件技术、数据安全技术和面向对象技术，结合林业各项业务逻辑在 ArcGIS Server 提供的 API 上开发，实现了规划网格的反馈更新功能。具体实现的功能与技术突破包括规划网格数据更新操作算子：地理空间规划信息网格新增、删除、替换、合并和分裂五个模块。

从数据库更新的角度来看，数据库中的数据可以分为两大类：一是向用户提供的现势性最好的成果数据；二是被更新下来的成果数据——称为历史数据。成果数据是数据库系统中管理的主要数据对象，它按照一定的地理范围，以单个数据文件的形式存储在磁带库、光盘或磁盘阵列中，是向用户提供的基本数据。

当同一数据单元内有两个以上版本的成果数据时，也就是进行数据更新后，较早版本的成果数据就成为了历史数据，作为对自然变化监测的重要数据源，不但要保存好这些历史数据，还要能在需要时及时提供，因此就需要建立历史数据库（管理信息系统）。同一时态的同一种数据只能是成果数据或历史数据中的一种，没有重叠。

由于系统集成的各种数据来自勘测、规划设计以及规划管理等不同部门，因此数据的更新采集由各个部门负责，再将更新后的数据通过网络传至信息中心，由信息中心对数据进行整理建库，然后对历史数据进行备份，将新数据存放到数据库中。

数据更新后，还要保存历史数据，以便在必要时恢复出过去任一时刻的全部或部分数据，以便可以追溯到某一时段的历史数据，进行时空序列分析，并能实现历史查询和数据对比等操作。通常对历史数据更新维护有三种模型。

第一种是连续快照模型。连续快照模型用一系列状态所对应的地图来反映地理现象的时空演化过程。连续快照就像照相一样，仅代表地理现象的状态，而缺乏对现象所包含的对象变化的明确表现，因此它不能确定地理现象所包含的对象在时间上的拓扑联系。由于连续快照是对状态数据的完整存储，易于实现，但数据冗余度很大。

第二种是底图修改模型（基态修正法）。这种模型首先确定数据的初始状态，然后仅记录时间片段后发生变化的区域，通过叠加操作来建立现时的状态数据，其中每一次叠加则表示状态的一次变化，数据量可以大大减少，但目标在空间和时空上的内在联系反映不直接，会给时空分析带来困难。此外，张祖勋提出了一种索引基态修正法，即采用底图修改法后，再用四叉树（或八叉树）储存基态和变化量，可达到很高的压缩效益。

第三种是时空合成模型。此模型是在底图修改模型的基础上发展起来的，其设计思想是将每一次独立的叠加操作转换为一次性的合成叠加。这样，变化的积累形成最小变化单元，这些变化单元构成的图形文件和记录变化历史的属性文件联系在一起，则可较完整地表达数据的时空特征。在属性数据更新上，除了记录属性变化外，还要在表中添加一列"时间信息"，它表示属性数据的生存期。基于时空合成模型的优点，本设计采用时空合成模型。

地理空间规划信息网格处理功能

（1）关键问题

城乡规划实践和管理对规划网格数据有各种数据处理的需求。地理框架规划信息的网格处理需提供新增、删除、修改、合并和分裂等主要操作功能。

（2）技术方法

"新增"和"删除"功能操作要求规划网格所在图层经过要素图层的发布，并且服务已经被调用，数据库已经连接。运用 API 中的 drawtool 工具，实现要素绘制，再将所绘制完成的 graphic 通过 Add 或 Delete 函数加入要素图层。"修改"需要获取要素的主键与所在要素图层，通过弹出框选择属性进行修改，最后通过 API 调用的 ApplyEdit 函数删除相应规划网格。"合并"操作获取要素的主键与所在要素图层，将两个或以上要素放在同一数组内，后通过 API 调用的 geometryServices 中的 union 函数合并规划网格。"分

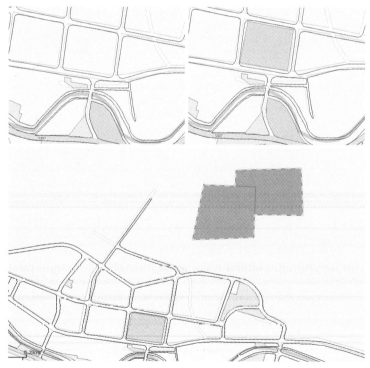

图 3-9　要素合并示意

解"操作获取要素的主键与所在要素图层，将两个或以上要素放在同一数组内，后建立一个分割线要素，并通过 API 调用的 geometryServices 中的 cut 函数完成（图3-9）。

3.5 本章小结

小城镇群的规划、建设与管理数据来源多样、格式标准不统一、采集与更新时间不一致，且在时间域与空间域上部分规划建设与管理数据缺损。本子系统的研发旨在实现多空间尺度、多时间频率的规划建设与管理数据的时空集成。子系统设计采用了自底向上的数据聚合技术与自顶向下的数据分配技术来构建多尺度规划管理网格以及实现垂直规划数据与跨部门规划数据的一致性融合。同时，子系统利用空间变换的技术方法统一基础地理空间信息与规划管理信息的数据架构，实现空间与非空间数据、基础地理与规划管理实践数据的多尺度网格化匹配和动态更新。

本章参考文献

[1] 李德仁，朱欣焰，龚健雅.从数字地图到空间信息网格：空间信息多级网格理论思考[J].武汉大学学报（信息科学版），2003，28（6）：642-654.

[2] 李德仁，宾洪超，邵振峰.国土资源网格化管理与服务系统的设计与实现[J].武汉大学学报（信息科学版），2008（1）：1-6.

[3] 白凤文，许华燕.国家地理格网在数字城市建设中的应用[J].测绘通报，2012（4）：92-94.

[4] 丁华祥，林良彬，唐力明.国土资源网格化在线监管系统的设计与实现[J].测绘通报，2014（10）：108-110，120.

[5] 孙群.多源矢量空间数据融合处理技术研究进展[J].测绘学报，2017，46（10）：1627-1636.

[6] 崔铁军，郭黎.多源地理空间矢量数据集成与融合方法探讨[J].测绘科学技术学报，2007，24（1）：1-4.

[7] 徐道柱，金澄，安晓亚.元数据驱动的多中心空间数据同步方法研究[J].测绘科学与工程，2016，36（4）：66-71.

[8] 赵晶，于舒逸，陈性义，等.基于GIS网络分析的小城镇就医可达性研究[J].地理空间信息，2017，15（10）：75-76.

[9]BEN-AKIVA M, LERMAN S R. Disaggregate travel and mobility-choice models and measures of accessibility[M]//Behavioural travel modelling. London: Routledge, 2021: 654-679.

[10]CORMEN T H, LEISERSON C E, RIVEST R L, et al.Introduction to algorithms.Cambridge: MIT Press, 2009.

[11]HANSEN W G.How accessibility shapes land use[J]. Journal of the American institute of planners, 1959, 25(2): 73-76.

[12]KAMEDA T, TOIDA S. ALLAN F J. A diagnosing algorithm for networks[J]. Information and control, 1975, 29(2): 141-148.

[13]MILLER H J.Modelling accessibility using space-time prism concepts within geographical information systems[J]. International journal of geographical information system,1991, 5(3): 287-301.

[14]MORRIS J M, DUMBLE P L, WIGAN M R. Accessibility indicators for transport planning[J]. Transportation research part A: general, 1979, 13(2): 91-109.

[15]THORUP M.Compact oracles for reachability and approximate distances in planar digraphs[J]. Journal of the ACM (JACM), 2004, 51(6): 993-1024.

第 4 章　众包数据动态接入与存储处理

4.1　总体框架

源自手机和类似移动终端的众包数据对于本项目具有十分重要的意义。这类数据具有实时性、易失性、突发性、无序性、无限性等流式特征，其优点是获取成本低、来源广，缺陷是统计噪声大、质量可靠性相对低，尤其是照片类型的海量数据不可能完全依靠人工视觉解读。因此，需要开发特别算法加以储存、索引、展示和建模（童咏昕，等，2017）。根据城镇规划建设和管理服务工作类别不同，众包数据管理应用也不同。

本子系统的建设内容有以下四个方面：①众包数据采集、分类与动态接入，包含图像数据采集、文本数据采集、语音数据采集和 GPS 数据采集；②众包数据存储与管理，包含存储节点的初始化、众包数据压缩和多阈值级别存储方法；③众包数据时空索引和快速检索技术，包含基于 BSP-Tree 的全局时空索引结构、基于 KD-Tree 的节点内次级索引结构和基于 GeoHash 的可扩展混合索引结构；④众包数据处理与并行策略，包含并行粒度确定、并行计算任务分解调度、数据聚类与甄别和并行容错机制构建。

图 4-1 所示的是本子系统的平台架构，包括基础设施层、存储层、计算层、业务层和用户层。基础设施层主要提供硬件资源和数据资源。硬件资源的提供按需服务，采用 VMware 虚拟化技术把计算资源、存储资源和网络资源进行虚拟化和集中式管理。数据资源服务则是利用移动终端对众源地理数据进行采集，采集的要素包括设备位置、POI 位置、POI 名称、文本描述信息、图片信息、语音信息和视频信息等。

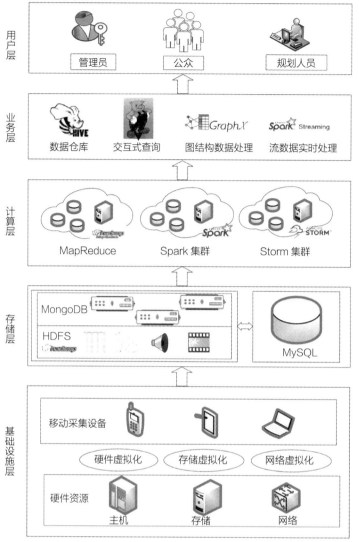

图 4-1 众包数据动态接入与存储处理平台架构

　　存储层采用混合数据存储模式，将传统数据库与分布式数据库相结合，并在分布式数据库中采用 HDFS、MongoDB 两种分布式存储策略。具体方法为：①将移动端采集的众包数据缓存到 MySQL 临时数据库，当缓存达到一定数量时，再通过 Kafka 集群将该临时数据库中的数据转换为 HDFS 分布式文件系统中的数据；②利用 MySQL 缓存 Web 端的历史查询结果，无需对同样的任务进行多次计算；③在 Linux 集群上部署 MongoDB 集群，

　　　　　　　基于云服务与众包技术的小城镇群国土空间规划支撑系统

MongoDB 属于文档型数据库，支持二维空间索引，对 LBS 位置服务具有良好支持，可以此为基础建立分布式空间索引。

计算层的功能是根据不同的业务需求，在计算层部署不同的计算框架。①对众包地理历史数据进行批处理，在 YARN 上部署 MapReduce 进行批处理；②对众包数据进行准实时计算、数据挖掘和机器学习，在 YARN 上部署 Spark 集群，采用 MLBase/MLlib、SparkStreaming 进行机器学习和准实时流数据处理；③针对移动端产生的流数据进行动态接入，采用 Storm 集群计算框架进行实时计算。MapReduce、Spark 和 Storm 等均可在资源管理框架 YARN 上运行，可实现计算资源按需伸缩。YARN 能对不同的并行计算框架进行统一调度，提高集群的利用率；对底层数据进行共享，避免数据跨集群迁移。

在业务层，为了减少底层编程，基于并行计算框架构建数据仓库 Hive 和 Pigeon。将预处理和质检后的数据存储在 Hive 数据仓库中，采用 K-means 算法、高斯混合模型算法等对众包数据进行聚类；采用改进后的扩展 Pigeon，不仅保留了 PigLatin 语言的原始功能，而且加入了空间结构，可直接对时空数据进行查询。例如，利用选择特征工具在空间选择实验区的酒店 POI 信息；采用 SparkStreaming 和 GraphX 对动态接入的数据进行图计算；以道路为边、交通交叉口为顶点、交通流为属性，实时计算交通热点区域、拥堵模式等，可为小城镇规划提供实时服务。

用户层包括管理员、公众和规划人员。其中，管理员包括系统管理员和任务质检员，系统管理员负责平台的日常管理和维护工作，任务质检员负责众包任务的发布、质检和监控等；公众可接收 Web 发布的数据采集任务，通过移动终端对数据采集任务进行认领、采集和上传；规划人员包括规划编制技术人员和规划管理人员，负责面向公众进行规划意见征集，并对意见进行甄别，再反馈给公众。

图 4-2 所示为众包数据动态接入与存储处理的技术流程。

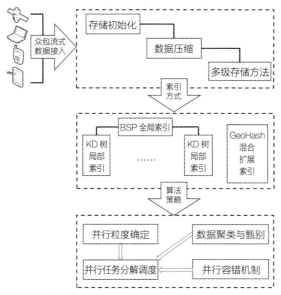

图 4-2 众包数据的动态接入与存储处理技术流程图

4.2 众包数据采集、分类与动态接入

众包数据与传统静态数据有着本质区别，它是公众在生产生活过程中通过来自移动终端、传感器、网站等媒介的响应而形成的具有动态特征的数据流。由于媒体种类的多样，数据的产生方式决定了数据的种类与格式无法完全统一。因此，需要用户在有组织采集或志愿提供众包数据时遵循一定的组织架构，在采集众包数据时协同工作，即可以实时地看到其他用户已采集到的众包数据，并以此为参考采集自己的数据。此外，众包数据采集时，往往需要从多个角度捕捉数据对象特征，尽可能提高数据属性项的全面性。常规属性项包括数据的名称、数据所属类别、数据的空间位置、图像、语音等多种描述信息，其中位置、图像与语音数据的采集需要综合网络技术、Android 技术、定位技术以进行数据的采集与上传。

本子系统的众包数据采集软件基于 Android 系统开发，可以使用 Android 系统提供的GPS、网络定位技术进行设备定位。此外，当前搭载 Android 系统的智能机器都有语音与图像录入功能，可以进行图像与语音数据的采集。采集完成后，可以使用移动智能设备

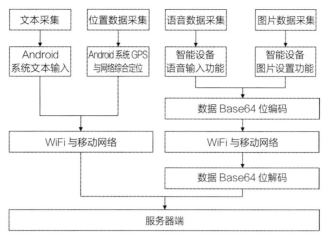

图 4-3 众包数据采集技术路线

的移动网络、WiFi 等通信方式将数据上传至服务器端，其中图像与语音数据在进行上传之前进行 Base64 位编码，将编码后的字符串上传，与之对应，服务器在接收到数据之后使用 Base64 位解码，再将解码后的数据进行存储。系统总体的技术方案如图 4-3 所示。

为了数据接入的有序与可靠，基于已有平台，本子系统将数据采集归纳为四类：①文本数据采集；②位置数据采集；③语音数据采集；④图像数据采集。这些数据可以从多个方面服务于小城镇智慧城市规划。其中，数据类别在一个有限的列表中选择确定，数据可选类别在任务发布时确定，采集任务发布者在发布任务时参考数据分类表填写自己的目标数据种类。基于手机的文本数据采集由使用者在手机界面完成文字输入或转发，例如完成调查问卷、转发规划文本等；也可以利用文本输入方式采集对小城镇环境、道路交通、园林绿化、房屋住宅等的文本描述信息，并与相应的图像、语音、视频、坐标数据一起上传到服务器。文本数据采集的相关技术较成熟，在此不赘述。以下介绍本子课题的位置、语音和图像数据采集技术。

4.2.1 基于 Android 的 GPS 定位采集

定位数据是众包数据的一个重要属性，公众采集到用于描述目标的空间数据记载目标的地理位置，该位置数据可以为其他应用服务并且支持进一步分析。Android 定位一般有四种方法，分别是：GPS 定位、WiFi 定准、基站定位、AGPS 定位。其中，GPS 定位需要 GPS 硬件支持，直接和卫星交互来获取当前经纬度，这种方式需要手机支持 GPS 模块，通过 GPS 方式准确度最高，但是其缺点也非常明显：①比较耗电；②需开启 GPS 模块；③从 GPS 模块启动到获取第一次定位数据，需较长时间；④室内几乎无法使用。需要指出的是，GPS 使用卫星通信的通道，在没有网络连接的情况下也可以使用。

Android 基站定位一般有以下几种方法，第一种是利用手机附近的三个基站进行三角定位，由于每个基站的位置固定，利用电磁波在这三个基站间中转所需要时间来计算出手机所在的坐标；第二种则是利用获取的最近基站的信息，其中包括基站 id、location area code、mobile country code、mobile network code 和信号强度，将这些数据发送到 google 的定位 Web 服务里，就能得到当前所在的位置信息，误差一般在几十米到几百米之内。

综合多个方面，本软件在定位方面采用 GPS 与基站综合定位来确定设备位置，在进行目标位置采集时，再加上地图选点的功能进行定位数据的补充，其中 GPS 与网络综合定位为 Android 系统提供的功能，本软件优先使用定位精度高的 GPS 定位，并在数据采集之前同时记录地图上用户选定的目标位置点，同时上传这两个位置数据，以便相互参考。其中，地图选点的功能如图 4-4 所示。在全部信息采集完成后，位置数据会自动与其他种类的数据一同上传到服务器端。

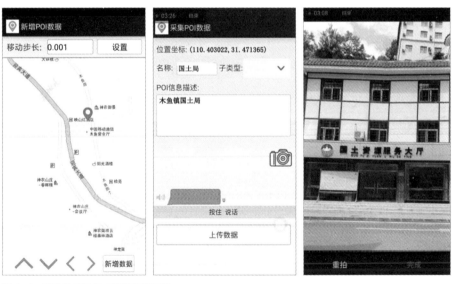

图 4-4　手机端 POI 选点位置采集示意

4.2.2　基于 Android 的语音采集技术

　　语音数据是众包数据的重要组成部分，公众用语音对目标进行详细的描述，从而节省输入文本数据的时间。音频技术用于实现计算机对语音数据的处理。声音是一种由物体振动而产生的波，当物体振动时，使周围的空气不断地压缩和放松，并向周围扩散，这就是声波，人可以听到的声音频率范围是 20Hz ~ 20kHz。人可以听到声音的三个要素是音强、音调和音色，其中音强是声音的强度，取决于声间的振幅；音调与声音的频率有关，频率高则声音高，频率低则声音低；音色是由混入基音的泛音决定的。每个基音又都有固有的频率和不同音强的泛音，从而使得每个声音都具有特殊的音色效果。Android 系统生成的音频格式为 AMR 格式。AMR 格式由欧洲通信标准化委员会提出，是在移动通信系统中使用最广泛的语音标准。AMR 文件的体量很小，每秒的 AMR 音频大小可控制在 1K 左右，因此 1min 以内的音频文件基本符合中国移动现行的彩信不超过 50K 的技术规范，所以AMR 也是实现在彩信中加载人声的唯一格式。Android 系统对应语音提供对应的 Service类，使用该类即可调用系统对应的声音录制硬件，进行声音的录制、存储与播放。

　　移动端采集软件使用智能设备语音录制与存储功能进行语音数据采集，操作步骤为在采集数据页面，点击"按住说话"按钮，软件调用系统录音功能进行录音，系统允许点击查看自己录制的语音数据，然后软件将语音数据进行 Base64 位编码，为随后的数据上传作准备。在 Android 中有两种方法可以实现录音功能，使用 MediaRecorder类和 AudioRecorder 类。本系统主要使用 MediaRecorder 类来进行音频录制，采用 ENCODING_PCM_16BIT（16bit）采样位数，使用 MediaRecorder 类的setOutputFormat 方法设置录音时输出的音频文件的格式为 MP3 音频文件，同时在编码保存时进行自动压缩，方便数据的上传，也适合在各个应用平台上播放与使用。

4.2.3　基于 Android 的图像数据采集技术

　　图像数据是众包数据的重要组成部分，公众采集到用于描述目标的图像数据可以形象真实地反映目标的状态，并可以作进一步分析。基于 Android 系统的移动端采集软件可使用智能设备的图像摄制与存储功能进行图像数据采集，采集步骤如同日常手机拍照操作，首先在采集数据页面点击相机图标，内置软件调用系统摄像机对目标进行拍照，然后软件将图像进行自适应数据压缩，并进行 Base64 位编码，为随后的数据上传作准备。

Android 中 Android Camera 的架构为 C/S 架构，负责调配用的 Client 进程虽然不曾拥有任何实质的 Camera 数据，但是 Service 端为它提供了丰富的接口，它可以轻松地获得 Camera 数据的地址，然后处理这些数据。两者通过 Binder 进行通信。本子系统自定义了一个单例 CameraHolder 来维持 Camera 相应的状态，以方便为其他应用提供与 Camera 相关的参数。在 CameraHolder 中定义了 Camera 的三个状态：Init、Opened、Preview。

用户使用相机在拍摄图像后，Android 系统通过对应注册的 Service 获取对应图像数据，程序对该数据进行解析与编码后，再通过 WiFi、移动网络进行数据的上传。在 Android 中调用摄像头需要相应的权限，本子系统中使用 Camera 相关的 API 对摄像头进行调用，本项目打开摄像头的步骤为：①检查摄像头；②打开摄像头；③设置摄像头参数；④设置预览界面。

4.2.4　基于 Restful API 技术的动态接入与查询

针对移动终端采集数据的实时性、多样性、无序性、突发性等流式特征，必须设计统一的动态接入机制对其入库。此外，移动终端用户需要实时查询分布式数据库存储的数据和 Web 客户端最新发布的任务信息，Web 客户端也需要对移动端最新采集的数据进行查看与质量检查。表述性状态转移（Representational State Transfer, REST）是为设计功能强大、性能优越、便于通信、以网络为基础的应用软件架构而提出的架构约束条件和原则。Restful 架构通过统一接口为 Web、iOS 和 Android 等不同类型的客户端提供服务，支持规定的 XHTML、XML、JSON 等多种数据格式在客户端与服务器端间的交互。

本子系统为支持基于 HTTP 协议进行移动终端与服务器的通信及交互，开发基于 Restful API 的动态接入技术。子系统使用统一资源标识符（Uniform Resource Identifier, URI）对不同资源（文本、图像、语音等）进行定位，将动态接入与查询服务封装为 REST 资源，客户端通过 GET、POST、PUT、DELETE 等 HTTP Action 对服务器端资源统一进行操作（图 4-5）。

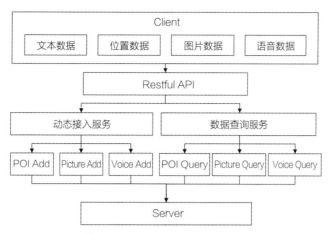

图 4-5　基于 Restful API 的动态接入与查询技术路线图

基于 Restful API，移动客户端可接入文本、位置、语音等不同类型的动态数据，并访问最新任务信息和审核结果；Web 客户端工作人员可即时查看历史数据及最新采集数据，并进行任务发布与管理、数据浏览、质量检查与审核等，监控任务进度，通过多级质检，及时发现不合格数据并进行反馈，为众包数据质量提供多级保障，如图 4-6 所示。

图 4-6　众包采集质量审核示意

4.3　众包数据存储与管理

利用移动设备发挥大众作用采集的众包数据的数据量大、类型多样，必须利用分布式存储方式进行数据存储与管理，以有效组织和管理位于不同地理位置的存储资源，使其在逻辑上集成为一个统一的视图，在存取数据时能相互协作，提供高可用、可扩展、可靠、安全、可恢复的存储服务。本子系统考虑的服务于小城镇群规划管理应用的众包数据存储与管理方法有如下几个方面：

1）数据缓存。利用临时数据库先对移动端采集的图像、语音、视频、文本、坐标等数据进行管理和保存，记录这些数据的基本信息和存储位置，同时用户在网页端的历史查询结果也会被缓存在临时数据库中，当用户进行下次类似查询时，临时数据库会直接将结果返回前台，后台无需再次计算。当临时数据库的数据达到一定数量时，数据将被发送至分布式数据库中进行存储。利用临时数据库进行缓存的主要目的在于，HDFS 对于数据块的要求较高，若数据块较小，则会大量消耗 I/O 资源，影响数据读写效率，因此当数据到达一定数量时再统一保存至 HDFS 中。

2）HDFS 分布式存储。HDFS 是一种高容错性的分布式文件系统，采用主从结构。一个 HDFS 集群由一个主节点（NameNode）、一个检查点（SecondaryNameNode）和多个从节点（DataNode）组成。NameNode 为一个管理文件命名空间和调节客户端访问文件的主服务器；SecondaryNameNode 为检查点定期整合备份与事务日志；DataNode 为数据节点，通常是一个节点一个机器，用于管理对应节点的存储。HDFS 对外开放文件命名空间并允许用户数据以文件形式存储。

3）MongoDB 分布式存储。MongoDB 集群可应对海量数据的存储问题，其分布式模式可以分为主从式、副本集和分片三种。MongoDB 集群可对小城镇中的众包数据进行存储，同时 MongoDB 支持包括空间索引在内的多种索引模式，并在此基础上对众包数据建立分布式时空索引。

来自移动端和传感器的众包数据需要实时地存入分布式数据库中，为其他系统功能提供数据支撑。海量众包数据会占据大量的存储资源，为了节约宝贵的存储资源，本子系统对众包数据中的文本数据采用哈夫曼（Huffman）编码进行压缩，对众包数据中的图

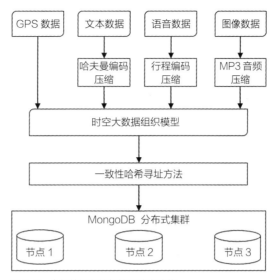

图 4-7　众包数据存储与管理技术路线

像数据采用行程长度编码进行压缩，对众包数据中的语音数据采用 MP3 音频压缩方法进行压缩。同时，为了应对众包数据信息总量的不断扩大，采用一致性哈希（Consistent Hash）结合 GeoHash 方法来处理存储节点的初始化，以使各存储节点中的存储容量能够均匀分配。最后，为了避免海量的监测数据或查询命令同时涌向同一个存储节点而导致该节点及周围大量的传感器节点过度消耗能量而失效，本子系统采用 MongoDB 分布式集群中的分片与副本混合的设计模式，以降低单节点的访问压力，具体技术路线如图 4-7 所示。

　　分布式存储服务管理需要借助于 P2P 数据共享系统的组织架构，在分布的物理节点之间构建一个覆盖层，覆盖层通过中间件和 Agent 的交互，对用户呈现为一致的视图，通过动态协作和调配，完成数据的协同存取。本子系统的开发包括以下关键技术步骤：①存储节点的初始化；②众包数据压缩；③多阈值级别存储。

4.3.1　存储节点的初始化

　　随着众包数据信息总量的扩大，分布式存储系统为了满足需求，必须不断地动态扩大存储规模。这使得分布式存储系统必须能够支持新的存储节点不断加入，确保数据在各个存储节点的均匀分布，满足存储空间以及网络带宽的负载均衡要求。另外，在海量的众包数据信息中，如何高效定位查找目标数据是提高系统性能的关键。分布式存储系统必须实现高效的数据定位，最大限度地减少平均响应时间，提高系统的 IO 性能。因此，存储节点的初始化至关重要，本子系统采用一致性哈希结合 GeoHash 编码来处理存储节点的初始化和分割，以保证相同区域的众包数据存储在同一个数据节点上，同时各存储节点之间存储的数据相对均衡。

　　一致性哈希方法是首先根据数据的特征设计一个 Hash 函数，得到数据的 Hash 值。因为整数在计算机中能表示的最大值为 $2^{32}-1$，因此 Hash 函数的输出值都小于或等于最大值，可以用一个圆环，即 Hash 空间环表示输出值的范围，把输出值范围划分为区间，每个区间对应一个存储节点。Hash 空间按顺时针方向组织，0 和 $2^{32}-1$ 在零点方向重合（图 4-8 左上图）。

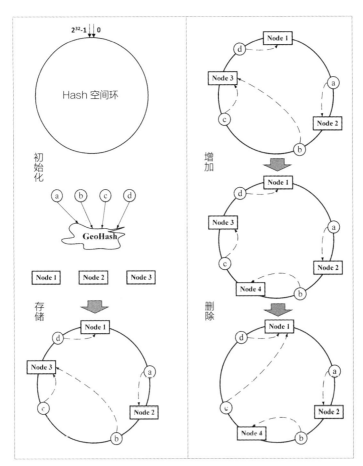

图 4-8　基于 Hash 方法的三个存储节点初始化及众包数据存储、增加和删除

GeoHash 是目前比较主流的实现位置服务的技术，GeoHash 算法将经纬度二维数据编码为一个字符串，其编码过程主要可以分为以下三步：

1）将纬度（-90，90）平均分成两个区间（-90，0）、（0，90），如果坐标位置的纬度值在第一区间，则编码是 0，否则编码为 1。我们用 39.918118 举例，由于 39.918118 属于（0，90），所以编码为 1，然后我们继续将（0，90）分成（0，45）、（45，90）两个区间，而 39.918118 位于（0，45），所以编码是 0，依次类推，我们进行 20 次拆分，最后计算 39.918118 的编码是 10111000110001011011；经度的处理也是类似，只是经度的范围是（-180，180），116.40382 的编码是 11010010110001101010。

2）经纬度的编码合并，从 0 开始，奇数位是纬度，偶数位是经度，得到的编码是 11100111010010001110000001110011001101。

3）对经纬度合并后的编码，进行 Base32 编码（表 4-1），最终得到 wx4g0ffe。

Base32 编码表

表 4-1

数字	0	1	2	3	4	5	6	7	8	9	10	11
Base 32	0	1	2	3	4	5	6	7	8	9	b	c
数字	12	13	14	15	16	17	18	19	20	21	22	23
Base 32	d	e	f	g	h	j	k	m	n	p	q	r
数字	24	25	26	27	28	29	30	31				
Base 32	s	t	u	v	w	x	y	z				

下一步将数据 key 使用相同的 Hash 函数计算出哈希值，基于此确定此数据在环上的位置，沿哈希环顺时针"行走"，在环上遇到的第一台服务器便是应该定位存储的服务器。例如有四个数据对象，a、b、c、d，经过哈希计算后，在哈希环空间上的位置如下：数据 d 会被定位到服务器 Node 1 上，a 被定位到 Node 2 上，b 和 c 则属于 Node 3（图 4-8 左中、下图）。

一致性哈希方法在当键值和数据都非常多的时候，可以达到均匀分布的效果。再结合 GeoHash 方法，首先对众包数据的地理信息进行编码，然后将数据存储至对应的存储节点中，因此，相同区域的数据存储在同一个数据节点上。经过一致性哈希算法散列之后，当加入新的存储节点时，将只影响一台存储节点的存储情况，例如新加入的节点 Node 4 散列在 Node 3 与 Node 2 之间，则原先由 Node 3 处理的数据 b 将移至 Node 4 处理，而其他所有节点的处理情况都将保持不变，因此表现出很好的单调性。而如果删除一台存储节点，例如删除 Node 3 节点，此时原来由 Node 3 处理的数据将移至 Node 1 节点，而其他节点的处理情况仍然不变。而由于在机器节点散列和缓冲内容散列时都采用了同一种散列算法，因此也很好地降低了分散性和负载。而通过引入虚拟节点的方式，也大大提高了平衡性（图 4-8 右上、中、下图）。

本子系统采用 MongoDB 分布式数据库对众包数据进行分布式存储，利用一致性哈希方法对存储节点进行初始化，初始化的存储节点数量为 3 个。结合众包数据的特点，子系统根据数据的地理坐标进行节点划分，以使同一区域的众包数据存储在同一个节点上，避免跨节点进行数据查询，加快数据查询速度。以神农架为众包数据采集试验区，将采集的 41.7 万条众包数据插入分布式数据库中，经一致性哈希结合 GeoHash 编码方法计算后，分别存储在三个存储节点上，其中节点 1 存储了 112097 条数据，节点 2 存储了 144051 条数据，节点 3 存储了 160852 条数据，众包数据较均匀地分布在 3 个存储节点中。

4.3.2　众包数据压缩

众包数据包括文本数据、图像数据和音频数据，这三种数据在组织形式、存储格式上具有很大的差异，因此需要采用不同的数据压缩方法对这三种数据分别进行压缩。

（1）文本数据压缩

使用哈夫曼编码（Huffman Coding）进行文本压缩。哈夫曼于 20 世纪 50 年代初根据字符出现的概率来构造平均长度最短的编码，提出了该方法。哈夫曼编码使用变长编码表对源符号（如文件中的一个字母）进行编码，其中变长编码表是通过一种评估来源符号出现概率的方法得到的，出现概率高的字母使用较短的编码，反之出现概率低的则使用较长的编码。

信息量是指从 N 个相等的可能事件中选出一个事件所需要的信息度量或含量，也就是在辨识 N 个事件中特定的一个事件的过程中所需要提问"是或否"的最少次数。设

从 N 个数中选定任意一个数 x_j 的概率为 $P(x_j)$，假定选定任意一个数的概率都相等，即 $P(x_j)=\dfrac{1}{N}$，定义信息量的公式如下：

$$I(x_j)=\log_2 N=-\log_2 P(x_j)=I[P(x_j)]$$

式中，$P(x_j)$ 是信源 x 发出的 x_j 的概率。$I(x_j)$ 的含义是，信源 x 发出 x_j 这个消息后，接收端收到信息量的量度。

如果将信源所有可能事件的信息量进行平均，就得到了信息熵：

$$H(X)=E[I(x_j)]=-\sum_{j=1}^{n} P(x_j)\cdot\log_2 P(x_j)$$

其中，等概率事件的熵最大，假设有 N 个等概率事件，此时的信息熵为：

$$H(X)=-\sum_{j=1}^{n}\frac{1}{N}\cdot\log_2\frac{1}{N}=\log_2 N$$

当 $P(x_j)=1$ 时，$P(x_2)=P(x_3)=\cdots=P(x_n)=0$，此时信息熵为：

$$H(X)=-P(x_1)\log_2 P(x_1)=0$$

由此可得知信息熵的范围为：

$$0\leqslant H(X)\leqslant\log_2 N$$

在编码中，编码的平均码长 L_c 的计算公式为：

$$L_c=\sum_{j=1}^{n} P(x_j)L(x_j)$$

其中，$P(x_j)$ 是信源 x 发出 x_j 的概率，$L(x_j)$ 是 x_j 的编码长。

编码中用熵值衡量是否为最佳编码，信息熵值为平均码长 L_c 的下限，L_c 接近等于 $H(X)$ 时，为最佳编码。

在通信系统中，冗余度、编码效率和压缩比是衡量信源特性以及编解码设备性能的重要指标。设原信源平均码长为 L，信息熵为 $H(X)$，压缩后的平均码长为 L_c，则定义冗余度为：

$$R=\frac{L}{H(X)}-1$$

编码效率为：

$$\eta = \frac{H(X)}{L} = \frac{1}{1+R}$$

压缩比为：

$$C = \frac{L}{L_c}$$

哈夫曼编码是一种对统计独立信源能达到最小平均码长的编码方法，即最佳码（李晓飞，2009）。通过哈夫曼编码，能使编码之后的字符串的平均长度、期望值降低，从而达到无损压缩数据的目的，提高数据压缩率，提高传输效率，且具有即时性和唯一可译性。

哈夫曼编码的具体步骤主要包括：

1）统计：在开始编码时，通常都需要对信号源，也就是众包数据中的一段文字，进行处理，计算出每个符号出现的频率，得到信号源的基本情况。接下来就是对统计信息进行处理。

2）构造优先队列：把得到的符号添加到优先队列中，此优先队列的进出逻辑是频率低的先出。得到包含所有字符的优先队列后，接着处理优先队列中的数据。

3）构造哈夫曼树：哈夫曼树是带权值的二叉树，本项目使用的哈夫曼树的权值是符号的频率。本项目构建哈夫曼树是自底向上的，先构建叶子节点，然后逐步向上，最终完成整棵树。先把队列中的一个符号出列，也就是最小频率的符号，然后再出列另一个符号。这两个符号将作为哈夫曼树的节点，而且这两个节点将作为新节点，也就是它们父节点的左右孩子节点。新节点的频率（即权值）为孩子节点的和。把这个新节点添加到队列中（队列会重新根据权值排序）。重复上面的步骤，两个符号出列，构造新的父节点，入列……直到队列最后只剩下一个节点，这个节点也就是哈夫曼树的根节点。

4）为哈夫曼树编码：哈夫曼树来自信号源的符号都是叶子节点，树的根节点分配比特0，左子树分配比特0，右子树分配比特1。然后就可以得到符号的码值了。哈夫曼算法根据各字符出现的概率大小排序，将两个最小的概率相加作为新的概率，和剩余的概率重新排序，依次类推直至完成所有字符的排序。每次相加时，都将"0"和"1"赋予相加的两个概率。输出编码时，由该符号开始一直输出到最后的"1"，将路线上所遇到的"0"和"1"按低位到高位的顺序排列，由此即得到各字符的编码并生成哈夫曼树。表4-2给出了一个哈夫曼编码的示例：将 $U_1 \sim U_7$ 这七个字符按照出现概率从大到小的顺序排列，并逐步合并，分别将"0"和"1"赋予对应的概率，从而生成各字符的哈夫曼编码和对应的哈夫曼树。

哈夫曼编码示例　　　　　　　　　　　　表 4-2

消息 （U）	概率 （P）							编码 （C）
U_1	0.20	0.20	0.26	0.35	0.39	0.61	1.0	10
U_2	0.19	0.19	0.20	0.26	0.35	0.39		11
U_3	0.18	0.18	0.19	0.20	0.26			000
U_4	0.17	0.17	0.18	0.19				001
U_5	0.15	0.15	0.17					010
U_6	0.10	0.11						0110
U_7	0.01							0111

（2）图像压缩

本项目使用行程编码（Run Length Encoding，RLE）进行图像压缩。行程编码，又称游程编码、行程长度编码、变动长度编码，是一种统计编码。该算法是最早出现，最简单的无损数据压缩算法。其基本思想是检测重复的比特或字符序列，并用它们的出现次数替代。

行程编码的基本原理和流程，即在给定的数据图像中寻找连续的重复数值，然后用两个字符取代这些连续值（图 4-9）。对于数字图像而言，同一幅图像某些连续的区域颜色相同，即在这些图像中，许多连续的扫描都具有同一种颜色，或者同一扫描行中许多连续的像素都具有同样的颜色值。在这种情况下，只要存储一个像素的颜色值、相同颜色像素的位置以及相同颜色的像素数目即可，对数字图像的这种编码称为行程编码，把具有相同灰度值（颜色值）的相连像素序列称为一个行程。举例来说，一组字符串"AAAABBBCCDEEEE"，由 4 个 A、3 个 B、2 个 C、1 个 D、4 个 E 组成，经过变动长度编码法可将资料压缩为 4A3B2C1D4E（由 14 个单位转成 10 个单位）。

行程编码算法将数据按照线性序列分成连续的重复数据块和连续的不重复数据块这两

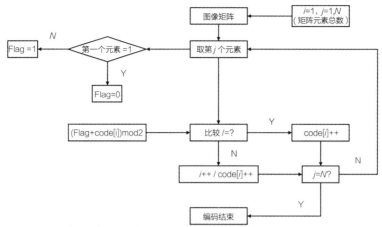

图 4-9　行程编码基本原理和流程

种情况。对于第一种情况，压缩方法是用一个表示块数的属性加上一个数据块代表原来连续的若干块数据。对于第二种情况，行程编码算法有两种处理方法，一种处理方法是使用第一种情况的方法，处理连续的不重复数据块；另一种处理方法是不对数据进行任何处理，直接将原始数据作为压缩后的数据。数据块的长度可以是任意值，但数据块越长，连续重复的概率越低，压缩的优势越发无法体现。因此，大多数行程编码算法的实现都使用一个字节作为数据块长度。

行程编码对传输差错很敏感，如果其中一位符号发生错误，就会影响整个编码序列的正确性，使行程编码无法还原回原始数据，因此一般要用行同步、列同步的方法，把差错控制在一行一列之内。

基于行程编码进行图像压缩的主要过程可概括如下：

1）读入待压缩图像；

2）建立编码所需的数组，其中元素排列形式为：行程起始行坐标、行程列坐标、灰度值；

3）对各图像进行行程编码并储存。

行程编码算法相当直观，运算简单，解压速度快。行程编码压缩编码尤其适用于计算机生成的图形图像，对减少存储容量很有效果。

实验结果表明，行程编码所能获得的压缩比有多大，主要取决于图像本身的特点。如果图像中具有相同颜色的图像块越大，图像块数目越少，获得的压缩比就越高。反之，行

　　　　　　　　　　　　　　　　　　　　　　　　基于云服务与众包技术的小城镇群国土空间规划支撑系统

程编码对颜色丰富的自然图像显得力不从心，在同一行上具有相同颜色的连续像素往往很少，而连续几行都具有相同颜色值的连续行数就更少。

（3）音频压缩

本子系统采用 MP3 音频压缩技术对语音数据进行压缩。MP3 全称是动态影像专家压缩标准音频层面 3（Moving Picture Experts Group Audio Layer III）。它被设计用来大幅度地降低音频数据量。利用 MP3 的技术，将音乐以 1：10 甚至 1：12 的压缩率，压缩成容量较小的文件，而对于大多数用户来说重放的音质与最初的不压缩音频相比没有明显的下降。MP3 是一种有损压缩格式，它提供了多种不同"比特率"（Bit Rate）的选项。典型的速度介于 128kbit/s 和 320kbit/s 之间。与此对照，CD 上未经压缩的音频比特率是 1411.2kbit/s。

MP3 编码基本原理涉及的方法包括子带滤波、离散傅里叶变换、心理声学模型、哈夫曼编码和 CRC 校验等。其中，主要包括三大功能模块，即混合滤波器组（子带滤波器和 MDCT）、心理声学模型和量化编码（比特和比特因子分配和哈夫曼编码）。其编码步骤可简单概括如下：

1）确定文件数据结构：用于在整个编码流程中对编码数据和参数进行保存和管理。

2）编码前化工作：根据读取的信息对 mpeg 输出信息进行配置。

3）实现 MP3 编码：包括分析子频带滤波器组、MDCT 变换到频域和位元分配与量化三个子步骤。

4）后处理：将结果写入比特流中，关闭 PCM 文件和码流存储文件。

具体到本项目音频数据压缩，基于 MP3 编码进行语音压缩的主要过程是输入采集的语音、MP3 编码器编码和存储这三步。

解码环节的主要操作环节中的语音部分，即在系统译码器分出声频信号之后，基于 mpeg 标准，使用声音译码器解码。

4.3.3　多阈值级别存储方法

越来越大的数据集及不断提升吞吐量的应用程序对单台数据服务器来讲是一个挑

战——大量的查询很快即能耗尽 CPU 的计算能力，而较大的数据集存储需求也有可能很快超出单节点的存储能力，最终，工作集大多超出了系统的 RAM 并给 I/O 带去巨大压力。为了解决这类问题，本项目采用 MongoDB 分布式集群时采用了分片与副本混合的设计模式，该模式通过将数据集分布于多个也称作分片（Shard）的节点上来降低单节点的访问压力。每个分片都是一个独立的数据库，所有的分片组合起来构成一个逻辑上的完整意义的数据库。因此，分片机制降低了每个分片的数据操作量及需要存储的数据量。同时，为了防止因服务器故障导致无法运行或数据丢失，采用副本集模式，将同一份数据复制为三份，并分别存储在三台不同的服务器上，以保证当一台存储节点失效后，另外两台存储节点继续提供数据存储服务，以保证系统正常运行。

图 4-10 所示是分片与副本混合模式搭建的 MongoDB 集群的组件和架构。使用分片技术搭建的集群包含了三个组件：分片服务器（图中 Shard1、Shard2、Shard3）、配置服务器（config1、config2 和 config3）和路由服务器（Mongos1、Mongos2 和 Mongos3）。

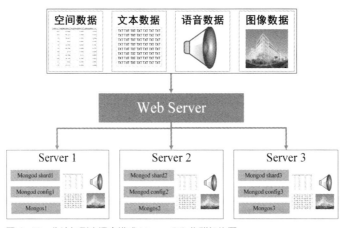

图 4-10　分片与副本混合模式 MongoDB 集群架构图

其中，分片服务器是负责存储数据的模块。在每个分片中，都包含分片数据的一个子集，这样，每个分片都可以部署为一个副本集，采用副本策略可以有效地对数据进行备份。

路由服务器（Mongos），负责管理所有的数据具体存放在哪些片中，通过客户端向主服务器发送请求，主服务器接收到请求后进行任务分配，从服务器对分配任务进行执行，将执行完的结果报告给主服务器。然后将最终结果返回给客户端。这些操作对用户来说是透明的，用户不需要知道这些数据分布在哪些片上，也不需要知道数据已经被拆分了，只知道连接了一个数据库。

在配置服务器时，需要保存两个映射关系，一个是 chunk 存放在哪一个分片服务器的映射关系，另外一个是 chunk 的对应 key 值的那些区间映射关系。路由节点通过配置服务器获取数据信息，并通过这些信息，把请求分发到特定的分片服务器。

4.4 众包数据时空索引和快速检索技术

众包数据存在数据种类多、数据结构多样等特点，单一的索引方式无法满足系统快速检索的需要，因此需要利用多种时空索引方法共存的方案来构建众包数据时空索引和快速检索技术。本子系统主要采用三种时空索引来对众包数据进行快速检索，分别为基于 BSP-Tree 的全局时空索引、基于 KD-Tree 的节点内次级索引以及基于 GeoHash 的可扩展混合索引。具体方案是首先在全局范围内建立 BSP-Tree 索引，在各个节点内部建立 KD-Tree 的二级索引，并通过 GeoHash 混合索引来加速众包数据的查询和检索，为索引提供可扩展性。众包数据的不同时空索引方法见图 4-11。

4.4.1　基于 BSP-Tree 的全局时空索引结构

众包数据分布在各个节点上，通过分布式文件系统以及分布式文件资源管理器来进行管理，因此需要通过一种高效、全局的时空索引来对各个节点上的存储信息进行记录，在实际使用时，首先通过该全局索引确定文件所在的节点。BSP 索引是一种标准二叉树，是用于在一个空间中组织物体对象的数据结构，采用超平面的思想来进行空间划分，一般用来在 n 维空间中进行对象排序和搜索，在计算机图形学领域中经常用于消隐的光线跟踪。由于 BSP 树是一种非常高效的排序和分类数据结构，它的应用非常广泛，包括隐藏面消除、光线跟踪层次结构、实体造型和机器人运动策划等（郑坤，等，2006）。整个 BSP 树表示整个场景，其中每个树节点分别表示一个凸子空间，如图 4-11 所示。

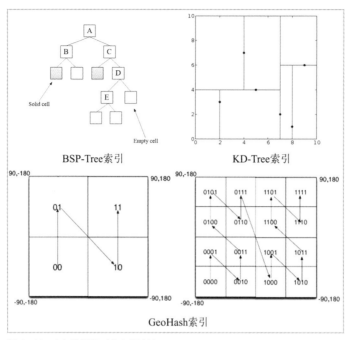

图 4-11　众包数据的时空索引方法

BSP 树能很好地与空间对象的分布情况相适应，但一般而言，BSP 树深度较大，对各种操作均有不利影响。使用 BSP 树来进行从后向前排序的最大优点就是算法运行的复杂性较低。这种方法也解决了多边形的多重交叠和穿越问题。但是，通过使用一个预计算结构，已经失去了一定的灵活性。如果多边形的排列在运行时发生了改变，BSP 树就必须发生相应的改变。BSP 索引适合对众包数据中的点数据等形式的数据建立时空索引，而由于 BSP 索引存在时间复杂度低、空间复杂度高等特点，因此本系统中将其作为全局索引来对众包数据进行检索。

4.4.2　基于 KD-Tree 的节点内次级索引结构

完成了全局索引、确定了数据存储的节点信息后，整个检索系统需要对数据在该节点的存储位置进行进一步的查询了，要实现快速索引，需要在各个节点内部建立合适而高效的次级索引结构。KD-Tree 是一种分割 k 维数据空间的数据结构，主要应用于多维空间关键数据的搜索。KD-Tree 的每个节点表示 k 维空间的一个点，并且树的每一层都根据这层的分辨器（Discriminator）作出分枝决策。

KD-Tree 主要用于检索多属性的数据或多维点数据。与 BSP 索引不同，KD-Tree 索引可以对多维空间数据建立索引。树中每个节点表示 k 维空间的一个点，树的根节点和整个研究区域相对应。树中奇数层次上的点的 X 坐标和偶数层次上的点的 Y 坐标把矩形区域分成两部分，树的每一层都根据这层的分辨器作出分枝决策（刘艳丰，2009）。在 KD 树结构中，通过沿着树下降到达一个树叶节点的方式来添加一个新点。KD 树的基本形式存储了 k 维空间点。KD 树的每个内部节点都包含一个点，并且和一个矩形区域相对应。树的根节点和整个研究区域相对应。KD 树的结构较为精巧，但其只能对凸多边形建立索引，无法对凹多边形建立索引。

本子系统利用 KD-Tree 为分布式文件系统中每一个节点内的文件建立时空索引，KD-Tree 由于其优良的检索速度以及智能的索引属性选择机制，可以为节点内部的众包数据建立高效的次级索引。

4.4.3 基于 GeoHash 的可扩展混合索引结构

GeoHash 索引是一个分层的空间结构，将整个空间用网格来划分，并对每个网格建立唯一性表达。该索引存在唯一性、一维性和递归性等特点（向隆刚，等，2017）。影响索引效率的主要因素是网格大小划分，网格越大，网格索引表记录数越少，越与实体记录数相接近，进而影响网格索引表记录数与实体记录数的比率，但是平均及最大网格的实体数也会越多，完全分布在一个网格中的实体百分比也会越高；反之，网格越小，就会造成网格索引表中记录数越多，但平均及最大网格的实体数会相对变少，完全分布在一个网格中的实体百分比也会降低。

GeoHash 索引的优点在于简洁清晰，对图形的形状没有要求，缺点主要在于在边界上，理论上相近的点在编码上差距很大。GeoHash 索引存在可扩展性强等特点，可将其与 BSP-Tree 等索引结合建立混合索引（龚俊，等，2015）。因此，本系统利用 GeoHash 索引为众包数据建立可扩展的混合时空索引。

本子系统利用 MongoDB 分布式数据库实现了基于 GeoHash 的可扩展混合索引结构，在实际的使用过程中，上层系统的数据请求首先发送到数据库当中，由数据库依据

GeoHash 索引进行空间查询，检索到数据之后返回到前台，整个过程保持高效运作。在实践中发现，该方法在检索的过程中，可同时结合数据库与文件系统进行查询，并可有效地利用 MongoDB 本身的优化来加快查询，检索效率非常明显，在 41.7 万条数据下使用索引方案与不使用索引方案在进行数据查询时用时分别是 0.05s 和 11.69s。

4.5 众包数据处理与并行策略

小城镇群地理空间范围广，广大空间中的手机用户都可能成为众包数据的提供者，同时数据涉及的类型多，容量大，无论是影像的分类与比较，还是文本数据的聚类与信息归纳，在数据量较大的情况下都需要较长的处理时间。因此，需要建立一套针对众包数据的处理并行策略来提升数据处理的效率。本子系统基于众包方式采集的文本、语音、视频和图像等众源地理数据，在 Hadoop 和 Spark 大数据平台上进行算法策略执行。主要涉及四个方面，包括并行粒度确定、并行任务分解与调度、数据聚类与甄别和并行容错机制。图 4-12 所示是本部分的技术流程图，主要是以数据聚类和甄别来设计算法，在算法设计中需要考虑到并行粒度，并行任务分解与调度，以及在算法实现过程中的容错机制。

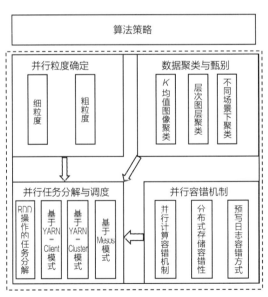

图 4-12 众包数据并行处理技术路线

4.5.1　并行粒度确定

在处理众包数据并确定并行策略时，需要根据数据的存储方式和业务需求确定并行粒度，不同的业务采用不同的并行粒度来运行，需要对粒度的种类以及数量进行设计，并对各种业务所属的具体粒度类型加以确定。本子系统应用分布式资源管理系统 YARN 对并行粒度进行设计以及管理，在 YARN 资源调度框架上建立多种并行计算引擎框架，并对这些框架进行并行粒度的区分和管理。

根据数据存储的方式和业务需求，本子系统设计了细粒度和粗粒度两种数据方向，用于文本、图像、音频、坐标等数据的并行处理。各种并行粒度下的应用如下：

1）细粒度模式：在细粒度模式下，YARN 能够以弹性的方式在所有的应用程序间共享集群资源，采用容器和命名空间来达到资源的相互隔离效果，但这种细粒度的弹性资源分配方式也存在一定的内存使用率的额外消耗，可能会导致 Spark 集群的程序无法启动。

2）粗粒度模式：粗粒度模式在 YARN 节点上长期运行 Spark 任务时会提前预留资源，然后根据这些预留资源对 Spark 的 job 进行分配。因此，在这种粗粒度模式下时，job 无需额外完成 YARN 上的资源，粗粒度模式主要适用于低延时的应用程序。

3）Mesos 调度：Mesos 作为资源管理器对 Spark 资源进行调度管理，采用两级调度框架，是一个可插拔架构。第一层是资源管理器，第二层是应用程序。从设计角度去看，Mesos 更加通用，支持在线和离线任务。同时，Mesos 提供了 filter 机制和 rescinds 机制，本子系统主要使用 FIFO 和 Priority 调度策略进行了实验。

4.5.2　并行计算任务分解与调度

不同类型的任务需要进行划分以及分解，以便对各种类型的任务进行高效的调度和执行，因此需要建立一个并行计算任务分解以及调度的机制来对不同类型的数据分别进行处理。本子系统主要利用 Spark 框架的任务分解机制对并行计算任务进行分解，对 RDD 操作进行划分。利用 YARN 资源管理器对并行计算任务进行调度，对不同类型的任务分配不同的资源并独立管理。

（1）任务分解

在进行 RDD 操作时对任务进行划分，划分的主要原则是：Spark 通过分析各个 RDD 的依赖关系生成 DAG，再通过分析各个 RDD 中的分区之间的依赖关系来决定如何划分 Stage。Spark 的这种依赖关系设计，使其具有了天生的容错性，大大加快了 Spark 的执行速度。血缘关系（Lineage）记录的是粗颗粒度的转换操作行为，当这个 RDD 的部分分区数据丢失时，它可以通过血缘关系获取足够的信息来重新运算和恢复丢失的数据分区，由此带来性能的提升。

基于以上对任务进行的分解并未考虑众包数据具有的空间特性，Spark 只是仅仅依靠 RDD 之间的依赖关系来对任务进行划分，确定并行粒度，这种粒度从某种意义上说是由 RDD 依赖关系决定的，为了能够确定考虑的众包数据的特性，本子系统从 RDD 依赖关系和空间数据计算域划分两个方面来进行任务分解和并行粒度确定。并行粒度确定和任务分解是由多种因素构成的，首先要考虑到众包数据的空间特性和不同节点的网络通信，同时还要考虑到不同算子直接的依赖关系。

（2）任务调度

用 YARN 作为资源调度框架，对任务进行调度，在 YARN 可以运行 Hadoop 和 Spark，主要采用 YARN-Client 方式进行任务提交，主要以 K-Means 数据挖掘方法的实现进行叙述。YARN-Client 在进行数据计算过程中的任务调度步骤如下：

1）启动应用程序。Spark 集群启动过程中，构建上下文环境（Spark Context），对调度器 DA Schedule 进行初始化，再通过反射机制初始化 YARN Schedule 和 YARN Client Backend。YARN Client Backend 在终端点启动 Driver End Point 和 Client，Client 将 jar 包、应用程序等提交给 YARN 集群中的资源管理器（Resource Manage）申请，启动 Application Master。

2）Resource Manage 收到来自 Client 的请求后，在集群中选择一个 Node Manage，为 K-means 应用程序分配所需要的（Container）容器，Container 主要申请需要的 CPU、内存和磁盘等资源，在 Container 中启动 Application Master。

3）这时候 Spark 的客户端与 Application Master 建立通信，向资源管理器进行注册，申请资源。

4）获得申请的资源后，与 Application Master 建立通信，在 Coarse Granded Execute Backend 启动后向客户端申请任务。

5）客户端把任务集交给 Coarse Granded Execute Backend 执行，同时向 Driver End Point 汇报任务进展和状态，这样客户端可以随时掌握整个算法实现过程，如果存在任务失败，则采用多种容错机制对失败任务进行重新计算。

6）当整个程序运行完毕之后，客户端向资源管理器申请注销，释放资源。

4.5.3　数据聚类和甄别

从众包数据的图像中可以挖掘出重要信息，用于对采集的对象和采集场景等作进一步分析，对众包数据作聚类和甄别是数据管理和应用的重要环节。相关任务可以通过对众包数据的挖掘来完成。

（1）单张图像聚类实验与分析

本子系统主要采用 K-means 方法对采集到的众包数据进行数据聚类以及甄别。K-means 是一种相对简单的、基于原型的目标函数聚类方法，属于无监督学习的机器学习方式。其基本原理是将数据点到原型的距离作为优化的目标函数，利用函数求值的方法得到迭代计算的调整规则，并采用误差平方作为聚类参数。本子系统针对之前步骤中采集到的众包图像数据，使用 Java 语言工具，通过 K-meam 聚类算法对单体对象、不同层次、多场景图像作聚类和甄别分析，储存相应结果以供其他功能模块调用。

图 4-13 所示为对单体对象图像采用了 K 为 4 和 7 两种聚类、10 次迭代的聚类分析结果。不同的 K 取值会得出不同的聚类特征，这主要是由于原图像本身所具有的特点决定的。如果原图的色彩很多，且相同种类的物体由于光影的原因显示不同的颜色，则偏小的 K 值能产生较好的聚类结果，取大 K 值可以得到更多的图像细节。研究人员需根据原始图像数据特性和后期应用需求选取恰当的 K 值。

本子系统也采用 K-means 方法对不同场景的图像进行聚类分析，分析结果表明，对类似于图 4-13 中显示的不同场景取 K 值为 5 效果最佳。

图 4-13　建筑物与公交场景图像数据聚类分析示例

（2）多张图像的层次聚类分析

在进行图像聚类时，针对多张图像选取了层次聚类算法进行实验。使用 Python 语言选择层次聚类算法对多张图像进行聚类。层次聚类算法主要用于多张图像的聚类，其算法思路为基于距离生成一棵和相似度相关的树，首先将每一个样本划为单独的一类，计算两

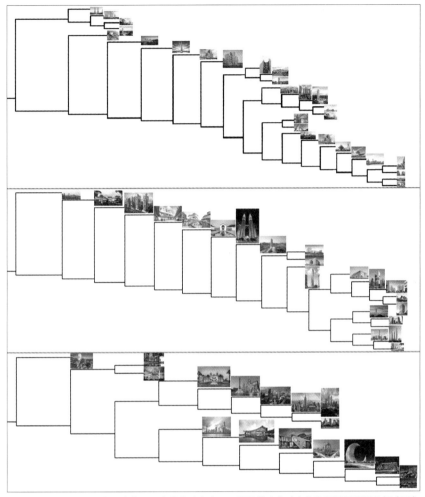

图 4-14　Python 层次聚类效果：多图像（上）、不同场景主体（中）和相似场景图像组（下）

个类间的距离或相似度；然后在所有类中找到距离最近的两个，将它们归到同一个类别中；重复上面的工作直至结束。

使用 Python 的函数库进行层次聚类分析，引用 Numpy 库中的相关函数，还需引用与聚类相关的模块。对建筑物、道路、植被等场景的多张图像层次聚类的实验结果如图 4-14 所示。

从实验结果来看，层次聚类效果较好。虽然处理的是一组场景色系都比较相似的图像，但程序还是基本做到了将更相似的图像分类到了一个分支下。从以上三组不同情形的聚类结果看，本书的层次聚类程序具有一定的实际应用意义。它可以快速地区别不同的场景，同时也可以归类场景较为相似的图像。

由于众包数据不可避免地会带来数据质量不高的难题，因此结合已有的先验知识和Spider工具来进行数据特征的筛选，主要采用DF（Document Frequency）、MI（Mutual Information）、IG（Information Gain）和CHI（Chi-square）方法找出k维子集数据的特征。同时，对于涉及空间属性特征的数据主要采用欧式空间区域聚类对位置信息进行排查，具体是将多维空间的点点之间的几何距离归一化为范围[0，100]之间的取值。

4.5.4　并行容错机制

在进行众包数据的并行计算以及分布式存储时，需要在并行程序发生错误的情况下，仍能正确地执行给定的算法并完成既定的程序目标，为了实现这一点，必须建立并行容错机制。

（1）并行计算容错机制

RDD（Resilient Distributed Data）具备基本的容错机制。它不需要通过数据冗余的方式（比如检查点）实现容错，而只需通过RDD父子依赖（血缘）关系重新计算得到丢失的分区来实现容错，无需回滚整个系统，这样就避免了数据复制的高开销，而且重算过程可以在不同节点之间并行进行，实现了高效的容错。此外，RDD提供的转换操作都是一些粗粒度的操作（比如map、filter和join），RDD依赖关系只需要记录这种粗粒度的转换操作，而不需要记录具体的数据和各种细粒度操作的日志（比如对哪个数据项进行了修改），这就大大降低了数据密集型应用中的容错开销。同时，把中间结果持久化到内存中，也进行序列化和反序列化，这些都避免了很多计算资源开销。

（2）分布式存储的容错设计

本子系统底层采用MongoDB分布式集群对时空众包任务采集的数据进行存储，MongoDB主要采取在名称节点、数据节点和数据出错的情况下提供容错机制。

1）设计了MongoDB HA来解决名称节点单点故障问题，在MongoDB中设置两个名称节点，其中一个名称节点处于活跃状态，另一个节点处于待命状态。一旦活跃的名称节点出现故障，立即启动待命名称节点，这种方式为名称节点的容错提供了热备份，同时两个名称节点之间主要通过共享存储系统来实现状态同步。

2）对于数据节点出错，MongoDB 设计了定期向名称节点发送"心跳"来报告自己的状态。当数据节点出现故障时，名称节点接收不到数据节点的心跳信息，这时数据节点被标记为"宕机"，名称节点不会给发送任何请求。同时，名称节点也会定期检查数据节点数据块副本数，当数据副本小于冗余因子时，启动数据冗余复制，使数据达到副本数为止。

3）对于数据出错，主要采取 MD5 和 sha1 对数据进行校验，用于确定读取数据是否正确，如果数据读取出错，客户端就会请求到另一个数据节点读取该文件块，并且向名称节点报告这个文件块有错误，名称节点会定期检查并且重新复制这个块。

（3）预写日志容错方式

本项目需要对采集的众源地理数据进行数据挖掘，为了能够高效地对采集的数据进行实时处理，需要把这些数据长期储放在内存中，以方便调用。如此需要大量提高数据处理速度。本子系统采用 Spark 集群的预写日志方式，对可能出现的内存数据丢失进行容错，保证将对数据的操作持久化。当 Spark 实时计算失败时，调用持久化的预写日志对于丢失数据的环节重新进行操作。

当 Driver 端出现故障时，主要工作包括：

1）恢复计算：采用 Checkpoint 信息对 Driver 进行重启，重新构造新的上下文并重启接收器；

2）恢复元数据：对丢失的元数据进行恢复；

3）重新调度完成未完成的作业：采用元数据对丢失的数据产生新的 RDD 和 job；

4）读取保存日志里面的操作：在执行 job 的时候从预写日志中读取数据，进行重新计算；

5）对于丢失的数据在完成 job 后，通过发布更新信息进行确认，是否进行了恢复。

在子系统利用 RDD 和 MongoDB 本身的容错机制，结合日志的形式，建立了众包数据处理及并行化下的并行容错机制，基于日志的错误管理机制如图 4-15 所示。当并行过程中出现一些容错机制容许的错误时，系统会自动对错误进行诊断，并进行纠错处理，保证程序正确完成业务逻辑。

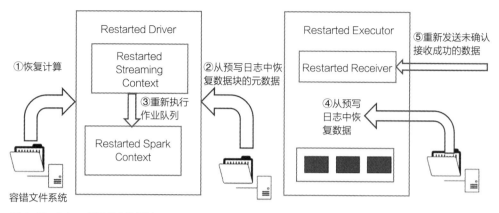

图 4-15　Driver 端异常容错机制

4.6　本章小结

基于云平台的众包数据获取、储存、调用、处理和动态更新是支撑计划项目的最重要的技术核心之一。本子系统开发众包数据 App 软件，用户可在浏览并领取云平台 PC 端发布的数据任务后，即可在众包的基础上共同进行数据采集、数据更新以及数据质检任务，从而将在众包环境下采集到的质量较高的图像数据、文本数据、语音数据和 GPS 数据上传至服务器，最终发送至有发布数据需求的人员手中。子系统具备对众包数据的采集与分类、容错、时空索引与快速检索和并行处理的能力，实现众包数据的动态更新，为小城镇群规划建设管理提供数据技术支撑。

本章参考文献

[1] 童咏昕，袁野，成雨蓉，等 . 时空众包数据管理技术研究综述 [J]. Journal of Software, 2017，28（1）.

[2] 李晓飞 . Huffman 编解码及其快速算法研究 [J]. 现代电子技术，2009，32（21）：102-104.

[3] 郑坤，朱良峰，吴信才，等 . 3D GIS 空间索引技术研究 [J]. 地理与地理信息科学，2006，22（4）：35-39.

[4] 刘艳丰 . 基于 KD-Tree 的点云数据空间管理理论与方法（Doctoral dissertation）[D]. 长沙：中南大学，2009.

[5] 向隆刚，王德浩，龚健雅 . 大规模轨迹数据的 GeoHash 编码组织及高效范围查询 [J]. 武汉大学学报（信息科学版），2017，42（1）：21-27.

[6] 龚俊，柯胜男，朱庆，等 . 一种集成 R 树，哈希表和 B* 树的高效轨迹数据索引方法 [J]. 测绘学报，2015，44（5）：570.

[7] 段志强，蔡为，余晓敏，等 . 面向规划管理的众包数据接入与存储处理方法 [J]. 地理空间信息，2017，15（11）：8-12.

[8] 余晓敏，陈尔刚，季鹏，等 . 众包图像数据采集与聚类分析方法探讨 [J]. 地理空间信息，2017，15（11）：16-20.

[9] 严宏基，李兵，詹伟，等 . 基于众包模式的 POI 数据采集方案研究 [J]. 地理空间信息，2017（12）：41-44.

[10] 蔡为，杨在华，顾英哲，等 . 基于 MongoDB 众包数据时空索引方法 [J]. 地理空间信息，2018（6）：32-34.

第 5 章　小城镇群规划建设与管理的云服务机制

5.1　引言

  云平台和云服务机制是针对信息化基础设施开发中出现的重复建设问题而提出的集约化策略。在资源汇集融合基础上，依托弹性灵活的云计算和网络技术的信息服务平台，对于解决地理环境恶劣、基础设施条件相对落后的偏远山区的信息化建设而言具有特别重要的现实意义（张衡，等，2016）。本子系统的云服务机制的构建内容包括三个方面：①基于已有的湖北省时空信息云平台，研究和开发面向小城镇群智慧规划建设与管理业务的云服务平台，汇集融合规划管理需要的各种空间和非空间数据，在统一的时空基准上提供"规划一张图"数据服务；②研究支持公众参与和公共决策的在线可视化技术；③针对小城镇群规划管理应用，研究开发软件算法模型即插即用的应用技术，并在时空云平台上完成集成。

  国家测绘地理信息局推进的时空信息云平台建设计划，不仅提供了以云平台为基础的信息化服务实践，而且从体制建设层面为小城镇群规划建设与管理的服务机制提供了依据。本子系统依据国家测绘局颁发的云平台服务引擎建设的技术大纲，完成服务机制在小城镇群规划管理应用技术层面的建设研究与落地。考虑到信息化资源的异构性，为统一整合时空数据的应用，本子系统云服务机制建设一方面需要研究包含地理信息的在线可视化技术，以在云平台上对分析结果与计算结果提供统一的含有地图特色和空间位置格局的可视化呈现，即通用于支撑平台的二、三维一体化在线可视化模型；另一方面，将规划模型、规划算法、规划业务和其他相关的空间算法，汇集于云平台，以提供给不同类型的用户使用（肖建华，2013）。因此，云服务机制建设需要在标准化的接口封装与调用管理上，形成软件算法的即插即用服务能力。

5.2 云服务平台设计和研发

云服务平台的机制建设包含数据汇集融合的机制建设，以及在此基础之上的信息共享交换机制建设。云服务平台的技术核心研究任务是服务引擎研发。在国家测绘地理信息局 2015 年版本的云平台建设技术大纲中，服务的汇集与共享交换技术称为服务总线。在 2017 年新版技术大纲中国家测绘地理信息局提出服务引擎概念和技术框架。服务引擎较之服务总线更强调服务的智能性和主动性，如图 5-1 所示。按照国家测绘地理信息局 2017 年版技术大纲，需要达到服务与数据的在线测试调用、（滚动）更新和智能组装，这种先进性需要更灵活的云平台底层支持。一般来说，需要实现贯穿云平台（即从底层的软硬件资源到中间层的数据库、平台服务层，以及上层的服务应用）的弹性伸缩、动态调试，以达到"云"平台的广泛接入与智能；以及与服务引擎相配套的资源目录、服务网关与一致性维护，以满足服务的主动性与智能组装。

依国家测绘地理信息局云平台技术大纲，在智慧城市时空信息云平台建设过程中，要充分考虑与现有基础设施、数据资源和信息系统的整合、融合和集成，有效利用公共投资，拓展服务功能，实现时空信息资源的协同共享和广泛应用。小城镇群规划管理云服务平台以数据中心为支撑、信息网络为载体、平台服务为中心，基于云计算和物联网等新技术，

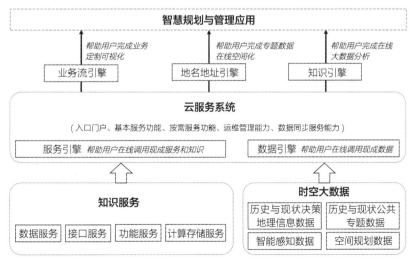

图 5-1　云服务平台的核心 —— 服务引擎

采用云计算体系架构（IaaS、PaaS、SaaS、DaaS），实现规划时空信息资源的集中管理、共享服务和增值服务，集中体现"有机整合、深度利用、按需服务"的时空信息共享服务特点。

从业务流结构来看，为将分布式的人员与资源集中起来，本子系统将多源异构时空信息数据进行关联与整合，形成时空要素全集，经过融合处理、信息提取和分析挖掘，为后续数据、信息与知识服务提供全面、可靠、一致的数据库，实现多层次（数据、信息、知识、设施）按需和主动服务。云平台需要面向不同的应用架构，这些不同的架构如何保持统一的标准化接口，是云平台达到信息的共享交换的基础。从云平台的运维管理来说，各种异构的应用，包括服务提供者（Service Provider），云平台服务引擎需要实现高灵活性、弹性伸缩、服务发现、一致性维护和智能组装。本子系统的网络信息流程如图 5-2 所示。

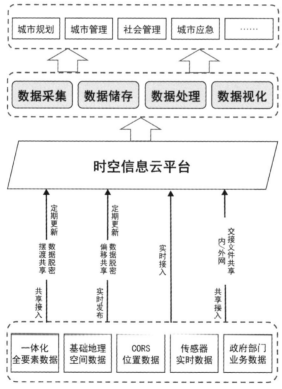

图 5-2 面向小城镇群规划建设与管理的云服务平台的网络信息流

5.2.1 云平台架构搭建

当前，以 Linux 进程隔离技术为中心的软硬件虚拟化技术，包括虚拟网络与虚拟机，其技术发展相对成熟。云平台构建的核心，是以数据、业务、消息、安全与网关等标准化技术构造服务引擎，并以此为基础，达成灵活、弹性的"软件定义一切"（网络、硬件等），这是本研究的关键问题。

面向小城镇群规划建设与管理的云服务平台采用服务导向的技术模式，通过时空信息云服务平台实现基础设施资源的弹性扩展、随需调度与分配；时空数据的动态接入、关联融合、按需加载和集成；软件系统动态集成、扩展与二次开发接口服务，与其他应用系统间的互联互通和信息交互与共享；以多时态、多主题、多层次、多粒度的全息地图为基础，按需组织、按需提供、按需定制、按需所取的平台服务。

面向小城镇群规划建设与管理的云平台其功能模块构成如图 5-3 所示。其中，数据层根据公共数据和专题业务数据建设要求，构建基础核心数据库、共享专题数据库以及支撑数据库，用于存储、管理神农架小城镇公共资源数据（基础地理信息数据）、规划专题数据、众包数据以及相关支持数据。云基础设施层为平台提供云计算、云存储、云网络、云安全等综合服务，同时利用省级时空信息云平台已有成果为平台提供数据和服务支撑。平台层是云平台的核心部分，为实现集成示范应用的快速开发提供动力和保障。其主要包括时空信息云平台框架中的云管理系统，二、三维可视化系统，众包数据动态接入与管理，用户权限管理系统，二次开发接口，运维管理系统和规管时空信息云平台门户。服务层包括平台层提供的一系列数据服务、功能服务和接口服务等。平台层与服务层是信息数据与服务的载体，通过提供云桌面服务、数据服务、数据分析、二次开发接口等多种服务功能，为远程专家评审、生态承载力评估、建设用地适应性评价等专业系统提供支撑。应用层主要负责云平台的示范应用，包括智慧规划与管理的集成应用示范以及终端设备的应用。平台将公共资源数据以服务的形式输出到行业应用层，如小城镇生态承载力评估、建设用地适应性评价、专家评审子系统等专业系统，支持专业服务和应用。

在智慧城市的前期实践中，作为时空基础设施管理服务的云平台主要定位于资源池的建设。资源池的实现主要基于 OpenStacks 技术栈，其技术优势主要在于设施的虚拟化，即完成 IaaS 服务构建。

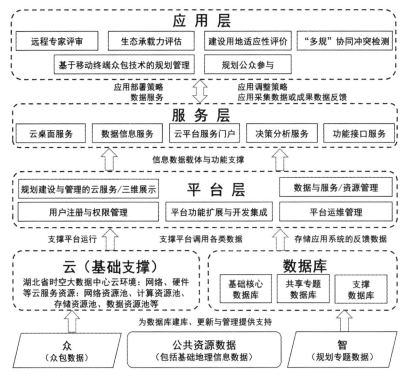

图 5-3　面向小城镇群规划建设与管理的云平台功能构成框架

构建云平台最重要的是建立标准，包括封装的标准化和管理接口的标准化，即所谓的"无标准不平台"。首先，需要实现应用与数据服务器的封装标准化。本子系统引入容器技术与容器编排，完成应用与服务器的标准化接口封装。在容器封装标准化后，以工业化的容器接口技术解决应用与服务器的资源调度管理，从而做到高可用与弹性伸缩。对于容器化应用，本子系统引入贯穿云平台的消息系统，以进行基于事件或业务流程的驱动治理。然后，再引入服务目录、服务编排、服务网关，以及更细化的 API 网关，全面实现符合国家标准的服务引擎。

为应对物理分散的计算与资源，云服务平台需要灵活而弹性的管理机制。一个围绕用户权限、数据与信息安全机制的建设，需要云服务平台承担成熟的操作系统的角色。由向小城镇群规划建设与管理的云服务平台采用容器化技术作为支撑，实现分散资源的动态伸缩。本子系统选用 Google 公司成熟的 Kubernetes 编排技术，利用自动副本和负载均衡技术实现服务的高可用，以此为起点着重建设服务引擎，为后面的平台集成，实现自主服务与按需服务、在线调用与业务组装。

5.2.2　云平台容器架构

（1）容器化支撑与编排

面向小城镇群规划建设与管理的云服务平台以前期建成的智慧湖北时空信息云平台为基础，但是为达到前述的服务引擎目标，云平台底层需要更灵活的技术支撑。我们将主要采用更先进的容器化技术对基础的应用（包括服务提供进程）进行迁移，在此基础上，对容器化的进程进行编排与调度。容器化解决了应用与服务器的封装标准化问题，是后续的智能调度与弹性伸缩的基础支撑。

轻量化的进程隔离即容器化技术。隔离的目的之一是将进程与其他应用安全隔离，隔离的另一目的是将其从依赖环境抽取出来，从而做到消除编排物理／虚拟计算、网络和存储等基础设施的负担，使应用（程序）运营商和开发人员完全将重点放在以容器为中心的原语上进行自助运营。传统虚拟机是虚拟化应用及整个操作系统环境，其缺点是比较重，但相对安全。容器化封装是虚拟化应用与最小的依赖环境，能够从轻从快实现资源节约。与其说云平台技术都在朝容器化技术链倾斜，不如说新技术在原来的虚拟机上不能很好地完成功能后，纷纷独立，形成了新的技术标准和行业规范。

容器化技术是云平台与云计算的主要发展方向，其顶层为容器编排与集群管理技术（Google公司的Kubernetes引领）。为达到灵活性，云平台发展出了"微服务"架构的技术体系，从多层次、多角度对系统功能模块进行解耦合。容器化技术更能体现这种云平台集群的技术特点，彻底做到运行队列、任务和环境的隔离（Fencing）。容器技术使用分布式的主从结构（图5-4）。虚机上的容器分出主控端（Swarm Manager）和客户端（Swarm Agent）。

（2）容器调度与弹性伸缩

容器技术具有非常高的灵活性，可以让我们在其之上进行资源的动态调整和弹性伸缩，以满足基于互联网的用户弹性需求。其资源调度实现也发展出许多不同特色的技术

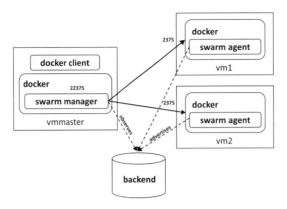

图 5-4 容器的主从式结构

生态，如 Hadoop 生态下的 YARN、Apache 生态下的 Mesos，以及 Google 倡导的 Kubernetes 生态。一个集群（Swarm）包含若干容器（Container），一个容器包含若干子容器，每一个容器精确申请分配资源，其上再运行普通的应用、流式计算或批处理式计算。数据资源、地图资源都可以通过容器化进行封装。

一个集群（Kubernetes/Mesos）包含一个主控和若干承担具体计算/任务的容器，这里可以灵活地对接不同的任务编排与资源调度模块，如 Hadoop Oozie/Apache Marathon/MPI Scheduler 等（图 5-5）。

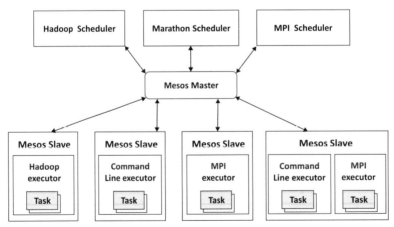

图 5-5 容器编排与调度

（3）消息驱动与一致性协调

消息系统既是动态接入的基础，也是贯穿云平台的驱动机制，是分布式系统之间的调用与通信总线，是分布式系统之间的一致性维护的途径。

服务的功能抽象需要做到功能尽量相互不纠缠（松散耦合）。分布式的网络环境中，系统层面的变化要有一个一致性的协调中心（即有一个中间调节机制以维持各方变动的一致性）。这些要靠消息系统在底层驱动。当系统进行分布式解耦后，各分系统的功能基本独立，分系统之间的调用与数据传递也要通过消息系统来完成。从服务提供层面来看，这种消息驱动与一致性的服务发现、资源调度框架，如图 5-6 所示。

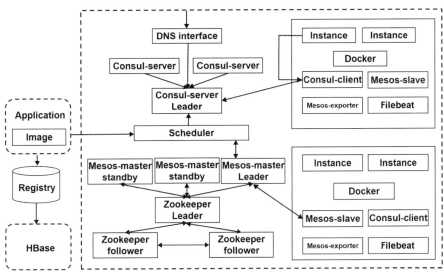

图 5-6　消息驱动与一致性协调

这里，系统的逻辑走向是自左边的应用镜像 / 注册开始。应用注册后要经过任务分解和编排（scheduler）。编排技术如 Marathon 一方面在服务发现的基础上将任务下放到服务所在的容器上以进行调度（前面图示中显示的是使用 Mesos，使用 Google Kubernetes 的机制相同；另一方面，新应用也可能形成新的服务，需要在服务引擎上进行编排与被发现（这里是 Consul）。服务引擎（及 API 网关）以 Consul 和 DNS 完

成服务的编目、转换、名字解析（API 接口服务在名字服务之下）。所有这些工作又在
Zookeeper/Etcd/Consul 的管理下进行一致性协调，做到服务的注册、发现与管理。一
致性协调的驱动是分布式的消息系统。最后，各容器与模块，都可以独立出运行时的信息
（RTTI），这是平台监控与日志管理的基础。

5.2.3　服务引擎与网关

（1）服务引擎

服务引擎建立于贯穿云平台的消息机制、一致性协调机制、服务发现等基础之上。
按国家测绘局 2017 年版云平台建设技术大纲，服务引擎需要解决服务的编排、编目、
编码与逆编码（即 DNS 网关）、发现、一致性协调与高可用、服务网关（即代理与鉴
权）。

具体来说，服务引擎的先导工作需要完成服务调用的规范化接口。面向小城镇群规
划建设与管理的云服务引擎需要结合规划与空间数据，分析、梳理平台上需要应用的各
种接口规范，包括 OGC、SOAP、COM、REST、JSON-RPC、gRPC 等主要形式；
以此为基础，进行服务的编目；在服务编目的基础上，基于 DNS 技术实现服务地址转
换与逆地址转换；采用 Dubbo 等技术，实现服务通信与调用管理；采用 Consul、消息
系统和 Etcd 组件实现服务发现与一致性协调；最后，在 Ngnix 基础上，实现服务网关
与 API 网关，包括编排（围栏）、管理、监控、鉴权、负载均衡，实现完整的服务引擎
功能。

（2）服务网关与 API 网关

服务经过梳理和编目编码，经过名字解析（即 DNS 服务）就可实现服务的调用。在
平台层，服务的调用机制涉及服务链的可靠性，这里面储存许多成熟的技术模块，可以通
过软件工程来确保服务之间及应用之间的可靠调用。服务还要经过代理，以处理平台外（对
外接口）以及平台内（内部接口）的服务请求。正向与反向代理同时让平台层加入鉴权控制，
这种统一的鉴权与用户管理使得平台层具备相应的安全闭环。

一般来说，服务层是比较粗的一级应用，在服务之下，还有功能点细分的 API 规划与

API 网关。API 网关实现功能点的在线调用（测试），是实现用户在线定制和按需服务的基本要求。同时，在服务网关层实现滚动更新（数据同步服务以及服务的在线更新）。

5.3 在线可视化技术研究

在线可视化技术主要解决为公众及专业的规划管理用户提供基于地图可视化的核心支持算法问题。本子系统将特定的空间可视化算法应用封装为统一的、即插即用的模块应用，以实现云平台服务的集约特性，同时也是为了更好地展示规划效果与空间数据特征。本子系统基于矢栅一体化和数据二、三维显示技术以及客户端 RIA 技术等，实现规划数据的三维展示、在线标绘和在线数据分析。自上至下，其技术流程如图 5-7 所示。

对于规划涉及的基础时空数据，面向通用服务接口的可视化技术方案如图 5-8 所示。

本子系统中二维可视化采用 HTML5+OpenLayers 在前端展示，包括基础时空数据、众包数据和规划数据，并以 SLD 描述地图配图样式。三维（二、三维一体化）展示则采用 Skyline 技术，将专业配置的地形（DEM）与影像进行三维渲染，同时加载房屋等规划关心的三维模型。其后端使用 TerraGate，前端采用 FLEX 技术进行交互。

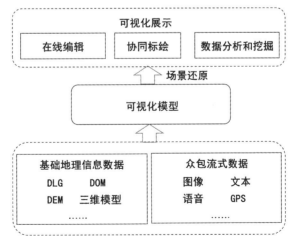

图 5-7　在线可视化技术流程

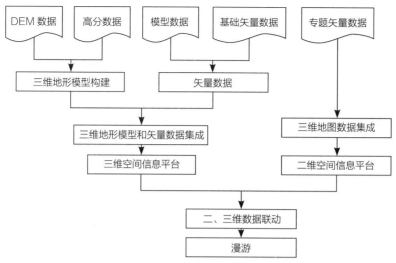

图 5-8　在线可视化技术方案

5.3.1　规划数据的二、三维展示

研究规划数据的三维可视化技术，同时能够加载矢量空间地理信息和规划数据，提供图层管理和个性化设置功能，能执行放缩、漫游、移动等数据基本操作，进行空间定位和查询，实现数据多角度、多层次呈现，二、三维场景的无缝切换和交互联动，三维漫游和大场景三维模型的高效加载。二维展示子系统，主要是通过二维"一张图"的方式，在一个统一的二维展示系统中进行可视化展示（图 5-9、图 5-10）。

在"规划一张图"的概念上，用户可以选择并控制目标图层，并且针对图层进行要素查询，查询结果展示要素的详细信息。这里还把它关联的众包采集数据展示出来：

针对行业应用的需求，结合矢量图层、DEM 数据等基础地理数据，图像、文本、语音等众包数据，以及规划行业数据，建设地图可视化模型，实现数据和服务的有序组织，为用户呈现基于规划数据的二、三维场景，以立体的视角更加清晰地展现时空对象的时空信息（图 5-11）。

图 5-9　智慧规划管理空间数据二维可视化

图 5-10　二维可视化——道路矢量与影像叠加

图 5-11　智慧规划管理三维可视化

5.3.2　在线标绘与在线数据分析

本子系统实现了动态图层添加，规划数据的动态标绘，包括点状符号、线面状符号、文字注记等不同类型的符号存储和标注，在线标绘的多人协同控制，实现交互式动态标绘，以及结合动态图层和行业模型，为用户呈现空间现象的动态变化。

在二、三维场景基础上添加动态图层，通过多人协同控制对数据和服务进行可视化操作，确保客户端完成的各种处理在本地被执行，实现交互式动态标绘，满足用户在规划底

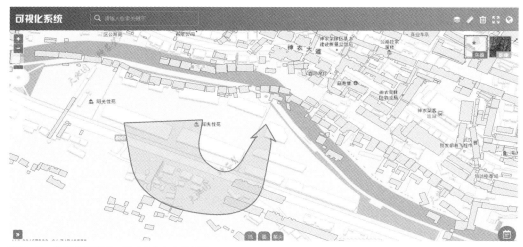

图 5-12　智慧规划管理二维可视化与在线标绘

图上自主添加个性化标注的需求。由于采用分布式云服务机制，这种在线标绘在平台机制上能够满足多用户协同（图 5-12）。

此外，本系统包括在线空间数据和规划数据分析模块，提供空间量算、缓冲区分析、叠置分析和专业数据分析挖掘等功能，实现聚类、决策树、神经网络、关联规则等数据挖掘算法，从规划数据中挖掘隐含的知识，通过专题地图和图表的形式将挖掘结果进行呈现。用户也可通过自定义参数与模型，控制挖掘过程和调优挖掘结果。

5.4　软件算法模型即插即用技术

5.4.1　技术方案及实施

本子系统的一个很重要的目标就是能够及时、有效地为城镇决策提供支持和相关服务功能。鉴于规划应用有多方面的需求，如何实现灵活的、适应各自规划操作的即插即用技术整合是本系统的一个关键问题。为了对小城镇群的相关职能部门和面向公众需求提供在

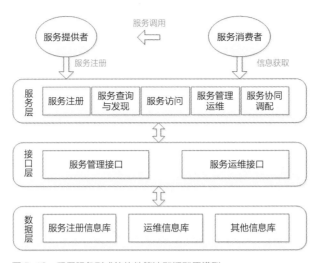

图 5-13　采用服务形式的软件算法即插即用模型

线服务功能，本子系统将基于 Web 服务和面向服务的架构、软件服务组合等技术，开发软件系统插件或软件包的粒度和封装形式，预留相关服务接口和服务 API，实现软件服务资源的注册、发现与管理以及软件服务功能的协同（图 5-13）。

5.4.2　即插即用算法模型模块的优化架构设计

在云服务平台上，本子系统架设有服务引擎，在服务网关、消息系统的驱动下，算法可以通过容器化流程在云操作系统的管理下进行注册、发现和协同。

（1）在线软件服务资源的注册、发现与管理

软件服务的注册、发现与绑定是面向服务架构的基本协作模式，为了满足在动态环境下，从众多服务中找到满足用户需求的服务，通过可视化实现各类软件服务的注册，服务消费者通过服务发现在注册表中查找并获得该服务且进行调用，利用服务管理机制，对各个节点的服务进行整合和管理，以及服务访问的运行控制、服务审核和服务监控等。

（2）软件服务功能协同

建立云平台在线处理分析与服务工具集。通过集成高性能计算环境下强大的计算资源

和多粒度处理功能，对内协同紧密耦合的集群节点，对外聚合松散耦合的服务节点，建立高性能云平台在线服务集。采用集中式的协同管理机制来统一分配服务资源、配置任务，并在此基础上对云平台服务和算法进行选择和组合，最终实现任务处理的协同调配。

（3）Hadoop 云计算技术与云平台的接口

从数据的生命周期来看，规划信息与业务数据，以及时空大数据的云处理涉及采集、存储、运算、分析、安全、协调、监控等流程。应该说，所有这些流程，都对应着不同的技术发展。大数据处理框架非常丰富。粗略地可以从处理的方式不同加以分类，即批处理、流式处理、混合处理。

与传统数据处理不同，大数据分析处理的核心价值体现在 OLTP/OLAP（在线事务处理 / 在线分析处理）。存储以 Hadoop Distributed File System（HDFS）进行，处理以 MapReduce 进行，底层资源与作业的调度是 YARN。传统上，Hadoop 的数据是持久化的 HDFS，即分布式文件系统。这种系统适合于批处理，特点是针对所有数据的挖掘，缺点是不能提供时效性强的 OLTP/OLAP。

流处理系统处理无边界的流式数据，处理对象也可能是当前相关的事件性（相对作业）任务。流处理因而一方面比较适合对实时有较高要求的场合，另一方面，演进出像 Apache Storm 这样的，在 DAG 流程上的技术框架，DAG 中会有 Stream/Spout/Bolt 等拓扑逻辑；如果要实现严格的数据处理覆盖（即至少一次的处理保证），就演进出 Trident，以维持有状态处理。相比之下，原来的 Storm 可称为 Core Storm。Trident 会极大地影响 Storm 的整体性能。

近实时处理的另一个重要依赖是 Apache Kafka 消息系统。但消息系统自有它自己的任务，消息系统 Kafka 与流式框架结合的演进是 Apache Samza。就是说，虽然 Kafka 可以用于很多流式系统，但 Samza 可以更好地发挥其架构上的优势，让 Kafka 专注于容错、缓冲和有状态存储（从而底层可能是 HDFS/YARN）。

如果说流式系统针对的是事件性的碎片数据，混合处理则是发挥云系统大内存的优势，倾向于内存计算与优化，直接针对大数据的核心，即时的 OLTP/OLAP。容器具有足够的灵活性以兼容 Hadoop/YARN/Spark 生态链。具体的时空大数据处理与算法实现在并行算法处理章节论述。这里仅给出 YARN、Hadoop 在容器上的实现框架，如图 5-14 所示。

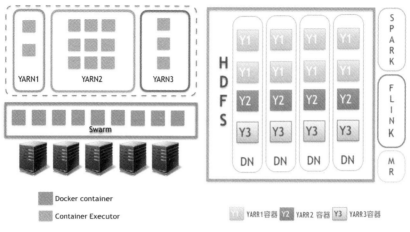

图 5-14   Hadoop、YARN 与容器化调度接口

5.4.3   可扩展的用户自开发即插即用接口设计

小城镇群规划与建设管理涉及规划前期研究、编制、方案评审、实施管理等一系列的流程与专业算法。云平台具备服务容器化、服务注册、服务发布管理和服务发现等功能，将这些算法流程与其他算法（如大数据挖掘相关的并行算法）一起封装到云平台的服务体系中，在云平台上打通相互的交流与使用。具体的规划编审、规划协同与管理算法流程的服务化应用在第 6 ～第 11 章中介绍。

可扩展的用户开发接口提供调用平台 API 和各类服务的开发入口，提供对平台二次开发的接口和帮助。开发平台的功能架构如图 5-15 所示。

服务开发接口提供对平台资源的服务调用接口，包括服务支撑接口、目录服务接口、服务资源接口（数据服务、信息服务、知识服务）。

服务支撑接口：提供会话管理功能和服务自描述功能，包含有目录服务初始化接口、目录服务终止接口和服务自描述接口。

目录服务接口：提供服务资源元数据检索功能和服务资源元数据检索结果提取功能，包含有目录检索接口以及目录检索结果提取接口。

服务资源接口：服务资源包括数据服务、信息服务、知识服务。服务资源接口提供服务资源内容检索接口及资源内容结果提取接口，从而实现用户对数据服务、信息服务、知

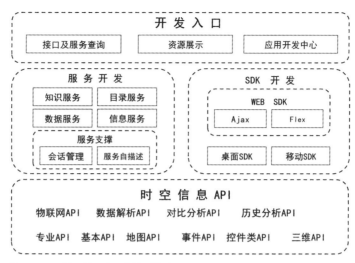

图 5-15　可扩展的用户开发接口模型

识服务的资源调用。

从开发接口而言，云服务平台需要提供上述基于服务的接口，这些接口基于平台所集成的接口，形成平台层的规范，以资源的形式提供服务。其最终目的，是形成算法服务资源中心（图 5-16）。

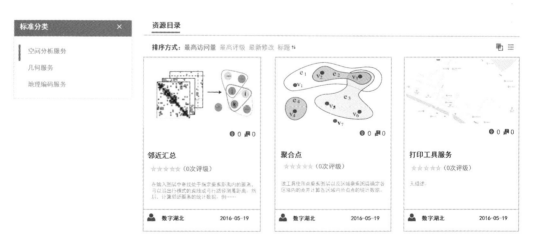

图 5-16　即插即用的面向规划管理的算法资源中心

5.5　本章小结

　　小城镇群规划建设与管理的云服务平台软件以服务引擎为中心，在资源整合的基础上，提供数据服务、算法服务、在线可视化支持服务。主要内容包括贯穿一体的消息系统、服务发布注册系统、服务发现与服务网关系统、服务调用与智能组装系统、资源调度与容器管理子系统。本子系统开发云平台统一的用户接口与管理接口，完成云服务平台集成和规划管理应用技术集成。云服务平台的集成包括资源（中心）服务子系统、用户（租户）管理与平台服务子系统、在线可视化支持系统等模块。应用示范集成以云服务平台的标准接口和规范进行封装，构建在云平台上的业务应用体系，包括面向规划的众包数据采集、更新与展示子系统和规划管理子系统。这些基于云平台的规划与管理应用子系统在以下六个章节中具体介绍。

本章参考文献

[1] 张衡，成毅，王晓理，等 . 云 GIS 下智慧城市地理空间信息共享平台构建 [J]. 地理信息世界，2016，23（3）：71-76.

[2] 肖建华 . 智慧城市时空信息云平台及协同城乡规划研究 [J]. 规划师，2013（2）：11-15.

[3] 佘凯琪，石永阁，李兵 . 神农架小城镇时空信息云平台的建设与实践 [J]. 地理空间信息，2017（12）：12-14, 9.

[4] 蔡为，佘凯琪，李兵 . 基于云计算技术建立小城镇集成云平台的探讨 [J]. 地理空间信息，2018（7）：28-30.

第6章 生态承载力评估

6.1 引言

我国山区和偏远落后地区技术力量相对薄弱，专业人员匮乏，生态评价的技术应用非常有限。随着 Web 技术、GIS 技术和其他通信与计算技术的快速进步，传统的数据处理与分析功能已经可以在远程通过客户端实现。本子系统主要研究内容旨在提供面向远程对象的、基于云服务的生态数据处理与服务，对偏远落后地区在缺乏专业技术支撑的背景下开展小城镇群地域范围内的生态承载力评估。本子系统利用 GIS 技术，整合目前生态评估成熟的评价模型与方法，因地制宜地设计与开发服务于小城镇群的评价功能，在简化计算机操作的基础上，提高生态承载力评价的工作效率，弥补目前生态承载力评估应用的不足，为小城镇地区的生态承载力现状评估和生态保护政策及措施的制定提供技术支撑。

国土空间规划的实践需要整合过去由土地资源管理和城乡规划管理部门彼此独立操作完成的用地适宜性评价。喻忠磊等（2015）称之为"国土空间开发建设适宜性"，包括国土空间开发适宜性评价和建设用地适宜性评价两部分。国土空间开发适宜性评价的核心内容即地域空间的生态承载力评估。本项目基于国土空间开发建设适宜性概念，开发面向小城镇群国土空间规划的生态承载力评估系统（本章内容）和建设用地适宜性评价系统（第7章内容）。

生态承载力评价系统的设计与开发旨在帮助规划和环境保护领域找到更为流畅和便捷的生态承载力评价模块，本研究利用云平台存放和发布数据服务，整合和开发一套评价"自然—经济—社会"复合生态系统的评价工具，以达到指标体系的选择、评价方法的应用和应用模块的操作的规范化，在提高生态承载力评价工作效率的同时，也使得相关领域工作者对生态承载力评价更加得心应手，避免反复查找工具，浪费不必要的时间和精力。

本系统的开发目标是：以中小城市（镇）组群智慧规划建设和综合管理技术集成与示范为项目依托，以神农架林区生态承载力评价为研究内容，采用系统工程和软件工程原理，将云平台、数据库管理和地理信息系统技术相结合，构建一种基于云平台的生态承载力评价规划支持系统，以实现空间数据和属性数据的存储、专题数据的调用和动态更新、评价因子的确定、权重的主客观赋值法评价模型、评价因子的空间处理以及各专题图的显示与输出等功能，为小城镇尤其是神农架林区的生态承载力评价和规划建设提供理论和技术支持。

本子系统通过用户与云服务系统的交互式操作，建立评价分区，实现不同发展情景下小城镇群生态承载力评估。具体内容包括八个技术模块：①地理信息数据调用；②评价模型选择；③评价因子选择；④因子权重半自动计算；⑤生态承载力评估模块；⑥评估结果统计；⑦结果展示模块；⑧用户管理。

6.2　相关理论方法与技术支撑

6.2.1　相关理论与方法

（1）生态承载力评价理论

对于生态承载力的评价，国内外学者提出了许多较为直观的方法，目前根据不同的评价思路主要可以分为四类，第一类主要采用指标体系评价法，如 1996 年，在"经济、社会、环境和机构四大系统"的概念模型和"驱动力—状态—响应"概念体系的基础上，结合《21世纪议程》提出了可持续发展核心指标体系框架，但由于指标数量较大，可获取性较低，甚至一些指标无法获取确切数据，导致指标体系存在一定的缺陷和有效的可操作性。高吉喜（2001）则提出了生态承载力综合评判法，引入生态弹性力、环境承载力和资源承载力三个方面描述生态系统的承载状况，此方法较为直观，科学性强，但并没有经济社会指标，无法真实反映人类生产生活对生态承载力的影响。还有学者针对具体区域构建相应的指标体系进行评价。

第二类是生态足迹模型，最早是由加拿大学者 Mathis Wackenagel 提出（Wackernagel，Rees，1998），它是一组以土地面积为研究对象的指标，将生态生产性土地划分为五类，即"化石能源地、可耕地、牧草地、林地、建设用地和水域"。生态承载力被认为是一个地区所能支持的人类所需的生态生产性土地的面积总和，"生态足迹是指在一定的经济技术条件下，要维持某一物质消费水平下的一定数量的人口，某一区域的持续生存所需要的生态生产性土地的总面积"，但是此方法只考虑到了资源的直接消费而忽视了间接消费，如工业化和城市化的推进和加快，对耕地资源的挤占。生态足迹的理论和方法在 1999 年被国内学者引入（王书华，等，2002），目前国内对其研究主要集中体现在三个方面：一是对其理论方法的研究和拓展，如对生态足迹模型的修正、因子选择的标准、与其他方法模型的套用等；二是对生态足迹模型在国内案例的运用，分为不同的空间尺度，包括区域、省域、市域等；三是对生态足迹模型应用的拓展，如在能源、交通、旅游等方面。

第三类是状态空间法，它属于欧式几何空间评价方法的范畴，主要用于对一定区域的承载力的量化评价中，利用定量的分析，来描述生态系统的变化状态，通常情况下，通过三维状态空间轴的图形来表示各系统要素之间的状态和联系，此方法的优势在于此方法中的承载状态点，可清楚表示一定时间尺度内区域的不同承载状况，可以用于表示时间维度的生态承载力变化状况。毛汉英、余丹林（2001a，2001b）利用此方法对环渤海地区的生态承载力作了测定和分析。此方法是利用定量的分析方法得到一个定性的结论，首先需要建立一定的指标体系进行评价，但它只是对是否超载作出一个定性的评价，而不对生态承载力具体的大小数值作出定论。

第四类是资源与需求的差量方法，先对评价区域内的各资源量进行量化，找到资源量总值，然后基于此，计算在当前发展模式下社会经济的发展和人口的生存所需要的资源量，对二者进行差值计算后的值；或者是对研究区域内现状生态环境质量状况进行量化，再计算与此区域内当前人们所需要的生态环境质量状况的量化值之间的差值（顾康康，2012）。此方法所涉及的指标体系主要包括社会经济系统和生态环境系统两大类。此评价方法的理论相对较为简单，但某些指标的确定需要引入较为复杂的方法，也没用具体体现环境污染的指标，无法完全反映人类生产生活对生态承载力的影响。

就目前而言，随着生态承载力研究的不断深入和提升，生态承载力的评价方法也不断涌现，但生态承载力的评价所追求的终极目标是实现对生态承载力的全面、客观的认识。这也要求在区域生态承载力评价时，需要首先对评价区域的生态环境状况有个全面了解后，再依据区域的具体情况和现有数据资料，综合考虑各种评价方法后选取最合适的方法对区域进行评价。

（2）人与生态耦合系统理论

地理环境与人类活动总是存在着相互影响的关系，人地关系理论属于人与自然关系的范畴，地理环境主要包括人文和自然要素组成的具有整体性的地理环境，由此人地关系理论延伸出强调地理环境制约作用的环境决定论和人类选择环境的或然论。以往研究表明，对人地关系理论的研究重点主要集中在研究人与地之间的相互作用关系，并且更加突出人的能动作用，认为人是整个关系中的关键因素，居于不可或缺的地位。耦合度主要是用来研究评价对象内部各要素之间相互关系影响程度的量化指标，评价对象内部各要素之间的耦合协调程度，直接影响到整个系统的发展趋势，对系统的发展变化起着决定的作用。因此，探索具体案例地生态系统内部各要素是否协调发展，可以有效地研究生态系统整体的发展趋势，使得生态承载力评价的研究更加完善。

（3）生态承载力评估指标方法

生态系统是个错综复杂的复合系统，涉及"自然—经济—社会"等各个方面，因此对生态系统的承载力进行评价时，指标的选取不仅要兼顾生态系统自身的指标，还要考虑人口问题、社会问题、经济问题等，同时，选定的进行生态承载力评价的各个要素对系统的影响力也存在差异，参评时的贡献率也是不同的，应该分清主次，抓住重点。此外，所选指标也应该尽量从不同层面反映系统的特征，各指标之间也要具有可比性，充分考虑区域发展的阶段性和长期性，反映系统的运动变化，体现系统的发展趋势。结合分析对象和分析区域，尊重地域的特殊性，兼顾指标因子的可得性。

传统的生态承载力的评价方法存在若干不足之处（赵东升，等，2019）。首先是生态承载力的评价指标体系并不完善。在目前的生态承载力评估方法中，其基本原理大多是先构建指标体系，再对所选的评价指标因子进行评价分析。但目前的评价指标体系构建多集中于对传统自然因子的评价，如地形、地貌和坡度等，而对于复合生态系统中分量越来越重的社会经济因子，如人口、收入、城镇发展水平和生产能力等则考虑不多。其次，在生态承载力评估过程中，对评价指标体系因子的评价方法多为主观评价法，客观评价法应用不多。生态承载力评价指标体系构建的核心即因子权重的确定，它反映了各个指标因子在不同维度的重要程度，其变化会导致最终的评价结果。目前，生态承载力的评估主要使用的是指标因子评价方法，如 AHP 法、德尔菲法、综合指数法和模糊综合评判法等，这些都是基于专家评判的主观方法，易受评判者自身条件的限制和影响，且无法满足对更为复杂的社会经济因子进行科学有效的评价的要求。第三，常用的自然因子，如地形、高程和坡度等，在空间上是连续的变量，运用传统的主观权重赋值方法可以轻易表达其在空间上的差异或变化；而社会经济因子，如 GDP、城镇化水平等，多为面板数据，其数值在空间上并不连续，仅仅依靠传统的主观权重赋值方法无法精确表达空间的差异（如某一行政单位历年的 GDP 数据无法在空间上连续表达），只能寻求其他的评价方法加以解决。

针对以上传统生态承载力评估方法的不足，有学者建议引入客观评价法。客观评价法主要是依据评价指标之间的关系和变异程度，其结果较依赖于数据的丰富程度，数据较少会导致评价结果的偏颇；同时，客观评价法并没有充分利用专家丰富的实践经验而获得评价数值。因此，不论是主观还是客观的评价方法，都有其局限性，只有主客观评价相结合，才能集成两者的优点。基于此，本子系统采用主客观评价相结合的生态承载力评估方法，即在建立生态承载力评价指标体系后，运用主客观相结合的评价方法对指标因子权重进行赋值。其中，主观评价法采用目前常用的 AHP 法和德尔菲法，通过相关领域的专家对指标体系所有评价因子的重要性进行分析判断和比较，得到各因子的主观评价权重；客观评价法则引用灰色系统法，根据指标的关系和变异程度对属性数据进行客观赋值，得到客观评价的权重。通过将主客观评价法各自得到的指标因子权重进行复核，可以得到各指标因子的最终权重。

本系统在综合可持续发展思想的基础上，剖析"自然—经济—社会"复杂系统，利用目标分层法，依据生态承载力内涵，构建包含目标层（A）、准则层（B）和指标层（C）三个层次的生态承载力指标体系。具体来说，即在自然因素（目标层）里面，选取地形地貌（准则层）作为评价因素之一，详细选取了地表起伏度、地貌类型、地形坡度等十个评价因子作为评价指标（指标层）。在"自然—经济—社会"复合系统中，均选取相应的准则层和指标层，选取恰当的评价因子构建生态承载力评价体系。

6.2.2　指标权重评价模型

（1）灰色系统评价模型

灰色系统法是基于数学理论的系统工程学（刘思峰，谢乃明，2008），解决由很多未知因素相互作用下的问题。灰色系统法是对黑箱概念的一种拓展。这一理论是基于数学理论的系统工程学，用于解决很多未知因素相互作用下的问题。之所以称为灰色，是因为评价对象各要素之间的关系既不是非常明确的白色关系，也不是毫无关联的黑色关系，而是难以判断的灰色关系。经过 20 多年的发展与探究，灰色系统法目前已基本形成了一套新兴的学科体系，发展形成了包括灰色关联分析、灰色聚类评估、灰色系统预测和灰色决策等在内的系统方法。

灰色模型是基于灰色系统原理通过离散随机数的生成变化作用，削弱数据的变异性，使其生成较有规律的生成数，建立起的微分方程形式的模型，具有近似关系和不唯一、不确定状态，被广泛用来处理数据。与插值拟合相比，利用灰色模型处理目标系统的数据，不仅仅对数据的要求宽泛，生成结果精确度较高，更重要的是计算更简便。

生态承载力子系统对选取的指标因子确定权重时，会涉及评价社会经济层面的指标因子，经济系统是灰色系统的一种，因此，本系统在评价生态承载力指标因子权重时，尤其是在评价社会经济层面的指标因子时主要采用此方法中的灰色关联分析方法。通过灰色模型中的灰色关联分析方法，可以对社会经济层面的指标数据进行预处理，将数据分为时间序列数据和空间序列数据。灰色关联分析方法，是基于几何处理的思想范畴的分析方法，实质上是对所选取的评价对象形成的一组数据序列所进行的几何比较。

生态承载力所选取的评价指标包含自然层面和社会经济层面，原始数据的量纲不同，数量级差也悬殊，为了消除原始数据之间的量纲，合并数量级，使其具有可比性，需要对指标数据进行预处理，将数据分为时间序列数据和空间序列数据，时间序列数据在无量纲化处理时采用初值变化（式 6-1），空间序列数据采用极差变换（式 6-2），然后确定母

序列 X_0 和子序列 X_1，计算每个时刻点上母序列与各子序列的绝对值（式6-3），从得到的表中取最大值 Δ_{max} 和最小值 Δ_{min}，再计算母序列和子序列的关联系数（式6-4），最后进行权重变换，使其具有可比性。

$$X_{ij}' = \frac{X_{ij}}{X_{i1}} \tag{6-1}$$

$$X_{ij}' = \frac{X_{ij} - X_{jmin}}{X_{jmax} - X_{jmin}} \tag{6-2}$$

$$\Delta_{0i}(t_j) = X_0(t_j) - X_i(t_j) \tag{6-3}$$

$$L_{0i}(t_j) = \frac{\Delta_{min} + \Delta_{max}}{\Delta_{0i}(t_j) + \Delta_{max}} \tag{6-4}$$

（2）AHP 评价模型

AHP 法又称层次分析法，是一种定性和定量相结合的多目标决策评价方法，它把复杂的研究对象看作一个大系统，将数据的客观性和专家的主观意见有机结合，并对各因子的相对重要性量化表示，然后建立数学模型，计算出每一个层次各因子的相对重要性，并加以排列（王莲芬，许树柏，1990）。

生态承载力的评价指标体系较为复杂繁多，就评价对象的总体而言，各个评价因子复核权重占整体的比例较小，直接评价难度较大，而且各因子之间存在密切的层次联系，因此本文运用层次分析法，通过各级评价因子重要性的相互比较，从而确定指标因子的权重。

生态承载力评价子系统运用层次分析法建立评价模型，主要计算步骤如下：

1）建立递阶层次结构模型：运用此模型进行分析时，需要对生态承载力问题进行梳理，依据数据差异构建一个有层次的结构模型，分为：目标层、准则层、指标层，使得复杂交错的问题被分解为多个元素，并且上一个层次的元素对下一个层次的元素起到支配作用。举例说明：自然因素（目标层），选取地形地貌（准则层）作为评价因素之一，详细选取了地表起伏度、地貌类型、地形坡度等十个评价因子作为评价指标（指标层）。

2）构建判断矩阵：依据第一步构建的评价指标体系，可建立矩阵 $A=\{a_1, a_2, a_3, \cdots, a_n\}$，然后依据判断矩阵标度，自上而下在同一层次中分别构造两两比较的判断矩阵，$A=(a_{ij})_{n \times n}$，其中，$a_{ij}>0$，$a_{ij}=1/a_{ij}(i \neq j)$，$a_{ij}=1$，$i$、$j=1, 2, \cdots, n$，$a_{ij}$ 的大小根据建立的判断矩阵标度给出（表6-1）。

判断矩阵标度参照标准 表6-1

标度	含义
1	两个因子相比，具有同样重要性
3	两个因子相比，一个因子比另一个因子稍微重要
5	两个因子相比，一个因子比另一个因子明显重要
7	两个因子相比，一个因子比另一个因子强烈重要
9	两个因子相比，一个因子比另一个因子极端重要
倒数	因子 i 和 j 比较标度为 a_{ij}，则因子 j 与 i 比较标度为 $a_{ij}=1/a_{ij}$

3）确定相对权重及一致性检验：常见的权重确定方法有方根法、和积法等。在使用此方法确定权重时容易产生前后矛盾的现象，因此为了保持判断的一致性，需要进行一致性检验，检验公式如下：

$$CR=CI/RI \qquad (6-5)$$

其中，CR 为判断矩阵的随机一致性比率，CI 为判断矩阵的一致性指标，$CI=(\lambda_{max}-m)/(m-1)$，$\lambda_{max}$ 为最大特征根，m 为判断矩阵的阶数，RI 为判断矩阵的平均一致性指标，当 $CR<0.1$ 时，判断矩阵具有满意的一致性，符合 AHP 要求，否则需要对矩阵进行重新调整。RI 值如表6-2所示。

1～8阶矩阵的 RI 值 表6-2

矩阵阶数 m	1	2	3	4	5	6	7	8
RI	0.00	0.00	0.58	0.90	1.12	1.24	1.32	1.41

建立的指标评价系统里的各项评价因子，经由层次分析法确定权重。

（3）德尔菲评价模型

德尔菲法实质上是一种反馈匿名函询法，又称专家规定程序调查法，是一种结构化的决策支持技术，其特点是专家组成员的权威性和匿名性、预测过程的有控趋同性和预测统计的定量性（刘学毅，2007）。其原理是对专家的打分值进行汇总，求出每个指标权重的均值和方差；根据方差分析出所有专家意见的分散程度，形成第一轮的评价结果；公布结果后以此反复 3 ~ 4 轮，直到专家打分值趋同，最终选择各个专家打分的均值作为指标的权重。

本系统采用德尔菲法，主要步骤为：首先是以影响生态承载力的各项要素为对象组成专家小组，一般不超过 20 个人，针对建立的生态承载力评价体系对目标层、准则层和指标层进行百分制打分，然后对专家的打分值进行汇总，求出每个指标权重的均值和方差，根据方差可以分析出所有专家意见的分散程度，形成第一轮的评价结果，公布结果后以此反复 3 ~ 4 轮，直到专家打分值趋同，选择最终各个专家打分的均值作为指标的权重。

6.2.3 相关技术支撑

（1）ArcGIS 云平台

ArcGIS 云平台是指开发者们将 ArcGIS 中的部分服务和地理处理功能作为一种二次开发程序放在"云"里运行，或者是使用"云"里提供的服务。ArcGIS 私有云管理套件实质上是一个云 GIS 的管理平台，它可以提供高效且智能的云服务，在 ArcGIS for Server 弹性云架构的基础上，可将当前主流 IaaS 解决方案的资源池化能力进行增强，整合数据中心的 GIS 平台资源和平台底层的基础设施资源，如网络、计算和存储，构建一个基于 GIS 的资源池，通过对资源的使用策略进行顶层架构和设计，实现对资源的自动化管理。此外，通过建立自服务的门户，可为用户提供所需的计算和存储功能，用户可以服务的方式直接调用所发布的资源，无需购买、安装、维护基础设施资源和 GIS 平台资源。

ArcGIS 私有云管理套件增强了云环境中的 ArcGIS Server 集群的自我管理和自我维护的能力，并且这种灵活性和可扩展性也让用户更具创新能力，可为其用户的需求提供可靠的支撑服务，也能够根据用户的实际需求，合理地进行基础设施层的计算资源的分配。

（2）Web Service 技术

Web Service 实际上是一个应用程序，可通过 Web 提供调用自身功能或者服务的说明（WSDL），增强在 Web 上互联的便捷性，大大减少目前进行编码定制时所需的时间，从而保证系统的可扩展性；Web Service 可以实现跨平台的操作和对应用程序的使用标准进行自定义，因此，它可以增强分布式应用程序间的可互操作性。Web Service 是一种创新的观念和技术，它可以将 Internet/Intranet 转变成为一个计算机的虚拟环境，以 Web 服务的形式被包装成实体，且发布出来以供其他程序使用。换句话说，它是基于互联网并能够实现多用户调用的应用程序。Web Service 的基本理念是在遵循已定义标准的前提下，把软件做成可以发布的服务，增强各不同系统之间的兼容性，方便进行通信和数据的共享。Web Service 的技术特点和基本理念与电子政务系统的基本思想相契合，通过开放式体系架构和 Web Service，职能部门可以提供多样的服务，实现智能的评价和分析。本系统就是基于 Web Service 技术，实现多用户、多目标的生态承载力评价。

（3）Ajax 异步调用

基于计算机网络的 C/S 模式使得数据和资源的共享成为现实，但是随之也出现了部署和发布的问题，于是 B/S 应运而生，但是因为受到各种限制，使得基于 B/S 的应用没有了之前丰富的交互，并且与服务器的每一次交互都要重新刷新页面，因此 Ajax 的出现实现了多浏览器的异步通信。Ajax 的原理是首先通过 XML Http Request 对象来向服务器发出异步请求，从服务器获得数据后，用 java script 操作 DOM 从而实现页面的更新。

（4）ArcGIS Engine

ArcGIS Engine 是一套软件开发引擎，可为开发人员编写应用程序提供必要的组件包，是一个全面保护组件式 GIS 的类库，可将 GIS 的许多功能融合到开发的应用程序。考虑到数据中心管理系统需要快速访问和分析大量数据，并进行数据管理和更新，需用 CS 模式来搭建 GIS 应用程序，即在 ArcGIS Engine 基础上进行二次开发。

（5）ArcGIS Server

ArcGIS for Server 软件使您的地理信息可供组织中的其他人使用，也可以选择使其供具有 Internet 连接的任何人使用。这可通过 Web 服务完成，从而使功能强大的服务器能够接收和处理其他设备发出的信息请求。ArcGIS for Server 使您的 GIS 对平板电脑、智能手机、笔记本电脑、台式工作站以及可连接到 Web 服务的任何其他设备开放。

（6）地图服务

地图服务是一种利用 ArcGIS 使地图可通过 Web 进行访问的方法。首先在 ArcMap 中制作地图，然后将地图作为服务发布到 ArcGIS Server 站点上。之后，Internet 或 Intranet 用户便可在 Web 应用程序、ArcGIS for Desktop、ArcGIS Online 以及其他客户端应用程序中使用此地图服务。

（7）动态图层

地图服务发布到 ArcGIS Server 站点后，可根据需要选择是否允许服务器的客户端（如 ArcGIS Web API）动态更改地图服务中的图层外观和行为。要确定哪些图层显示在地图中、图层符号系统、图层顺序和位置以及标注等，可通过使用动态图层在服务器端实现。这样，动态图层可有效增加用户与地图的交互量。

（8）动态工作空间

如果要向地图服务动态添加数据（例如要素图层、要素类、要素属性表、shapefile、栅格或独立表），则需要设置工作空间来包含想要添加的数据。动态工作空间可以是任何企业级数据库、企业级地理数据库、文件地理数据库或服务器可以访问的磁盘上的文件目录。

（9）数据调用

ArcGIS 没有对应的从 Web 端上传要素类的功能，需要自定义开发。

首先，将 Web 端要上传的数据存放到个人地理数据库中，通过 HttpPost 文件将数据上传至服务器。

然后，在服务器上对个人地理数据库进行解析，导入工作地理数据库（动态工作空间）中。

（10）总体设计

Web 界面设计采用 html、java script、dojo、ztree、layer.js、jquery、ArcGIS API for java script、Ajax 等多种技术。

服务器端配置：oracle 数据库、IIS 服务、ArcGIS Server10.2。

数据加载模块：采用 ArcGIS API for javascript、ArcGIS Server10.2 的动态图层功能，进一步封装，实现用户在前台对图层的打开与关闭。

数据调用模块：采用 java script、Ajax、HttpPost 文件上传等功能，实现浏览器向服务器上传文件的功能。

加权叠加模块：采用 java script、Ajax、ArcObject 等技术，实现前台参数定义，后台数据处理，最终结果保存到服务器，可供前台动态加载。

分等定级模块：采用 java script、Ajax、ArcObject 等技术，利用 ArcObject 类库，对栅格数据进行解析，统计每个像素值的个数，将统计结果在前台显示，用户在统计结果上任意选择断点，回传到服务器，服务器对栅格数据进行重分类操作，将最终结果保存到服务器，供前台动态加载。

（11）系统功能实现环境

本软件分为服务端和客户端。

服务端所需 CPU 为志强 E5，内存 16G，硬盘 1T；

客户端所需浏览器为谷歌浏览器或火狐浏览器。

6.3 子系统构建

图 6-1 所示为基于云平台的生态承载力评估子系统实施技术路线。各部分的构建详细介绍如下。

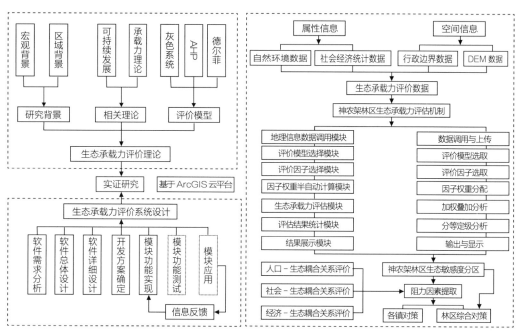

图 6-1 基于云平台的生态承载力评估子系统实施技术路线

6.3.1 指标体系构建

指标体系的构建要遵从"客观性、全面性、动态持续性"原则，科学的指标体系应该建立在对评价对象具有充分的认识和系统的研究之上。生态系统是个错综复杂的复合系统，涉及"自然—经济—社会"等各个方面，因此，指标的选取不仅要兼顾生态系统自身的指标，还要考虑人口问题、社会问题、经济问题等，同时，选定的进行生态承载力评价的各个要素对系统的影响力也存在差异，参评时的贡献率也是不同的，应该分清主次，抓住重点。结合分析对象和分析区域，尊重地域的特殊性，兼顾指标因子的可得性。本文在综合可持续发展思想的基础上，剖析"自然—经济—社会"复杂系统，利用目标分层法，依据生态承载力内涵，构建包含目标层（A）、准则层（B）和指标层（C）三个层次的评价体系。选定共 10 个一级指标，163 个二级指标，指标体系涉及自然资源、社会经济、产业发展等现状条件，兼顾环境效益、经济效益、社会效益，从多方面进行综合评价（表6-3）。

生态承载力指标体系   表 6-3

地形地貌			
地表起伏度	地形坡度	海拔	喀斯特面积比重
地貌类型	地貌适宜性	地质环境	碳酸盐分布
碳酸盐岩分布面积占国土面积的比例	矿产储量		
土地资源			
土地含盐量	人均土地面积	优等地比例	土壤养分综合指数
土地含水率	劣土地比例	岩石裸露率	土壤等级
土壤类型	陡坡地比例	土层厚度	土壤呼吸
土壤结构	山地面积比重	石砾含量	土壤盐碱化程度
土壤有机质含量	山间平地面积比重	土壤养分变化率	盐碱化面积扩大率
生物资源			
物种数量	人工林占灌溉绿地面积比率	人均粮食产量	自然保护区面积
物种消失率	森林占国土的比例	食物链结构	人均耕地面积
种群个体数量	缺水林地死亡率	优势种优势度	复种指数
生物群落多样性	天然林减少的比例	濒危物种和濒危度	草地面积比重
林地指数	植被指数	初级生产力	草场退化、荒漠化率
林地面积比重	盐渍化耕地面积占耕地总面积比率	土地生产力	天然草场缩减率
森林覆盖率	植被覆盖率	土地生产率	年草地面积变化率
林木人均蓄积量	乔灌层盖度	草原生产率	草地覆盖率
人工绿洲面积	灌丛覆盖率	湿地斑块结构	土地利用类型
绿洲面积率	粮食单产	植被类型	
气候因子			
气候条件	干燥度	积温变化	蒸发系数
气候适宜性	干燥度变化率	作物生长关键期积温变化	年均风速
气候稳定性	降水变率	年均降水量	年均气温

湿润度	关键月份降水变率		
环境			
熔岩塌陷数	受土地沙漠化威胁程度	自然灾害破坏性	植被破坏率
水土流失模数	土地荒漠化率	灾害发生率	环境质量指数
水土流失率	年均大风和沙尘暴日数	污染程度	水土流失治理比例
土壤侵蚀模数	暴雨日数	景观破坏率	沙漠化面积占总面积的比例
旱涝灾害	气象灾害成灾率		
水资源			
河流径流变化	水源矿化度	灌溉地比例	上游来水缩减率
地表径流模数	水资源总量	水质等级	灌溉用水矿化度
地下水位埋深	水资源利用率	实际年水资源量	地表水质综合指数
地下水位年降幅	人均水资源量	平均年缺水率	河流含沙量
地下水矿化度	贮水条件	水域面积缩减率	地下水超采率
可利用地表水资源模数	可利用地下水资源模数		
干扰强度			
开垦及建筑占草地面积百分比	放牧面积占草地面积百分比	草场载畜率	草原超载过牧率
城镇化率	退耕还林比例		
经济发展水平			
GDP 年增长率	居民人均收入	经济结构	非农业产值比重
人均 GDP	农民人均纯收入	工业集中化指数	农业比重
人均国内生产总值增长率	人均工业产值	经济多元化指数	农业现代化水平
年人均纯收入增长率	产业结构	高新技术产业比值	农副产品商品率
社会发展水平			
群体知识水平	期望寿命	人均非文盲率	非农人口比例
群体医疗水平	人均寿命	人口密度	人口自然增长率
恩格尔系数	文盲率	基尼系数	政策稳定性指数
贫困率			
域外联系			
货运周转量	邮政业务总量	人均货运周转量	人均客运周转量
人均邮政业务总量			

6.3.2 生态承载力因子体系构建

（1）权重分配

权重的确定是多指标综合评价中的一个重要环节，其在一定程度上它也反映了各个指标因子在问题中的重要程度，权重的变化也会引起最终评价结果的变化。目前，依照评价的主要核心确定步骤不同，确定权重方法主要分为主观赋权法和客观赋权法。主观赋权法也是一种定性的分析方法，多通过综合咨询的方式进行评分，然后综合计算标准化后的数据，如层次分析法、德尔菲法、综合指数法、模糊综合评判法等，主观赋值法主要依据评判者的主观判断和实践经验，易受评判者自身条件限制和影响，准确性无法验证。客观赋值法主要是依据评价指标之间的关系和变异程度，主要包括主成分分析法、熵值法、因子分析法等，但是客观赋值法评判的结果较依赖于数据的丰富程度，数据较少会导致评价结果的偏颇，此外，客观赋权法也忽视了评判者的主观评价，无法灵活加入专家的经验值。

因此，不论主观还是客观，都有其局限性，为了避免使用单一评价方法出现上述问题，本系统采用主客观结合的方法确定最终权重，包括 AHP 法、德尔菲法和灰色系统法。因为生态承载力的评价因子包含空间数据和属性数据，即 shp 文件和表文件，AHP 法、德尔菲法这两种主观赋值法主要用于确定空间数据和属性数据的权重，而灰色系统法主要用于确定属性数据的权重，最后取三者的加权均值为权重。

（2）加权叠加分析

依据主客观赋值法确定各评价因子的权重，运用 ArcGIS 的空间加权叠加分析功能确定最终的评价结果，首先须对每个评价因子的每个像元进行重分类以确保它们的优先等级相同，而后对各指标因子的栅格数据进行加权叠加，每一个栅格都根据输入的重要性权重值或百分比进行加权，最终的结果为每个栅格的值，最后可通过更改评估等级改变分析结果。空间叠加分析的原理如图 6-2 所示，"空间叠加分析是指在统一空间坐标系统的基础上，将相同区域的两个不同地理对象进行叠置，以产生空间区域的多重特征，或是建立地理对象之间的空间对应关系"。

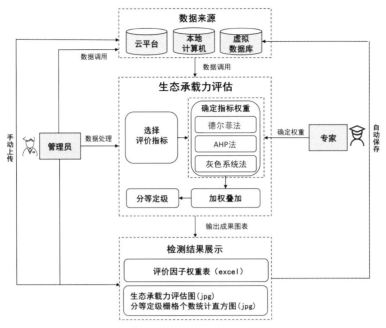

图 6-2　生态承载力评估子系统功能框架

（3）生态承载力综合评价

依据分析评价结果，对整个区域生态承载力状况作出等级划分并分别给以等级，称为"分等定级"。依据每个地块不同的自身特性、土地利用和影响因素状况，按照 50×50 的单元大小进行定级。依据上一步的加权叠加分析，每个定级单元都带有评价后的分值，依据分值的大小进行划分，确定生态承载力的极敏感区域、敏感区域、较敏感区域、弱敏感区域。

6.3.3　系统设计

（1）总体设计

生态承载力评价系统主要分为三个层次，涵盖整个系统的所有操作模块，分别为用户管理层、数据管理层和功能层，用户管理层主要用于管理用户，用户包括管理员和专家，数据管理层主要是基于数据库系统，实现空间数据和属性数据的上传、调用、显示等功能，功能层是生态承载力评价系统的核心评价层次，主要包含生态承载力评价的主体操作，并按照评价步骤依次排列。从模块分区来讲，系统包括七大模块：用户管理模块，将用户分为管理员和专家两种类型，各自有不同的用户界面和权限；定义指标体系模块，主要是确定评价区域内的主要影响因子；定义指标权重模块，主要是依据给定的主客观赋权法确定所选因子的权重，也就是因子对生态承载力的影响程度；指标体系处理模块，主要是利用空间分析中的加权叠加分析；综合评价模块和输出与显示模块，主要是对评价结果进行分等定级，划分生态承载力等级分布图；数据调用模块，主要是利用数据库管理空间数据和属性数据，来支持评价系统的数据调用（图6-3）。

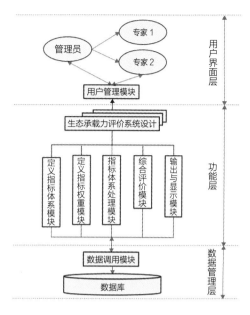

图6-3　生态承载力评价系统总体设计框架

（2）系统详细设计

系统分为两个部分，一是登录界面，二是系统功能界面。登录界面提供登录功能，系统功能界面主要分为三部分，包括功能区、图层列表区、地图显示区。

功能区位于整个界面的顶部，包含系统的名称和每个功能子模块的入口，功能名称从左至右分别为：项目管理、数据调用、计算指标权重、指标加权叠加、分等定级、输出、打印、上传到云平台和数据管理。功能区的整套功能需要依次操作，以实现生态承载力评价的结果。

图层列表区主要用于显示当前数据库里的所有图层，打开系统进行生态承载力评价时，可加载数据库里保存的所有数据，用户可以勾选或取消勾选，达到打开或关闭图层。

地图显示区主要支持放大、缩小、平移等系统操作，地图的显示会根据用户在图层列表中选择的图层而叠加显示。

（3）系统开发技术模块

小城市（镇）组群生态承载力评估规划支持系统，在对相关理论进行研究的基础上，基于 GIS 云平台，在软件需求分析、总体设计、详细设计、开发方案确定、开发环境配置后，系统性地进行"生态承载力评估子系统"模块设计。本子系统含 1 个用户管理模块和七个技术模块，包括地理信息数据调用、评价模型选择、评价因子选择、因子权重半自动计算、生态承载力评估、评估结果统计和评估结果展示。主要功能包括集成数据调用、评价模型选择、评价因子选择、因子权重分配、评价结果可视化等。通过用户与云服务系统的交互式操作，实现不同发展情景下小城市（镇）组群生态承载力评估，建立评价分区，并在系统中引入灰色系统方法，提高生态承载力评估的弹性，增强规划的灵活性，使系统设计的评价精度达到 50m×50m。

具体模块及功能如下。

1）地理信息数据调用模块

数据调用模块是云平台的集中体现，主要用于支持数据的上传。云平台主要由信息中心工作人员搭建，在云平台上可以创建多个虚拟机用于存放服务和数据库，其中一个被当作基础数据库，专门存放系统所需基础数据，发布服务供分析使用；再分出一个虚拟机专用于系统的存放、专题数据的存放。当数据存放在基于云的专题数据库中时，管理员可以在打开"数据调用"窗口后连接到虚拟机，调用其中的所有数据进行浏览和展示，当需要进行实体数据处理时，可直接连接到虚拟机中存放的数据库，调用其中的数据。当所需数据存放在本机数据源时，则管理员打开"数据调用"窗口后，选择本地数据源，确定上传到云平台专题数据库中的数据，完成数据的上传。当数据上传到服务器指定文件夹中（例如：c:\raster\），程序会自动检索该文件夹下的所有数据，加载到网页上进行显示。其中，服务器端配置：oracle 数据库、IIS 服务、ArcGIS Server10.2，数据加载模块采用 ArcGIS API for Java Script 、ArcGIS Server10.2 的动态图层功能，进一步封装，实现用户在前台对图层的打开与关闭（图6-4）。

2）评价模型选择模块

指标体系共分为三级，对统计的指标因子权重的确定主要是通过三种模型方法，德尔非模型法主要是在管理员选定评价指标后，对其进行保存并存储于云端中，专家则以"专家"的身份登录，不可更改指标因子，只能进行打分，并自动产生相应的复合权重，收到不同专家打分结果后管理员则可进行综合平均，在计算得出专家打分平均值后保存并发布给专家，专家则在第一轮的基础上进行修正，给出第二轮的专家打分结果，提交成功后管理员

图 6-4 评估项目选择与数据调用示意 图 6-5 评价模型选择及权重设置

再次计算平均值，保存并发布，专家再进行修正，管理员再计算出的平均值则为德尔菲法的最终权重。AHP 模型法的界面主要是利用滑块进行设置，以矩阵的形式半自动化生成结果。灰色系统模型法是以输入的部分确定指标数值，通过系统内部半自动化的形式进行设置。最后取三者均值为最终的权重（图 6-5）。

3）评价因子选择模块

依据不同的地域特色，确定不同的评价指标体系。本系统预先从评价区域内的自然资源、社会经济、产业发展、城市建设、生态环境等现状条件出发，兼顾环境效益、经济效益、社会效益，系统默认有一套指标体系，共设定 11 个一级指标，179 个二级指标。本功能仅限管理员进行操作，管理员根据项目情况，选择适合自己的指标因子，也可以添加系统默认指标体系中不存在的指标。

模块实施界面的左边是系统默认的指标体系，本指标体系不能修改，仅能够选中和取消选中。选中的指标因子，将会在右侧树状列表中显示。当管理员需要添加默认指标体系中不存在的指标因子时，在右侧需要添加指标因子的地方点击右键，则会弹出上下文菜单，此时，用户即可添加需要的指标因子，添加完成后，必须点击保存节点，方可保存。

4）因子权重半自动计算模块

将三种评价模型确定的权重分配到评价因子选择模块里选取的评价因子上，系统可根据专家确定的权重和管理员选取的因子进行综合，计算出分配在每个评价因子上面的权重数值。

对指标因子权重的确定主要通过三种方法，AHP 法的界面主要是利用滑块进行设置，以矩阵的形式半自动化生成结果。德尔菲法主要是在管理员选定评价指标后，对其进行保存并存储于云端中，专家则以"专家"的身份登录，不可更改指标因子，只能进行打分，并自动产生相应的复合权重，收到不同专家打分结果后管理员则可进行综合平均，在计算得出专家打分平均值后保存并发布给专家，专家则在第一轮的基础上进行修正，给出第二轮的专家打分结果，提交成功后管理员再次计算平均值，保存并发布，专家再进行修正，管理员计算出的平均值则为德尔菲法的最终权重。灰色系统法也是以半自动化的形式进行计算，导入属性数据表格，点击计算按钮，系统自动计算得出结果。最后点击计算最终结果来得到最终权重值。

5）生态承载力评估模块

在确定指标体系后，依据导入的空间数据图层，利用加权叠加分析功能，对图层进行叠加分析，产生带有许多碎多边形的分析结果。此模块采用 Java Script、Ajax、Arc Object 等技术，实现前台参数定义，后台数据处理，最终结构保存到服务器，可供前台动态加载。

6）评估结果统计模块

根据分析结果利用不同的分等定级的方法确定不同生态承载力等级，依据每个地块不同的自身特性、土地利用和影响因素状况，按照 50×50 的单元大小进行定级。依据上一步的加权叠加分析，每个定级单元都带有评价后的分值，依据分值的大小进行划分，确定生态承载力的极敏感区域、敏感区域、较敏感区域、弱敏感区域。

依据不同评价对象和每个地块的综合评价值，构建分等定级直方图，设置断点和级数，定义每一地块的生态承载力等级。管理员点击分等定级按钮，则会弹出分等定级页面。页面分为三部分：上部为分类方法的选择，下左部分为加权叠加结果的直方图，下右部分为管理员输入的断点。

分类方法有四种，分别为手动、相等间距、定义的间距、标准差。

手动分类法可在页面右下方手动录入要分割的断点，管理员可以手动添加或删除。相等间距分类法的页面下方会显示分类等级下拉列表，管理员选择要划分的等级，即可在右下方的列表中显示自动划分的断点。定义的间距分类法下方会弹出间距输入框，管理员输入要划分断点的间距，系统将会自动计算，将断点结果显示在右下方。标准差分类法的界面下方会显示标准差的值和用户希望的 1、1/2、1/4 不同标准差的倍数，选择完成后，系统会自动计算，将断点结果显示在右下方。

此模块采用 Java Script、Ajax、Arc Object 等技术，利用 Arc Object 类库，对栅格数据进行解析，统计像素值的个数，将统计结果在前台显示，用户在统计结果上任意选择断点，回传到服务器，服务器对栅格数据进行重分类操作，将最终结果保存到服务器，供前台动态加载。

7）评估结果展示模块

依据云平台提供的基础底图，包括行政界线、河流等，综合生态承载力评价结果的分布图，对带有生态承载力等级的碎小地块进行整理合并，设置分级色彩，添加标题、比例尺、风玫瑰、图例等，进行地图的整饬，将生态承载力评估结果输出到生态承载力评价分区图，提供在线显示和打印功能，最后输出地图。

8）用户管理模块

针对不同的权限和功能，设置不同的用户登录界面，主要分为管理员身份和专家身份。管理员相当于项目的负责人，可以管理和操纵所有数据。管理员是整个系统的管理者，负责系统的管理和评价成果的计算和输出，具有数据调用、新建项目、选择指标因子、加权叠加、分等定级、管理用户的权限，但不能在德尔菲法中对数据进行打分，而专家则不能更改指标因子，只能在定义指标权重模块的德尔菲法中进行打分。系统通过用户管理模块可以更加清晰地显示系统的功能分工，明晰权责。用户管理模块，仅管理员能够登录，登录后，点击用户管理，弹出用户管理界面，在本界面，可以添加用户、编辑用户、删除用户（图 6-6）。

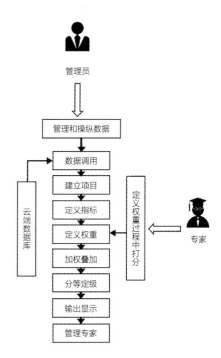

图 6-6　用户管理模块管理权限图示

6.3.4　软件运行环境

（1）硬设备

本软件分为服务端和客户端。

服务端：CPU：志强 E5；

　　　　内存：16G；

　　　　硬盘：1T。

客户端：浏览器为谷歌浏览器或火狐浏览器。

（2）支持软件

1）ArcGIS Server 10.2.2；

2）ArcGIS Desktop 10.2.2；

3）Oracle11gR2。

（3）安装与初始化

软件的安装主要为云平台服务端的安装与配置。

在服务端，需要安装 Oracle11gR2 的 64 位服务端和 32 位客户端。具体安装方法参考 Oracle 官方安装文档。ArcGIS Server10.2.2 和 ArcGIS Desktop 10.2.2 的安装参考 Esri 官方的安装手册。

底图服务的发布：将 Bsmap.mxd 文件发布为地图服务。

Web 服务的发布：将最终的安装文件放到服务器上，打开 IIS，进行服务的发布，Freamwork 版本为 4.0，应用程序池启用 32 位程序。

6.4　本章小结

生态承载力评价子系统基于可持续发展理念，把所研究地区看作一个复合的生态系统，以生态承载力理论为依据，应用灰色系统法、AHP 法和德尔菲法，确定各因子权重，根据各地区的空间分布差异，甄别生态系统存在的问题。本子系统基于 GIS 技术，完成一套完整的生态承载力评价模块的集成系统，并将子系统和所需的数据搭建在云平台上，运用数据挖掘和空间分析功能，系统分析生态承载力影响因子，研究区域生态承载力的空间格局。把传统生态承载力评价方法、GIS 和云技术进行创新集成和应用。人与生态系统耦合关系模式的研究应用，对山区城镇可持续发展尤为重要。本子系统基于人和生态系统耦合的生态承载力评估为实现生态敏感地区的社会、经济和生态综合平衡发展提供了科学适用的技术支撑。

本章参考文献

[1] 杨开忠，杨咏，陈洁. 生态足迹分析理论与方法 [J]. 地球科学进展，2000，15（6）：630-636.

[2] 高吉喜. 可持续发展理论探索：生态承载力理论，方法与应用 [M]. 北京：中国环境科学出版社，2001.

[3] 毛汉英，余丹林. 区域承载力定量研究方法探讨 [J]. 地球科学进展，2001a，16（4）：549-555.

[4] 毛汉英，余丹林，环渤海地区区域承载力研究 [J]. 地理学报，2001b，56（3）：363-371.

[5] 王书华，毛汉英，王忠静，生态足迹研究的国内外近期进展 [J]. 自然资源学报，2002，17（6）：776-782.

[6] 顾康康，生态承载力的概念及其研究方法 [J]. 生态环境学报，2012（21）：389-396.

[7] 赵东升，郭彩赟，郑度，等. 生态承载力研究进展 [J]. 生态学报，2019，39（2）：399-410.

[8] 刘思峰，谢乃明. 灰色系统理论及其应用 [M].（第4版）. 北京：科学出版社，2008.

[9] 王莲芬，许树柏. 层次分析法引论 [M]. 北京：中国人民大学出版社，1990.

[10] 刘学毅. 德尔菲法在交叉学科研究评价中的运用 [J]. 西南交通大学学报（社会科学版），2007（2）：21-25.

[11] 喻忠磊，张文新，梁进社，等. 国土空间开发建设适宜性评价研究进展 [J]. 地理科学进展，2015，34（9）：1107-1122.

[12] 黄经南，魏少峰. 基于主客观评价的生态承载力评估方法研究：以湖北神农架林区为例 [J]. 规划师，2019（10）：25-31.

[13] WACKERANAGEL M, REES W. Our ecological footprint: reducing human impact on the earth (Vol. 9)[M]. New society publishers, 1998.

第 7 章　建设用地适宜性评价

7.1　引言

随着城市化进程的快速推进，我国城市正经历规模急剧膨胀、建设空间外延扩张、资源快速消耗的粗放型发展阶段向集约型发展阶段的转变。这种以快速城市化和经济增长为导向的粗放型、外延式的城市空间扩张模式造成土地资源浪费、生态环境破坏与耕地锐减等问题，严重制约了城市的可持续发展。寻求合理的手段和措施，积极引导我国城市空间向节约、集约型发展转变，加大对资源环境的保护是可持续发展的必由之路。由于不合理的开发建设活动，导致地质灾害频发，给人民生命财产造成了较大损失，对山区、林区脆弱的生态系统也造成了较大的破坏，因此，建立合适的建设用地适宜性评价系统，科学、合理地评价各项建设活动迫在眉睫。

在诸多引导和控制城市空间的管理模式中，作为空间管制的重要组成部分，禁限建区划定及建立相应的管理措施被认为是控制城市空间无序增长、推进土地高效利用、维护资源环境安全、保护历史文化资源的有效手段。但是山区和偏远落后地区技术力量薄弱，常规的用地适宜性评价的技术应用基本无法展开。随着 web 技术、GIS 技术的发展以及用户需求的转变，传统的数据处理与分析功能已经可以在远程通过客户端实现，因此，提供面向对象的、基于云服务的数据处理与服务功能的应用，对偏远落后地区在缺乏专业技术支撑的背景下进行建设用地适宜性评价，划定各种空间管制范围，是本系统主要的研究内容。

小城镇群用地适宜性评价规划支持系统根据小城镇群自然资源、社会经济、产业发展、城市建设、生态环境等现状条件，兼顾环境效益、经济效益、社会效益，建立重大项目选址分析因子和评价体系，自动形成量化评价报告，辅助规划管理人员合理规划设计、科学管理决策，快速、准确、直观地筛选出符合条件的选址方案，为城市规划管理决策提供可靠依据。具体研究：①建设用地适宜性评价基本原则标准；②建设用地适宜性类型分类标准；③建设用地适宜性影响因子及指标体系；④建设用地适宜性分析模型；⑤建设用地选址综合评价模型；⑥统计分析及可视化技术。

7.2　建设用地适宜性评价基本原则与方法

7.2.1　建设用地适宜性评价的理论方法基础

以生态环境保护为基础的土地适宜性评价理论和方法的权威学者当属美国宾夕法尼亚大学的麦克哈格（Ian L. McHarg）教授。麦克哈格在其极具影响力的著作《设计结合自然》（*Design with Nature, 1969*）中详细阐述了人与自然环境之间不可分割的互依互存关系，提出了基于生态学原理的城市与区域规划理念和方法，由此也奠定了指导当代土地适宜性评价的理论和方法论基础 1980 年代中期麦克哈格的土地生态适宜性评价理论和方法被引入国内并得以迅速和全面应用（景贵和，1986），相关学者结合中国国情和实践应用背景拓展了新的用地适宜性评价模型和分析方法。

为响应"多规融合"的实践需求，喻忠磊等（2015）提出了"国土空间开发建设适宜性"概念。国土空间开发建设适宜性包括两个方面，其一是国土空间开发适宜性，其二是建设用地适宜性。作者界定国土空间开发适宜性为地域空间承载城镇化和工业化发展的适宜程度，取决于地域空间的资源环境承载力和经济发展基础与潜力。建设用地适宜性则是指土地资源作为建设用地进行开发利用的适宜程度，强调土地单元的属性特征及其是否适宜转化为建设用地的社会、经济、技术和环境条件。国土空间开发适宜性和建设用地适宜性二者在评价地域对象的空间尺度和开发方式上侧重点不同，但在国土空间规划的大框架下相互补充、统一。在分析多个相关案例的基础上，作者总结出四类国土空间开发建设适宜性的评价框架和方法（表 7-1）。本子系统采用的是多要素叠置综合分析方法。

评价方法	主要分析方法与算法	主要特征	使用范围
多要素叠置综合分析	空间叠置分析；线性加权综合、有序平均加权法、神经网络、模糊数学、GA、物元分析等	关注垂直生态过程，可选的具体技术方法多，适用范围广，易与GIS 技术和数学方法结合；但对水平生态过程关注不足，无法把握地域空间的整体生态格局	最常用的方法，适用于宏观国土空间适宜性评价、微观建设空间区位选择
空间相互作用及趋势模拟分析	景观格局分析；累积阻力模型、引力模型或重力模型等	关注空间相互作用过程，能从整体上把握地域空间的生态格局和经济格局；景观形态指标较多，难以选择，景观分析在宏观研究中应用受限	以建设空间区位选择为主；宏观国土空间开发适宜性应用较少，但值得探索
基于生态位的空间供需耦合分析	生态位模型；模糊函数、连乘法、指数和法等	关注空间供需均衡，承认指标间的相关关系，应用灵活；需解决指标间权重差异的应对问题，资源供需耦合函数确定较难	适用于宏、微观层面上国土空间开发建设适宜性评价
参与式综合评价	以前述方法为基础，加入社会公众、组织等主体态度等因素	能够融入社会主体因素，易于与其他框架相结合；但社会因素数据收集难度大	适用于宏、微观的国土空间开发利用适宜性评价

资料来源：喻忠磊，张文新，梁进社，等. 国土空间开发建设适宜性评价研究进展 [J]. 地理科学进展，2015，34（9）：1107-1122.

多要素叠置综合分析方法源于麦克哈格的土地生态适宜性评价体系（1969），亦称为"千层饼模式"，其基本模型如下：

$$S=\sum_{i=1}^{n} W_i X_i \qquad (7-1)$$

式中，S 为适宜性综合得分值；W_i 为第 i 个因子的权重；X_i 为某单元第 i 个因子的分值；n 为评价因子个数，$i = 1，2，3，\cdots，n$。

基于此模型，国内学者提出了潜力—限制分析模型（宗跃光，等，2007；张晓晓，等，2014）。该模型将评价因素分为生态潜力因素（Potential）和生态限制因素（Constraints），评价结果由潜力值和限制值之差确定，如式（7-2）所示：

$$S=\sum_{i=1}^{n} W_{ip} X_{ip} - \sum_{i=1}^{n} W_{ic} X_{ic} \qquad (7-2)$$

式中，p 为潜力因素；c 为限制因素，其他同前述公式。

在用地适宜性评价中，不同因素受政策或客观条件影响呈现出不同尺度的弹性，有效因素则是刚性限制。实践应用中上述模型得以进一步地细化（李坤，岳建伟，2015），如下式所示：

$$M=(\sum_{i=1}^{n} W_i \times V_i) \times (\prod_{j=1}^{m} X_j) \quad\quad (7-3)$$

式中，M 为评价单元的综合得分；V_i 为评价单元的第 i 个弹性因子的量化分数；W_i 为评价单元的第 i 个弹性因子的权重系数；X_j 为评价单元的第 j 个刚性因子的量化分数，其值为 0 或 1；n 为弹性因子个数；m 为刚性因子个数。

此模型中，弹性和刚性因子分别采用累加求和求积的方式。弹性因子体现具有渐变特性的因素，这些因素对适宜性的影响呈现区间值，从非常适宜到非常不适宜，例如坡度、交通区位、地基承载力等。刚性因子则对应极限因素，没有区间值，对适宜性的影响直接为适宜或者不适宜，如地质灾害区、自然保护区、水源或农田保护地等。

本子系统提供的建设用地适宜性评价方法可供使用者根据具体评价项目的需求和具备的数据条件采用上述三种不同精细程度的模型择情选用。

7.2.2 技术设计原则

利用 GIS 技术，整合目前在建设用地适宜性评价过程中常用的工具和评价模型，创新性地设计与开发实用的评价功能，在简化计算机操作的基础上，提高建设用地适宜性评价的工作效率，填补目前偏远落后地区小城镇缺乏建设用地适宜性评价专门性工具的空白，为地区的建设用地适宜性现状评价和用地保护政策及措施的制定提供科学依据和理论支撑。

建设用地适宜性评价系统的设计与开发旨在帮助规划和环境保护领域找到更为合理和便捷的建设用地适宜性评价模块，本研究利用云平台存放和发布数据服务，整合和开发一套适用于小城镇地区，尤其是偏远落后地区小城镇的建设用地评价工具，以达到指标体系选择、评价方法应用和应用模块操作的规范化，在提高小城镇地区建设用地适宜性评价工作效率的同时，也使得相关领域工作者对用地适宜性评价更加得心应手，避免反复查找工具，浪费不必要的时间和精力。

本研究以小城镇群智慧规划建设和综合管理技术集成与示范为项目依托，以神农架林区建设用地适宜性评价为研究背景，采用系统工程和软件工程原理，将云平台、数据库管理和地理信息系统技术相结合，构建一种基于云平台的建设用地适宜性评价规划支持系统，以实现空间数据和属性数据的存储、专题数据的调用和动态更新、评价因子的确定、权重的主客观赋值法评价、评价因子的空间处理以及各专题图的显示与输出等功能，为小城镇地区的建设用地适宜性评价和规划建设提供理论和技术支持。

完美的软件系统在设计时应该遵循的原则很多，除了一些基本原则外，不同的系统在设计时所遵循的原则也有差异。本系统设计充分考虑了三个设计原则。

（1）实用性原则

在该系统设计之初，进行了详细的需求分析，从实际需求出发，采用通用的文件格式、界面风格，尽可能地完善功能和结构，使系统的操作和维护更加便捷、更具实用价值，确保数据资源系统的安全、高效运行。

（2）可靠性原则

系统可靠性主要体现在容错能力、运行故障率、发生故障迅速恢复的能力等，因此，系统设计时，不断地进行调试和测试，以达到最佳性能。

（3）人性化原则

系统设计的人性化原则主要体现在界面设计、功能提示和操作帮助上，界面设计应该尽量简洁、清晰，使用户能够快速熟悉操作界面，满足用户需求和提高操作速度；功能提示主要是错误操作提示和时间等待提示，操作帮助上应尽可能详细，让用户在遇到问题时可自行查看帮助，获得提示。

7.2.3　建设用地适宜性综合指标评价体系

建设用地适宜性评价划分的禁限建区包含的资源要素，牵涉到自然资源、生态环境、遗产保护、工程经济与安全以及环境敏感性影响等方面，土地用途比较复杂，既有需严格控制保护的禁限建区域，又存在寻求发展出口的已建区。划定禁限建区时既要强调对禁限建区的保护与控制，还要兼顾城市现状建设、尊重城市合理发展诉求，因此需要建立一套合适的综合评价体系对地区进行评价。

本系统在综合可持续发展思想的基础上，剖析"自然—经济—社会"复杂系统，利用目标分层法，依用地适宜性评价的内涵，构建包含目标层（A）、准则层（B）和指标层（C）三个层次的建设用地适宜性指标体系。

比如在选取区位因素（准则层）作为评价标的之一时，详细选取了交通便捷度、市场因素、距城镇距离三个评价因子作为评价指标（指标层）。在"自然—经济—社会"复合系统中，均选取相应的准则层和指标层，选取恰当的评价因子构建建设用地适宜性评价体系（图 7-1）。

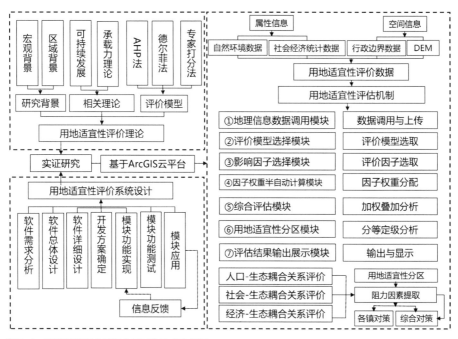

图 7-1　建设用地适宜性评价了系统技术路线图

7.2.4　评价模型

本子系统内置了二种用于建设用地适宜性评价的方法和模型。其中，AHP 法和德尔菲法在本书第 6 章生态承载力评估子系统中已作介绍，虽然建设用地适宜性评价与生态承载力评估在分析对象和所需数据时有所不同，但这两类方法模型的基本原理和应用流程不变，因此这里不再赘述。

本子系统的第三个评价模型为专家打分法。专家打分法是指通过匿名方式征询相关领域专家的意见，对专家意见进行统计、处理、分析和归纳，客观地综合多数专家经验与主观判断，对大量难以采用技术方法进行定量分析的因素作出合理估算，经过多轮意见征询、反馈和调整后，对价值和价值的可实现程度进行分析的方法。

本系统确定因子权重时采用专家打分法，规定使用百分制打分，由专家根据相关资料和自身素质对影响用地适宜性的因子进行赋值，最后采用专家打分的均值作为评价指标的权重（图 7-2）。

图 7-2　建设用地适宜性评价专家打分法界面

7.2.5　系统开发技术支撑

本子系统开发的相关技术支撑与生态承载力评估子系统相同，图 7-3 汇总了建设用地适宜性评价子系统各模块的技术支撑。技术支撑的详细内容参见第 6 章第 6.2.3 节，"相关技术支撑"这里不再赘述。

图 7-3　建设用地适宜性评价子系统技术支撑

7.3　子系统构建

7.3.1　建设用地适宜性评价综合评价体系构建

建设用地适宜性评价，涉及"自然—经济—社会"等各个方面，因此，指标的选取不仅要兼顾评价系统自身的指标，还要考虑人口问题、社会问题、经济问题等，同时，应该分清主次，抓住重点。此外，所选指标也应该尽量从不同层面反映系统的特征，各指标之间也要具有可比性，充分考虑区域发展的阶段性和长期性，反映系统的运动变化，体现系统的发展趋势。结合分析对象和分析区域，尊重地域的特殊性，兼顾指标因子的可得性。

本子系统综合文献研究与大量实践经验，共选定 8 个一级指标，53 个二级指标，指标体系涉及自然资源、社会经济、产业发展、城市建设、生态环境等现状条件，兼顾环境效益、经济效益、社会效益，从多方面进行综合评价（表7-2）。

建设用地适宜性评价准则和指标 表 7-2

准则层	指标层	准则层	指标层
区位因素	交通便捷度	经济环境	人口密度
	市场因素		单位面积农村经济总收入
	距城镇距离		单位面积乡镇企业总产值
建设用地条件	土壤类型		人均 GDP
	土地承载力		单位土地面积财政收入
	水土腐蚀性		城镇人口比率
	持力层深度		农民人均纯收入
	地形		乡镇建设用地增长率
	坡向		人均社会消费品零售总额
	坡度		土地综合产出率
	现代地貌过程	基础设施条件	道路通达度
	地下水埋深		（乡镇）公路网密度
	自然灾害危险度		万元经济产出用电量
地震风险	地震动峰值不大于 0.15g 地区		（乡镇）生活燃气普及率
	地震动峰值加速 0.2g ~ 0.3g 地区		农村居民户均电话装机数
	地震动峰值不小于 0.4g 地区		（乡镇）人均住房面积
	地震断裂带		万人拥有公共汽车数
水土流失	土地沙化区		万人拥有医生数
	土地盐渍化区		人均道路面积
	山体保护区		市政公用设施用地比例
	砂土液化区		人均居住面积
	重点风沙治理区	生态环境容量	土地利用结构
地质灾害	泥石流危险区		环境质量
	塌陷危险区		污染控制
	地面沉降危险区		生态保护
	崩塌危险区		
	滑坡危险区		
	地裂缝所在地		

7.3.2 建设用地适宜性评价因子体系构建

（1）权重分配

权重的确定是多指标综合评价中的一个重要环节，在一定程度上它也反映了各个指标因子在问题中的重要程度，权重的变化也会引起最终评价结果的变化，因此，指标权重的科学合理性在很大程度上也影响到综合评价结果的正确性，对于评价因子权重确定方法的选择在评价过程中也显得尤为重要。权重的确定是通过综合咨询的方式进行评分，然后综合计算标准化后的数据，如专家打分法、层次分析法、德尔菲法、综合指数法、模糊综合评判法等，为了避免使用单一评价方法出现上述问题，本系统采用多种不同的方法确定最终权重，包括 AHP 法、德尔菲法和专家打分法，最后取三者的加权均值为权重。

（2）加权叠加分析

依据综合评价方法确定各评价因子的权重，运用 ArcGIS 的空间加权叠加分析功能确定最终的评价结果，首先须对每个评价因子的每个像元进行重分类，以确保它们的优先等级相同，而后对各指标因子的栅格数据进行加权叠加，每一个栅格都根据输入的重要性权重值或百分比进行加权，最终的结果为每个栅格的值，最后可通过更改评估等级改变分析结果。"空间叠加分析是指在统一空间坐标系统的基础上，将相同区域的两个不同地理对象进行叠置，以产生空间区域的多重特征，或是建立地理对象之间的空间对应关系"。

（3）用地适宜性综合评价

依据分析评价结果，对整个区域用地适宜性状况作出等级划分并分别给以等级，称为"分等定级"。依据每个地块不同的自身特性、现有和预期土地利用以及相关影响因素条件，按照 50×50 的单元大小进行定级。在上一步的加权叠加分析基础上对每个定级单元赋予评价后的分值，依据分值的大小进行三级划分，确定用地适宜性的适建区、限建区和禁建区。

7.3.3 系统设计

（1）系统总体设计

用地适宜性评价系统主要分为三个层次，涵盖整个系统的所有操作模块，分别为用户管理层、数据管理层和功能层。用户管理层主要用于管理用户，用户包括管理员和专家；数据管理层主要是基于数据库系统，实现空间数据和属性数据的上传、调用、显示等功能；功能层是用地适宜性评价系统的核心评价层次，主要包含用地适宜性评价的主体操作，并按照评价步骤依次排列。从模块分区来讲，系统包括七大模块：用户管理模块，将用户分为管理员和专家两种类型，各自有不同的用户界面和权限；定义指标体系模块主要是确定评价区域内的主要影响因子；定义指标权重模块主要是依据给定的主客观赋权法确定所选因子的权重，也就是因子对建设用地适宜性评价的影响程度；指标体系处理模块主要是利用空间分析中的加权叠加分析；综合评价模块和输出与显示模块主要是对评价结果进行分等定级，划分建设用地适宜性评价等级分布图；数据调用模块主要是利用数据库管理空间数据和属性数据，来支持评价系统的数据调用（图7-4）。

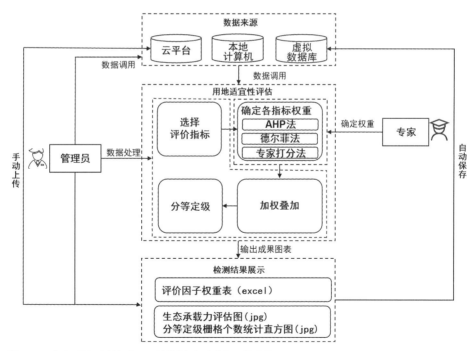

图7-4 建设用地适宜性评价子系统整体框架功能权限构成图

（2）系统详细设计

系统分为两个部分，一是登录界面，二是系统功能界面。登录界面提供登录功能，系统功能界面主要分为三部分，包括功能区、图层列表区、地图显示区（图7-5）。

图7-5　建设用地适宜性评价子系统主界面

功能区位于整个界面的顶部，包含系统的名称和每个功能子模块的入口，功能名称从左至右分别为：项目管理、数据调用、计算指标权重、指标加权叠加、分等定级、输出、打印、上传到云平台和数据管理。功能区的整套功能需要依次操作，以实现生态承载力评价的结果。

图层列表区主要用于显示当前数据库里的所有图层，打开系统进行生态承载力评价时，可加载数据库里保存的所有数据，用户可以勾选或取消勾选，达到打开或关闭图层。

地图显示区主要支持放大、缩小、平移等系统操作，地图的显示会根据用户在图层列表中选择的图层而叠加显示。

（3）系统技术模块及功能

根据评价区域内的自然资源、社会经济、产业发展、城市建设、生态环境等现状条件，兼顾环境效益、经济效益、社会效益，建立分析因子和评价体系，自动形成量化评价报告，辅助规划管理人员合理规划设计、科学管理决策，快速、准确、直观地筛选出符合条件的选址方案，为城市规划管理决策提供可靠依据。建设用地适宜性评价系统由七大模块构成，评价精度达到 50m×50m。

1）地理数据信息调用模块

数据调用模块是云平台的集中体现，主要用于支持数据的上传。云平台主要由信息中心工作人员搭建，在云平台上可以创建多个虚拟机用于存放服务和数据库，其中一个被当作基础数据库，专门存放系统所需基础数据，发布服务供分析使用；再分出一个虚拟机专用于系统的存放、专题数据的存放。当数据存放在基于云的专题数据库中时，管理员可以在打开"数据调用"窗口后连接到虚拟机，调用其中的所有数据进行浏览和展示，当需要进行实体数据处理时，可直接连接到虚拟机中存放的数据库，调用其中的数据。当所需数据存放在本机数据源时，则管理员打开"数据调用"窗口后，选择本地数据源，确定上传到云平台专题数据库中的数据，完成数据的上传。当数据上传到服务器指定文件夹中（例如：c:\raster\），程序会自动检索该文件夹下的所有数据，加载到网页上进行显示。其中，服务器端配置：Oracle 数据库、IIS 服务、ArcGIS Server10.2，数据加载模块采用 ArcGIS API for JavaScript、ArcGIS server10.2 的动态图层功能，进一步封装，实现用户在前台对图层的打开与关闭（图 7-6）。

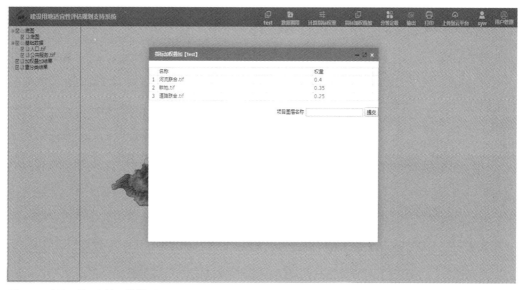

图 7-6　建设用地适宜性评价数据调用

2）评估模型选择模块

指标体系共分为三级，对统计的指标因子权重的确定主要通过三种模型方法，专家打分评价模型主要是在管理员选定评价指标后，对其进行保存并存储于云端中，专家则以"专家"的身份登录，不可更改指标因子，只能进行打分，并自动产生相应的复合权重，收到专家打分结果后管理员则可进行综合平均。德尔菲评价模型和专家打分法相似，在计算得出专家打分平均值后保存并发布给专家，专家则在第一轮的基础上进行修正，给出第二轮的专家打分结果，提交成功后管理员再次计算平均值，保存并发布，专家再进行修正，管理员计算出的平均值则为德尔菲法的最终权重。AHP 评价模型的界面主要是利用滑块进行设置，以矩阵的形式半自动化生成结果。最后取三者均值为最终的权重。

3）影响因子选择模块

依据不同的地域特色，确定不同的评价指标体系。本系统预先从评价区域内的自然资源、社会经济、产业发展、城市建设、生态环境等现状条件出发，兼顾环境效益、经济效益、社会效益，系统默认有一套指标体系，共设定 8 个一级指标，53 个二级指标。本功能仅限管理员进行操作，管理员根据项目情况，选择适合自己的指标因子，也可以添加系统默认指标体系中不存在的指标。

界面左边是系统默认的指标体系，本指标体系不能修改，仅能够选中和取消选中。选中的指标因子，将会在右侧树状列表中显示。当管理员需要添加默认指标体系中不存在的指标因子时，在右侧需要添加指标因子的地方点击右键，则会弹出上下文菜单，此时，用户即可添加需要的指标因子，添加完成后，必须点击保存节点，方可保存。

4）因子权重半自动计算模块

对指标因子权重的确定主要通过三种方法，AHP 法的界面主要是利用滑块进行设置，以矩阵的形式半自动化生成结果。德尔菲法主要是在管理员选定评价指标后，对其进行保存并存储于云端中，专家则以"专家"的身份登录，不可更改指标因子，只能进行打分，并自动产生相应的复合权重，收到不同专家的打分结果后管理员则可进行综合平均，在计算得出专家打分平均值后保存并发布给专家，专家则在第一轮的基础上进行修正，给出第二轮的专家打分结果，提交成功后管理员再次计算平均值，保存并发布，专家再进行修正，管理员计算出的平均值则为德尔菲法的最终权重。专家打分法由专家自己打分，最后点击计算最终结果来得到最终权重值。将三种评价模型确定的权重分配到评价因子选择模块里选取的评价因子上，系统可根据专家确定的权重和管理员选取的因子进行综合，计算出分配在每个评价因子上面的权重数值（图7-7）。

5）综合评估模块

在确定指标体系后，导入空间数据图层，利用加权叠加分析功能，对图层进行叠加分析，产生带有许多碎多边形的分析结果。此模块采用Java Script、Ajax、Arc Object等技术，实现前台参数定义，后台数据处理，最终结构保存到服务器，可供前台动态加载（图7-8）。

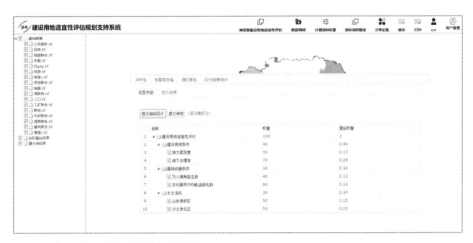

图7-7 建设用地适宜性评价指标权重设置

图7-8 建设用地适宜性评价指标权重叠加

6）用地适宜性分区模块

根据分析结果利用不同的分等定级的方法确定不同用地的建设条件，依据每个地块不同的自身特性、土地利用和影响因素状况，按照 50×50 的单元大小进行定级。依据上一步的加权叠加分析，每个定级单元都带有评价后的分值，依据分值的大小进行划分，确定适宜建设区、限制建设区和禁止建设区。

依据不同评价对象和每个地块的综合评价值，构建分等定级直方图，设置断点和级数，定义每一地块的建设用地适宜性评价等级。管理员点击分等定级按钮，则会弹出分等定级页面。页面分为三部分：上部为分类方法的选择，下左部分为加权叠加结果的直方图，下右部分为管理员输入的断点。

分类方法有四种，分别为手动、相等间距、定义的间距、标准差。

手动分类法可在页面右下方手动录入要分割的断点，管理员可以手动添加或删除。相等间距分类法的页面下方会显示分类等级下拉列表，管理员选择要划分的等级，即可在右下方的列表中显示自动划分的断点。定义的间距分类法下方会弹出间距输入框，管理员输入要划分断点的间距，系统将会自动计算，将断点结果显示在右下方。标准差分类法的界面下方会显示标准差的值和用户希望的 1、1/2、1/4 不同标准差的倍数，选择完成后，系统会自动计算，将断点结果显示在右下方。

此模块采用 Java Script、Ajax、Arc Object 等技术，利用 Arc Object 类库，对栅格数据进行解析，统计像素值的个数，将统计结果在前台显示，用户在统计结果上任意选择断点，回传到服务器，服务器对栅格数据进行重分类操作，将最终结果保存到服务器，供前台动态加载。

7）评估结果展示和输出模块

依据云平台提供的基础底图，包括行政界线、河流等，综合建设用地适宜性评价结果的分布图，对带有建设用地适宜性评价等级的碎小地块进行整理合并，设置分级色彩，添加标题、比例尺、风玫瑰、图例等，进行地图的整饬，最后输出地图。

8）用户管理模块

针对不同的权限和功能，设置不同的用户登录界面，主要分为管理员身份和专家身份。管理员相当于项目的负责人，可以管理和操纵所有数据。管理员是整个系统的管理者，负责系统的管理和评价成果的计算和输出，具有数据调用、新建项目、选择指标因子、加权叠加、分等定级、管理用户的权限，但不能在德尔菲法中对数据进行打分，而专家则不能更改指标因子，而只能在定义指标权重模块的德尔菲法中进行打分。系统通过用户管理模块可以更加清晰地显示系统的功能分工，明细权责。用户管理模块，仅管理员能够登录，登录后，点击用户管理，弹出用户管理界面，在本界面，可以添加用户、编辑用户、删除用户（图 7-9）。

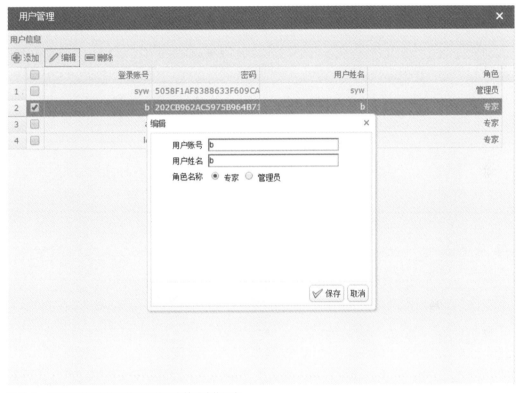

图 7-9　建设用地适宜性评价子系统用户管理功能示意

7.4　本章小结

本子系统以城镇建设用地适宜性评价为研究主体，构建了包括自然资源、社会经济、产业发展、城市建设、生态环境等多要素的复合评价系统。子系统应用专家打分法、AHP 法、德尔菲法等方法综合确定因子权重，实现建设用地适宜性的定量评价。子系统基于 GIS 技术和云技术，构建一套完整的用地适宜性评价模块的集成系统，并将系统和所需的数据搭建在云平台上，运用数据挖掘和空间分析功能，系统研究评价指标体系，综合判定建设用地的适宜性，实现了把传统用地适宜性评价方法与 GIS 和云技术综合集成。该集成评价体系具备足够的弹性，适用于不同小城镇群，尤其是位于山区和偏远地区、技术和专业信息相对缺乏的小城镇地区。

本章参考文献

[1] 喻忠磊，张文新，梁进社，等 . 国土空间开发建设适宜性评价研究进展 [J]. 地理科学进展，2015，34（9）：1107-1122.

[2] 景贵和 . 土地生态评价与土地生态设计 [J]. 地理学报，1986（1）：1.

[3] 宗跃光，王蓉，汪成刚，等 . 城市建设用地生态适宜性评价的潜力—限制性分析：以大连城市化区为例 [J]. 地理研究，2007，26（6）：1117-1127.

[4] 张晓晓，张恩朝，欧盛强，等 . 低丘缓坡建设用地适宜性评价方法研究：以曲靖市罗平县为例 [J]. 地矿测绘，2014（3）：17-19.

[5] 李坤，岳建伟 . 我国建设用地适宜性评价研究综述 [J]. 北京师范大学学报（自然科学版），2015，51（s1）：107-113.

[6]MCHARG I . Design with nature[M]. New York: Natural History Press, 1969.

第8章　"多规"协同与规划冲突检测

8.1　引言

　　作为"小城镇群智慧规划与管理支持软件中"的一个子系统，"多规协同与冲突检测"是为了适应小城镇群国土空间规划的需求、实现"多规"编制的有效衔接与协同管理目的而开发的，该子系统基于小城镇群规划建设与管理服务云平台，依托统一的基础地理信息和规划信息，利用数据库技术、GIS 技术、数据共享与交换技术、软件开发技术等来实现"多规"冲突检测及预警。该子系统的研发针对小城镇群发展现状及自身条件，剖析小城镇群"多规协同"的意义及面临的关键问题，探索小城镇群"多规"协同路径。具体包括六个功能模块：①规划成果数据调用：依托规划信息数据库，对各项规划成果进行梳理，构建空间规划数据库，为冲突检测及预警提供数据基础；②"多规"协同智能评价：通过对各规划要素特征和空间关联特征的分析，提供分析工具、构建指标体系，实现"多规"协调的用地协同智能评价；③"多规"协同智能评价指标加权：运用专家打分法，对各规划构成的指标赋予权重；④空间冲突检测：运用冲突检测工具对各规划成果进行空间冲突检验，得到各规划的差异图斑，并对其空间布局、土地类型、用地边界及用地规模上的冲突与差异进行操作和显示；⑤空间冲突检测结果统计与展示：对各项检测结果进行空间统计，自动生成差异列表，显示差异图斑属性及空间分布；⑥空间冲突预警：永久基本农田保护线、建设用地增长边界、生态保护红线是小城镇未来发展最基本的控制底线，系统将其作为空间冲突预警的底线，用于检测其他空间规划与之发生的空间矛盾，实现自动预警提示。

　　"多规冲突检测及预警子系统"平台所检测出的地块精度达到宗地级。所开发的"多规冲突检测及预警子系统"在神农架林区松柏镇和新华镇展开示范应用，以检验其实际运用效果，不断完善系统功能。示范应用的实施和结果详见第 14 章。

8.2 国土空间规划框架下的多规协同

国土空间规划的一个重要目标和实施举措就是实现"多规合一"。多年以前中央已开始推进在市县进行"多规合一"的探索，将市县规划体制改革创新作为国家深化改革的重要一环。特别是 2014 年 9 月由国家发展改革委、国土资源部、环境保护部和住房城乡建设部联合下发《关于开展市县"多规合一"试点工作的通知》后，对经济社会发展规划、城乡规划、土地利用总体规划、生态环境保护规划等进行"多规合一"受到广泛关注。与此同时，各地方政府面对"多规合一"矛盾引发的空间发展问题，也开始积极主动开展多规合一工作。

随着各地规划改革的深入进行，"底线式"的空间规划、"协同式"的管理机制和"留白式"的市场实施引人关注（苏涵，陈皓，2015）。近年来，不少学者从规划编制方法、空间布局、用地规模等方面对"三规"或"多规"差异进行深入研究，并从规划内容、技术解决方案、制度创新等方面提出协调思路（李琳，等，2020；张京祥，等，2020；苏文松，等，2014；张泉，刘剑，2014；冯长春，等，2016；党安荣，等，2020），同时，不少地区早期已开展"三规合一"的实践工作，如海南省、广州市、云浮市等（张兵，胡耀文，2017；张少康，罗勇，2015；赖寿华，等，2013；王俊，何正国，2011）。在国家推动国土空间规划后全国各地的"多规合一"实践全面展开。目前，在空间协调方面研究较多，也有学者对"多规"目标体系进行了分析（李婷，等，2015；沈迟，许景权，2015；申贵仓，等，2016），但是对"多规"目标层面协同机制的探讨还不够系统化，其协同机制还需进一步深化，同时，许多地区，尤其是偏远小城镇，缺乏支撑实现国土空间规划的"多规合一"目标的技术力量和数据服务平台（席丽莎，等，2020）。

规划目标是战略思想的反映，同时也是规划方案及其措施制定的重要依据，多规目标的协同是实现多规合一的重要组成部分。本研究以神农架林区为例，探讨在县域层面"多规"目标协同的问题。神农架林区具有小城镇群的重要特点，自然环境优美、森林资源丰富，但地形起伏较大，地貌状况复杂，区域交通联系不便，区域经济和社会发展较为滞后，随着旅游业的发展，各项建设活动日趋活跃。该区的国民经济与社会发展规划、城乡规划、土地利用总体规划、林业规划、旅游总体规划及生态环境保护规划等均在林区发展中发挥着重要作用。本项目的应用示范将该"六规"的目标体系作为研究对象，着重从各项规划的规划期限、规划原则、总体发展目标及具体指标体系四个方面入手，从目标协同层面分析神农架林区"多规合一"目标体系的特点及差异，寻求差异原因，并提出"多规合一"目标协调机制。

8.2.1　小城镇"多规"目标特点

在小城镇发展过程中，各类规划时常面临不同的编制职能部门，编制主体从自身所代表的利益出发，多反映自身发展的诉求，"多规合一"分治的状况尤为突出。在实践中，经济社会发展规划、城乡规划、土地利用规划，以及近年来开展的生态环境保护规划是地方政府管理的涉及空间利用及发展最为核心的四大规划，此外还有其他各类专项规划，各类规划在规划目标的设定上均存在较大差异，从规划性质来看，国民经济与社会发展规划、城乡规划、旅游总体规划属于发展导向型的规划，其规划目标着重对地方经济社会发展、人口规模、发展方向等进行引导。土地利用总体规划、林业规划、生态环境保护规划则属于资源保护型规划，其规划目标注重土地、资源及生态环境的约束性保护（图8-1）。

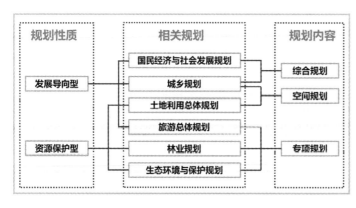

图8-1　"多规"特点辨析

从规划内容来看，国民经济与社会发展规划、城乡规划属于综合规划，其发展目标涉及经济、社会、人口、资源、环境等各个方面，能够从全局引导地方发展；城乡规划、土地利用总体规划均属于空间规划，其中前者强调用地的合理布局，后者强调耕地和基本农田的保护；旅游总体规划、林业规划、生态环境保护规划属于专项规划，其发展目标多注重自身行业的发展。

总体来说，国民经济与社会发展规划、城乡规划具有较强的综合性和引导性，前者空间性较弱，后者空间性较强，土地利用总体规划、生态环境保护规划更注重空间的限制性和约束性；旅游总体规划、林业规划等专项规划也存在空间发展的需求，但规划目标的空间性较弱，因此，在基本属性上各规划所设定的规划目标及目标指标构成是不同的。在小城镇建设实践中，发改、住建、国土、环保等部门均具有空间管控的职能，"多规合一"在目标设定上首先表现为这四个部门所主导的规划的协调，特别是综合目标体系的合一，而其他的专项规划（如旅游、林业等）则应以此为依据制定自身的发展目标。

8.2.2 "多规"目标协同机制

综上所述，各类规划目标一般以定性和定量描述相结合，目标体系中有些指标带有全局性、综合性和战略性，有些指标具有部门性、专业性。全局性的目标配值影响部门性目标值的确定。因此，"多规合一"间的协调需要对全局性、综合性、战略性措标进行顶层设计，统一目标值。在不打破现行管理体制、不修改现有法规框架的前提下，结合现实状况，利用信息化手段，建立统一的空间规划体系，明确各部门相应的事权范围，改革工作机制，稳步推进"多规合一"工作，对小城镇来说是现实可行的。本研究提出"求同协异""因异谋同"的"多规"目标协同思路，"求同协异"即通过构建协调部门、决策平台、顶层目标体系、数据共享平台及全流程管控系统，谋求"多规"目标共识的协同；"因异谋同"即以综合规划为指导，明确各项规划职能部门的"权、责、益"，各部门各司其职，避免交叉冲突（图8-2）。

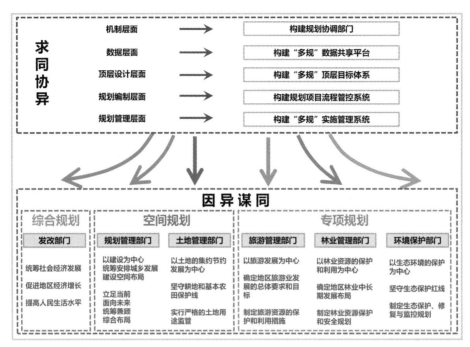

图 8-2　"多规"目标协同框架

（1）求同协异

寻求发展空间并提高城市政府的治理能力，是在地方层面强化政府空间管控能力的现实需求。由于"多规合一"所涉及的人类社会经济活动最终将落实到同一个空间地域上，各项活动的空间同一性使得各类规划在规划目标上必须协同，从而保证行动纲领的一致。当然，从国家到地方要编制一个凌驾于各规划之上的"超级规划"来综合地指导空间发展显然不现实，对"多规合一"构建的"1+N"空间规划体系，在目标体系协同上，即应从实际出发，将"经、城、土、环、游、林"等 N 个规划中影响市县重大战略的规划内容进行统筹，形成上位规划，作为"一"指导其他"N"个规划编制的依据。"求同协异"的协调思路就是从目标制定的源头上，分别在管理层面、顶层设计层面、数据层面、规划编制层面、规划管理层面等改善工作机制，促进上位规划的目标决策体系达成共识。具体如下：

1）管理层面：构建空间规划协调部门，负责战略性目标协同工作。地方政府在协调部门利益方面具有较强的核心和决定性作用，应成立由主要领导牵头的多部门参与的市县议事协调机构，在"多规合一"工作中起重要决策作用。其工作职责包括推进各规划的目标统筹，形成上位规划，针对重大问题进行协商对话，解决争议，达成共识；同时，负责规划目标的最终审查，以保证影响地区社会经济发展的重要目标值在各规划中得到传递和执行。

2）顶层设计层面：构建"多规"顶层目标体系，为各项规划目标制定提供参考。以发改部门、国土部门、住建部门为主，以环境保护部门、林业管理部门、旅游管理部门等其他行业部门为辅，结合神农架林区实际，构建包括主要经济指标、人口指标、用地指标、环境控制指标在内的综合目标指标体系，确定顶层发展目标值，成为其他部门制定各类规划目标值的依据。

3）数据层面：构建"多规"数据共享平台，为各类规划提供规范数据。"多规合一"要形成目标体系的协同首先需要一致的数据基础，作为规划目标值预测的依据。因此，各类规划所依托的数据来源、统计口径及统计方法应标准化和共享化，统一"多规"数据入库标准和存储方式，建立统一的基础数据库及共享平台，是推进"多规合一"工作的重要技术支撑，以保证各类规划预测和制定目标值达成一致。

4）规划编制层面：构建规划编制项目管理系统，及时调整规划目标差异。在"多规合一"工作中，不仅形成"多规"数据共享平台，还应结合小城镇特点，大力推进规划信息管理平台的建设，从规划编制的拟定、立项、招标、编制、审查、评议、批准、公示、入库等各阶段入手，记录每个阶段的各类资料，形成规划编制项目档案库，使规划编制全流程管理规范化、信息化。这有助于在"多规"编制过程中，对发现的较大的规划目标差异，及时提出并进行协商解决，提高规划编制的规范性、科学性及目标的一致性。

5）规划管理层面：构建"多规"目标实施评估系统，完善目标制定的动态化管理。各类规划在实施过程中，目标实现的效益一方面反映出规划实施及建设的质量，另一方面反映出时代的需求。如果规划目标与现实存在较大差异，除了对规划本身进行检讨外，还要对新的发展形势进行分析，评估的结果可为制定新的发展目标提供依据，并保证规划的延续性和目标管理的动态性。实施评估机制的建立，可以有效保证规划目标的落实以及使制定的规划目标不断适应社会经济的发展，从而保证满足可持续性发展的要求。

（2）因异谋同

在中国现行的制度体系下，市县层面的各部门具有自身的管理职责和规划诉求，规划目标指标体系的差异化难以避免，在"求同协异"基础上，还应该考虑"因异谋同"，即在保留各部门特定目标体系差异性的基础上，保持相同指标的一致性，增加与其他部门目标体系衔接的可能，同时尽量使规划期限保持一致，使"多规合一"目标间具备传导性和连续性，同时使部门之间具备协商对话的可能。

具体来说，各类规划在目标制定时虽各有侧重，但对于提高地区发展水平，创造美好的人居环境的诉求是一致的，因此，在上述所提到的上位规划制定中，首先应对国民经济和社会发展规划进行重大改革，特别对经济发展、人口发展等目标值的确定进行科学论证，同时增加空间管控指标的内容，其经济发展、人口、资源及环境方面的目标值应与城规、土规、环规以及其他各专项规划（如旅游、林业等规划）的相应部分一致，比如人口及经济发展总量指标、人均指标、结构性指标、比例指标等。城乡规划及土地利用总体规划虽然在空间上管控对象有差异，但应保证人均建设用地指标的一致性。其次，保持各部门规划差异化目标体系的内容，其目标值由各部门根据发展的需要进行论证和科学制定，并作为部门考核的依据，这在空间绩效评估中，有助于明确各部门的责、权、益划分，从而使各部门具备在分工明确基础上加强合作的可能。

总之，"多规合一"目标的协同在县市层面必须有一个统筹共建的过程，技术改进上表现为统一规划目标预测的数据来源、统计口径、计算模型、计算方法等；工作机制改革上表现为统一领导和各部门的协商运作。"求同协异"及"因异谋同"的规划目标协同机制，均需各管理部门共同努力，不仅需要在"一"即上位规划目标设计层面达成"求同"共识，还需保持各部门的"N"个规划的"存异"，以明确部门的"权、责、益"。最终实现规划公信力和政府空间治理能力的提高，共同促进地区经济社会与资源环境的协调发展，实现国土空间规划的总体目标。

8.3 子系统技术设计目标原则与方法

8.3.1 目标原则与技术路线

进入 21 世纪以来，我国学者和业界就"多规"协同的问题开展了相应探索和试点工作，经历了从"两规"衔接、"三规合一""多规合一"、到"多规"协同等理念的演进过程。作为"城之尾，乡之头"的小城镇，在城乡统筹中具有非常重要的战略地位，在土地及空间开发管理实践中，由于各类规划编制时所依据的目标、原则及用地分类标准不同，用地的空间布局及划定的控制线差别较大，造成各类规划之间空间冲突及矛盾尤为突出。再加上小城镇在规划管理方面技术水平落后、技术人才欠缺、力量薄弱，规划信息化在小城镇面临的问题较为特殊。"多规"冲突检测及预警系统的开发必须结合小城镇的特点，才能在实践应用中有用武之地。

在系统开发之前，对小城镇已有的各类规划进行梳理，从内容上看，主要有四类规划涉及空间问题，且矛盾最为突出：即国民经济和社会发展规划、涉及城乡建设的城乡总体规划、涉及水土矿等资源利用的土地利用总体规划，以及涉及生态环境保护的生态类规划。四类空间规划在发展目标、战略导向、空间布局上的衔接与冲突成为小城镇"多规"协同工作中亟待解决的问题。

不同部门主导编制的规划之间具有一定的差异，并且小城镇规划数据信息化技术非常薄弱。从属性上看，各规划在规划期限、规划目标、规划内容等方面存在交叉和矛盾；从技术标准上看，各规划所采用的坐标体系不一致，用地分类标准不相同；从空间上看，各规划空间管制的目的有差别，采用的功能分区方法不同，导致空间管控的界线划定不一致，空间要素管理存在冲突。

结合小城镇的需求及空间控制线体系，确定规划预警底线。划定的建设用地增长边界、生态保护红线、永久基本农田保护线等是目前大多数小城镇在"多规"协同工作中均涉及的基本控制线，因此将其作为空间冲突预警的底线。

由于"城规"和"土规"特别注重空间用地布局，因此这"两规"的空间冲突问题最为突出，本子课题重点分析了这两类规划用地类型的衔接，针对小城镇的规划成果数字化基础薄弱的特点，通过统一"两规"的用地分类标准，实现不同用地分类标准之间的转换，达到冲突检测智能化的目的。

为了实现"多规"开展空间冲突检测和空间冲突预警的目的，要求空间规划数据必须满足用地分类标准、坐标系统、数据格式等的统一。但事实上，小城镇规划成果管理混乱，各类规划数据分类标准、坐标系统以及数据格式不统一的状况非常普遍，给"多规"冲突检测和预警带来了诸多困难，必须按照标准化数据处理流程，建立规范的规划成果数据库。

所有数据经过标准化处理后，生成规划成果数据库，并整合到空间信息云平台中，即可进行规划数据的读取及相关的冲突检测和冲突预警操作。

本子系统开发主要针对小城镇的特点，基于云计算环境，系统构架重点突出了两大功能模块的实现，即"多规"冲突检测和"多规"冲突预警。

（1）"多规"冲突检测模块

这个模块是针对各类规划涉及的空间部分，如"城规"和"土规"相对应的空间布局及用地功能布局、用地规模等，运用自动检测技术进行检测，并形成差异列表以及相应的差异图斑。

（2）"多规"冲突预警

这个模块是将重要的空间管控界限作为空间发展的底线导入，在本系统中主要确定了基本农田保护线、生态管控红线以及建设用地增长边界三个基本底线，检测其他空间规划与之存在的矛盾和冲突，一旦突破底线，将作为预警进行提示和报警。

此外，围绕这两大模块，子系统还包括规划成果数据的调用、多规协同智能评价、多规智能评价指标加权、展示与统计等模块，使得系统运作的信息调用、成果分析、导出更为简单方便，为规划管理工作提供技术支撑。

本子系统研究框架如图 8-3 所示，主要分为四部分内容。

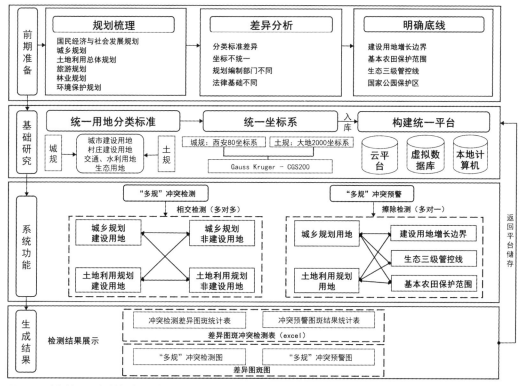

图 8-3　多规协同及冲突检测子系统技术路线

8.3.2　评价模型与技术基础

（1）冲突检测叠置分析

叠置分析是地理信息系统中一种常用的基本空间分析方法，是指在统一空间坐标系下，将同一地区的两个或两个以上地理要素图层进行叠置，以产生空间区域的多重属性特征的分析方法。根据叠置方式的不同，叠置分析可分为信息复合叠置和视觉叠置。

在"多规协同及冲突检测子系统"中，运用叠置分析方法，基于 ArcGIS 软件平台，根据目标规划数据空间冲突的不同类型，运用自动检测技术进行检测。对规划空间冲突进行自动检测并生成差异列表，为促进"多规"协同提供科学依据。

（2）智能评价德尔菲评价模型

德尔菲评价模型是一种通过函询的方式进行集体匿名思想交流的过程，挑选权威专家进行匿名独立打分，多次修正逐渐趋同，是一种非常有效的判断预测法。主要步骤包括：首先是按照研究内容和研究对象组成专家小组，一般不超过 20 个人，向专家讲明有关研究内容的背景及要求，各专家根据材料和自身素质提出预测值，然后对专家的打分值进行汇总，求出每个指标权重的均值和方差，根据方差可以分析出所有专家意见的分散程度，形成第一轮的评价结果，公布结果后以此反复 3 ~ 4 轮，直到专家打分值趋同，选择最终各个专家打分的均值作为指标的权重。

在"多规协同及冲突检测子系统"中的多规智能评价加权模型中，运用德尔菲评价模型，对分等定级后的检测差异成果赋予权重。可以使得检测人员对本次检测差异程度进行打分，为促进"多规"协同提供数据支撑。

（3）智能评价阈值设置

阈值又叫临界值，是指一个效应能够产生的最低值或最高值。此名词广泛用于各方面，包括建筑学、生物学、飞行、化学、电信、电学、心理学等，如生态阈值。

在"多规协同及冲突检测子系统"中，阈值设置用于对冲突图斑的长度和面积进行筛选，使用者可以根据需求设置阈值，检测出面积和长度合适的图斑，以符合实际状况，反映真实情况。

（4）空间预警研究理论

系统开发时将经济预警的思路和方法引入到空间规划冲突预警上来，尽管经济预警尚没有成熟统一的理论，但是从逻辑上讲，经济预警是由明确警义、寻找警源、分析警兆和预报警度以及排除警患等五个部分组成。基于此，系统开发时提出了空间冲突预警方法的基本流程：

第一步，明确警义。明确空间冲突预警的含义，即检测各类规划在空间用地布局和空间资源的利用上有没有突破空间预警底线。

第二步，寻找警源。警源即指引发区域空间冲突的根源，也是预警的逻辑起点，在空间冲突预警中通过探究导致各类规划在空间上冲突的根本原因来确定警源。

第三步，分析警兆。根据冲突预警的警源，将划定的各类空间冲突预警的底线，作为警兆。

第四步，预报警度。在空间冲突预警模块的设计过程中，设定上警限 N，下警限 M，上下警限之间的区域作为一个可调区间。

第五步，排除警患。把各类待批的规划与空间冲突预警底线进行冲突检测：

当冲突范围面积小于等于 M 时，属于轻度预警，该规划可以直接通过审批；当冲突范围面积大于 M 且小于 N 时，属于中度预警，该规划要进行相应的调整，调整之后再进行冲突检测，直到冲突范围小于等于 M 时，方可通过审批；当冲突范围面积大于等于 N 时，属于重度预警，该规划不能通过审批，要重新编制，直到满足条件为止。通过这一步骤可以排除警患。

第六步，规划实施。通过冲突检测，排除警患，符合条件之后，该规划就可以开始实施。如不符合条件，该规划不能实施，需经过调整之后返回第四步继续预警（图 8-4）。

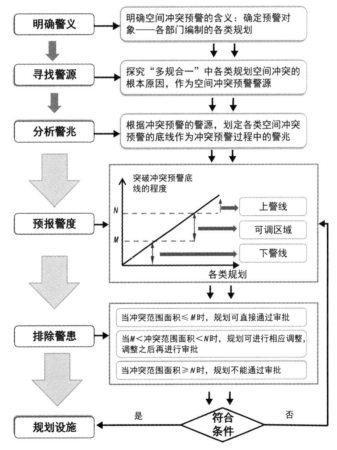

图 8-4　空间冲突预警分析流程

（5）测试数据生成结果分析

本系统的冲突检测模块和预警检测模块，通过云计算处理生成的结果，分别有两种显示方式。冲突检测结果的显示方式有差异信息表（excel 格式）和差异图斑图像。差异信息表（excel 格式）是对"多规"特别是"城规"与"土规"两两检测后，得到的冲突信息，包含了所有冲突图斑的类型、长度、面积等，后期可进行统计计算。而图斑信息则可以直观地显示各个图斑的相对位置、形状等，满足规划管理的需求。冲突预警成果也有两种显示方式：预警信息表（excel 格式）和预警图斑图像。预警信息表是对预警信息的统计，包含了所有与底线冲突的图斑类型、长度、面积等。而预警图斑信息则可以直观地显示各个图斑的相对位置、形状等，便于满足空间规划管控的需求。所有结果都可以上传到云平台专题数据库或虚拟数据库。

"多规协同及冲突检测子系统"在神农架林区选择了两个小城镇进行示范应用，多次对实际数据进行测试，对测试的空间差异结果进行分析，从而不断优化系统功能。

研究团队结合小城镇的规划特点，大量搜集在小城镇开展的各类规划的基础资料，重点对涉及空间问题突出的规划，如国民经济和社会发展规划、城乡总体规划、土地利用总体规划、生态环境保护规划等，通过与小城镇相关部门的深入访谈，了解其在"多规"协同过程中的现实需求及矛盾，进行系统开发的需求分析，探索信息平台框架的应用前景。

8.3.3　规划成果数据前期标准化方法及技术

本子系统中的空间冲突检测和空间冲突预警两个模块的运行，都要求空间数据必须满足用地分类标准、坐标系统、数据格式等的统一。但事实上，小城镇规划成果管理混乱，信息化数据缺失现象非常普遍。必须进行标准化研究，并建立规范的规划成果数据库，达到冲突检测智能化的目的。

（1）"城规"与"土规"的用地类型衔接研究

由于"城规"和"土规"空间性较强，"两规"的空间冲突问题最为突出，其首先表现在用地分类标准的不同。由于"城规"用地分类的侧重点是对规划区内的建设用地进行细分，而在划分非建设用地时则较为笼统；而"土规"用地分类的侧重点是细分城市全域的建设用地、农业用地等其他土地，故两者的用地分类在细分程度、用地内涵以及归类方式等方面存在诸多差异。

"两规"用地类型的衔接，主要通过统一"两规"的用地分类标准，实现不同用地分类标准之间的转换。根据《城市用地分类与规划建设用地标准》GB 50137—2011的相关要求，针对同等含义的地类，"城乡用地分类"应尽量与《土地利用现状分类》GB/T 21010—2017衔接，并需要与《中华人民共和国土地管理法》中的农用地、建设用地和未利用地这"三大类"用地充分对接。因此，根据城乡用地分类与《中华人民共和国土地管理法》"三大类"对照表，本系统将两类规划的用地类型归并为城镇建设用地、村庄建设用地、区域交通及水利建设用地、生态用地四大类，其中：城镇建设用地、村庄建设用地、交通及水利建设用地属于建设用地范畴；生态用地（包括耕地等农业用地）属于非建设用地范畴，具体衔接标准如图8-5所示。

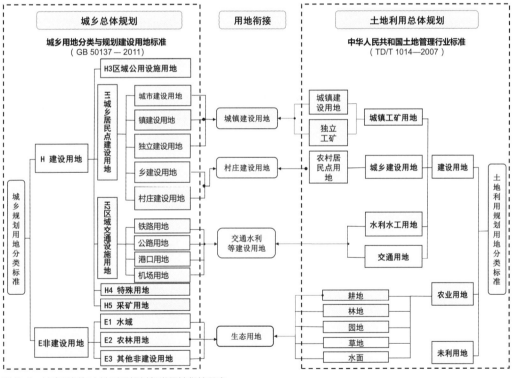

图8-5　城乡规划与土地利用规划各类用地衔接示意

（2）基于云环境规划成果数据管理方法

基于云环境的规划成果数据管理按以下步骤完成（图 8-6）：

1）将规划成果数据进行分类。根据调研发现，小城镇现有的各类规划成果数据大多为图片（Image）形式，部分为矢量数据。

2）对两类数据类型分别执行标准化处理：对矢量数据进行坐标转换，并统一坐标体系；对图片信息执行坐标纠正，然后进行人工或自动矢量化，在矢量化过程中创建点、线、面等要素，建立 ArcGIS 软件环境下的个人地理数据库。本系统将所有数据格式统一为 shapefile 或者 mdb。

3）各类数据的坐标系统一设置为地理坐标系 GCS（China Geodetic Coordinate System 2000，简称大地 2000）。为准确计算各要素图斑的周长与面积，需进行坐标系投影，投影坐标系统一为高斯克吕格（Gauss Kruger）CGCS2000。

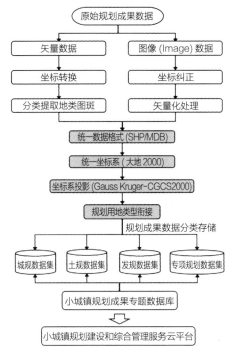

图 8-6　基于云环境规划成果数据管理入库流程

4）根据用地衔接示意图进行规划用地类型衔接，将"城规"和"土规"的用地按城镇建设用地、村庄建设用地、交通水利等建设用地以及生态用地四类进行处理和衔接，并存储到客户端。

5）所有数据经过标准化处理后，生成规划成果数据库，并整合到空间信息平台中，即可进行规划数据的读取及相关的冲突检测和冲突预警操作。

（3）基于云环境的系统数据结构设计

为了存储数据信息，主要用到的数据库软件有 Oracle 11g。空间数据库中的数据是动态导入的，主要通过用户创建要素集，导入要素类数据。

1）用户管理表（IUser）

用户管理表用于用户登录模块，实现存储用户信息，用户分为管理员和非管理员，其中管理员用户具有添加管理员信息和非管理员信息的权限，具体信息详见表 8-1。

用户管理表具体信息   表 8-1

序号	字段名	数据类型	备注
1	ObejectID	int	
2	Uname	nvarchar(100)	用户名称
3	upass	nvarchar(100)	用户密码
4	udate	datetime	添加日期
5	urole	nvarchar(50)	用户角色
6	uop	nvarchar(10)	是否启用

2）要素集表（TFeat）

要素集表用于系统要素集模块相关功能的实现，主要用于要素集的创建、分类与管理，实现创建要素分类信息的归属，具体信息详见表 8-2。

要素集表具体信息   表 8-2

序号	字段名	数据类型	备注
1	ObejectID	int	
2	tid	Uniqueidentifier	编号
3	tmc	nvarchar(100)	要素名称
4	tbm	nvarchar(20)	要素标识
5	tdate	datetime	添加日期
6	tlb	nvarchar(100)	要素类别

3）冲突检测表（Record）

冲突检测表用于系统冲突检测模块功能的实现，主要是实现冲突检测过程并存储冲突检测板块的信息，具体信息详见表 8-3。

冲突检测表具体信息   表 8-3

序号	字段名	数据类型	备注
1	ObejectID	int	
2	fileRord	nvarchar(450)	检测保存路径

序号	字段名	数据类型	备注
3	featO	nvarchar(100)	参考要素名称
4	featT	nvarchar(100)	检测要素名称
5	fdate	datetime	检测日期
6	fal	nvarchar(50)	参考要素类别 1
7	fbl	nvarchar(50)	参考要素类别 2
8	fcl	nvarchar(50)	检测要素类别 1
9	fdl	nvarchar(50)	检测要素类别 2
10	fid	Uniqueidentifier	编号

4）冲突预警表（CtyjRecord）

冲突预警表用于系统冲突预警模块功能的实现，主要是实现冲突预警过程并存储冲突预警板块的信息，具体信息详见表 8-4。

冲突预警表具体信息　　　　　　　　　　　　表 8-4

序号	字段名	数据类型	备注
1	ObejectID	int	
2	yd	nvarchar(100)	检测要素名称
3	yfwx	nvarchar(100)	控制线的名称
4	yinfo	nvarchar(800)	冲突的信息
5	yal	nvarchar(100)	保留字段 1
6	ybl	nvarchar(100)	保留字段 2
7	ycl	nvarchar(100)	保留字段 3
8	ydl	nvarchar(100)	保留字段 4
9	ydate	datetime	检测口期
10	yurl	nvarchar(450)	预警数据的路径

8.3.4　系统开发技术支撑

通过 ArcGIS API for Java Script 将 ArcGIS Server 提供的地图资源和其他资源嵌入到 Web 中，以此来实现空间冲突检测及空间冲突预警系统的开发与设计。

（1）ArcGIS 云平台

"多规协同及冲突检测子系统"是基于 ArcGIS 云平台的。ArcGIS 云平台是指开发者将 ArcGIS 中的部分服务和地理处理功能作为一种二次开发程序放在"云"里运行，或者是使用"云"里提供的服务。ArcGIS 私有云管理套件实质上是一个云 GIS 的管理平台，它可以提供高效且智能的云服务，在 ArcGIS for Server 弹性云架构的基础上，可将当前主流 IaaS 解决方案的资源池化能力进行增强，整合数据中心的 GIS 平台资源和平台底层的基础设施资源，如网络、计算和存储，构建一个基于 GIS 的资源池，通过对资源的使用策略进行顶层架构和设计，实现对资源的自动化管理。此外，通过建立自服务的门户，可为用户提供所需的计算和存储功能，用户可以服务的方式直接调用所发布的资源，无需购买、安装、维护基础设施资源和 GIS 平台资源。

（2）ArcGIS Server

ArcGIS Server 是一种基于服务器的 GIS 产品，主要用于构建企业级 GIS 应用与服务，这些应用与服务具有集中管理、支持多用户等高级 GIS 功能，除此之外，在分布式环境下，它提供的基于 Web 的 GIS 服务，可以实现对地理数据的管理、制图、空间分析、编辑等其他 GIS 功能。考虑到需要发布现状数据，降低系统的复杂度，提高系统可用性和方便性，"多规协同及冲突检测子系统"采用 ArcGIS Server 作为数据发布的基础平台，提供地图服务等。

（3）ArcSDE

ArcSDE 是运行于 Oracle、SQL Server、IBM DB2 数据库之上的 ArcGIS 系统的一个关键部件，是联系 ArcGIS 与关系数据库的 GIS 通道。可以支撑任意大小的数据库、任意数量的用户。并给予用户许可，保证用户可以在多种数据管理系统中对地理信息进行分类管理，且全部 ArcGIS 应用程序都能够使用这些数据。考虑到系统的数据量，矢量数据加上影像数据是一个海量数据，需选择一个高性能的空间数据库进行数据管理，加之系统的关系型数据用的是 Oracle 11g，采用 ArcSDE 9.3 和 Oracle 11g 作为空间数据库引擎。

8.4 子系统构建

8.4.1 系统整体架构设计

"多规协同及冲突检测子系统"依托课题一研发的小城镇组群规划建设和综合管理服务云平台，在统一的空间信息平台上，所有数据均从该平台进行调用，并实现远程网络化操作（图 8-7）。

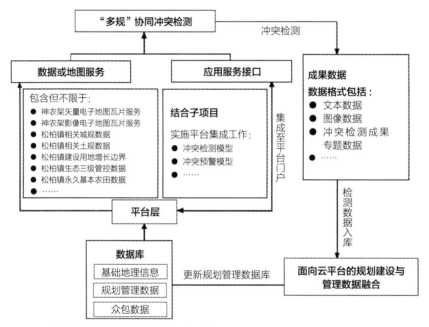

图 8-7　多规协同及冲突检测系统与云平台集成关系

"多规协同及冲突检测子系统"依托云平台，采用多用户服务模式，首先要解决系统集成问题。基础地理信息数据库、规划管理信息数据库通过云平台统一管理，子系统可以调取数据信息进行操作，也可以将更新后的标准化规划数据上传至云平台。系统的应用服务接口集成到云平台门户网站，方便用户一站式地使用多种规划管理系统。系统检测到的空间冲突和预警的成果也通过相应格式上传到云平台规划成果数据库，实现规划建设和管理数据在云平台上的融合。

"多规协同及冲突检测子系统"的整体构架如图 8-8 所示，系统层通过平台层和支撑层，使各项功能在云环境中得以实现。

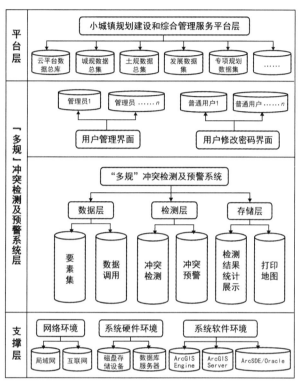

图 8-8 多规冲突检测及预警系统整体架构

（1）平台层

平台层是指"小城镇组群规划建设和综合管理服务云平台"，该平台建成的数据库包括神农架基础地理信息数据库和规划专题数据库。依托云平台，子系统将各类规划数据分类处理，生成各类规划数据文件夹，存储在神农架云平台专题数据库中。该数据库的建成真正实现了对小城镇规划数据的统一管理，为整个系统功能的实现以及"多规"协同工作的开展奠定了数据基础。系统通过数据调用模块来实现对规划成果数据的上传与调用。

（2）系统层

系统层是子系统的主体部分，具体功能主要是基于 Asp.Net、ArcGIS API for JavaScript、Asp.net for ArcGIS 开发实现的，并运用 Oracle 数据库和 ArcSDE 数据库存储数据。

子系统分别设计了用户层和功能层。用户层是指用户登录模块，内设管理员和普通用户两种用户类型，其中管理员具备管理、添加、删除用户等权限。功能层包括数据层、检测层和存储层：

1）数据层包括要素集、数据调用两个模块。要素集用于创建参与冲突检测的规划类型及冲突检测要素。数据调用是通过 Web 接口，调用"神农架城镇组群规划建设和综合管理服务云平台"发布的数据（注：数据格式统一为 .shp/mdb）（图 8-9）。

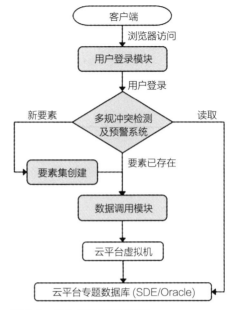

图 8-9 规划成果数据调用流程

2）检测层是本系统中最重要的部分，包括冲突检测、冲突预警两大模块的功能。冲突检测主要用于各规划之间空间数据的两两检测、获取差异图斑及统计相关检测信息。冲突预警是在确定冲突预警控制线后，各类规划与之进行空间检测，并实施冲突预警提示。

3）存储层主要是统计与展示模块，是对各项检测结果进行空间信息统计，自动生成差异列表，并可进行图、表操作。通过 Web 浏览器请求要显示的结果，服务器将冲突检测计算的结果数据回传到 Web 端，可对每条结果记录进行浏览、定位、查看属性等相关操作。

总体来说，"多规协同及冲突检测子系统"共设计了七个功能模块，分别是要素集创建、数据调用、冲突检测、冲突预警、结果统计与展示、用户登录以及输出打印等（图 8-10）。

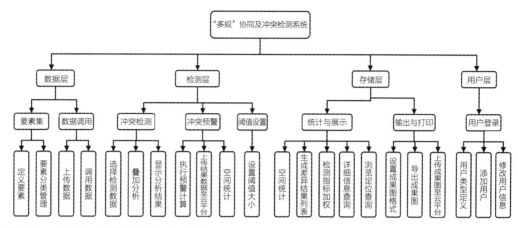

图 8-10 "多规"冲突检测及预警系统功能结构

（3）支撑层

系统构建及运行需要网络环境和系统软硬件环境的支撑。

网络环境分为互联网和局域网，在互联网环境支持下，用户可在客户端通过浏览器访问系统，登录并上传数据；局域网是指在某个网段内，其他用户无法进行访问，只有在这个网段内的用户才可以操作的系统，由于规划初期未经审核的规划成果具有保密性，需要在局域网内支撑这一操作。

系统硬件环境主要是指服务器和磁盘存储设备。技术参数为：GIS 数据库和应用服务器 1 台。机架式 CPU：2×4 核 Xeon2.1GHZ；内存：32GB；硬盘：500G。

系统软件环境是 ArcGIS 软件平台，主要用到其中三个部分：ArcGIS Engine、ArcGIS Server 和 ArcSDE（ArcGIS Spatial Database Engine）。

8.4.2　系统设计

（1）系统总体界面设计

为终端用户提供交互性强的界面是"多规协同及冲突检测子系统"的主要目标。系统界面基于 Div+css、Laypage.js、ArcGIS Server SDE、Layer.js 插件等实现。对于系统各个页面来说，最重要的是主页，类似于操作系统的桌面，是其他页面的入口页，与用户操作关系最为密切。本子系统的主页面共分为三个区域，即左侧面板、工具栏、地图显示区域。左侧面板可以伸缩和拖拽改变大小，主要用于展示图层列表；工具栏主要用于显示系统的名称以及各功能模块；地图显示区域是主页面的核心，所有的地图以及检测出的差异图斑都将在这个区域显示。

（2）系统技术模块及功能

1）规划成果数据调用模块

规划成果数据调用模块可以通过定义数据及图层类型，选择数据，从云平台成果数据库中调用。也可以本地上传最新的标准化规划数据到云平台，进行规划数据的存储和共享（图8-11）。

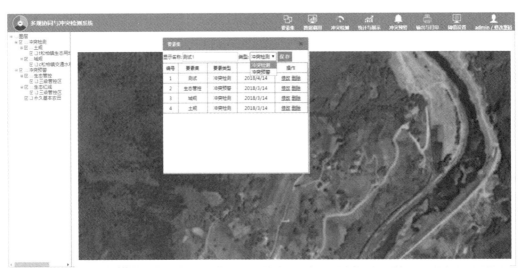

图8-11　数据调用模块界面

2）空间冲突检测模块

在空间冲突检测模块中，可以在建设用地和非建设用地属性下选择不同的规划要素，进行所有用地的冲突检测。也可以在下拉菜单中选择单一的用地要素进行检测，比如在"城规"和"土规"的两两检测中，可以选择"城规"的城市建设用地和"土规"的生态用地单独进行检测，看看它们是否存在空间冲突。用户点击"开始检测"后，程序通过请求获

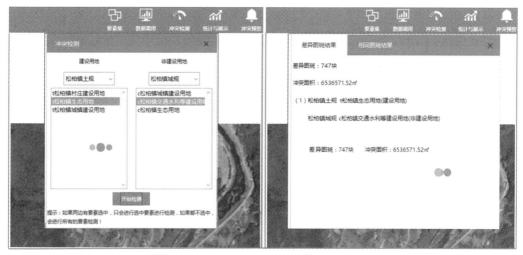

图 8-12　冲突检测分析操作

取相应的数据开始检测，得到差异图斑总数及总面积（图 8-12）。

3）多规协同智能评价和指标加权模块

在多规协同智能评价和指标加权模块，用户可以通过设置阈值来决定冲突斑块的面积，避免产生检测歧义。对于检测过的所有结果，根据冲突图斑的长度或面积进行分等定级，可人工设定每个等级的权重，进行打分，可以当作判断两规协同度的一个方法（图 8-13）。

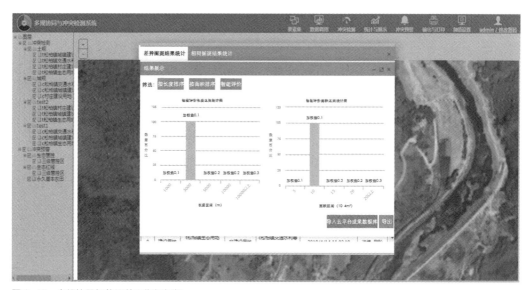

图 8-13　多规协同智能评价和指标加权

4）空间冲突预警模块

在空间冲突预警模块中，定义要检测的规划用地类型及冲突预警控制线类型，提交至服务器进行检测，检测完成后展示统计信息。根据示范区数据所做的实践，点击检测，可得到基本农田或者生态红线（示范区生态红线分级：一级 / 二级 / 三级管控区分别检测）被规划建设用地侵占的差异斑块总数及总面积；点击结果展示，可查看每一差异图斑的长度及面积大小并进行定位（图 8-14）。

图 8-14　空间冲突预警

5）空间冲突检测与预警结果统计与输出

在空间冲突检测结果统计与展示模块中，用户在客户端通过浏览器请求要显示的结果，服务器将冲突检测以及冲突预警计算的结果数据回传到 Web 端，用户可对每一条检测结果进行浏览、定位、查看属性等一系列相关操作（图 8-15）。显示差异图斑属性，包括长度及面积；点击定位，可查看冲突位置以及被蚕食的生态用地、永久基本农田的分布情况。

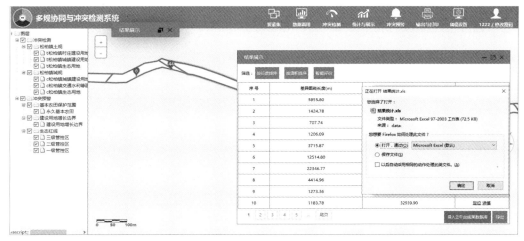

图 8-15 冲突检测统计结果与输出

8.5 本章小结

"多规协同及冲突检测子系统"基于信息共享云平台完成开发，通过 ArcGIS API for JavaScript 将 ArcGIS Server 提供的地图资源和其他资源嵌入到 Web 中，以此来实现空间冲突检测及空间冲突预警功能。该系统实现了规划成果数据调用、多规协同智能评价指标加权、多规协同智能评价、规划空间冲突检测、冲突检测统计与展示、冲突预警六个模块功能，用地检测精度达到宗地级。本子系统针对小城镇群空间规划和建设管理的困境，界面通俗易懂，功能经济实用，操作简便，易于上手。该系统不仅可以通过云平台专题数据库的构建，智能化地实现小城镇自然保护区规划、土地利用规划、城乡规划等跨部门规划之间的信息共享，自动完成各规划之间的空间冲突检测及预警，而且能够帮助小城镇突破约束自身发展的技术瓶颈，利用系统的冲突检测模块可检测出"多规"冲突位置，利用冲突预警模块可检测到各规划超出底线的范围，积极预警并及时调整，为实现小城镇群国土空间的协调规划与发展提供技术支撑。

本章参考文献

[1] 苏涵, 陈皓. "多规合一"的本质及其编制要点探析 [J]. 规划师, 2015（2）：57-62.

[2] 冯长春, 张一凡, 王利伟, 等. 小城镇"三规合一"的协调路径研究 [J]. 城市发展研究, 2016（5）：16-23.

[3] 苏文松, 徐振强, 谢伊羚. 我国"三规合一"的理论实践与推进"多规融合"的政策建议 [J]. 城市规划学刊, 2014（6）：85-89.

[4] 张泉, 刘剑. 城镇体系规划改革创新与"三规合一"的关系：从"三结构一网络"谈起 [J]. 城市规划, 2014（10）：13-27.

[5] 张兵, 胡耀文. 探索科学的空间规划：基于海南省总体规划和"多规合一"实践的思考 [J]. 规划师, 2017（2）：19-23.

[6] 张少康, 罗勇. 实现全面"三规合一"的综合路径探讨：广东省试点市的实践探索与启示 [J]. 规划师, 2015（2）：39-45.

[7] 张京祥, 张尚武, 段德罡, 等. 多规合一的实用性村庄规划 [J]. 城市规划, 2020, 44（3）：74-83.

[8] 赖寿华, 黄慧明, 陈嘉平, 等. 从技术创新到制度创新：河源、云浮、广州"三规合一"实践与思考 [J]. 城市规划学刊, 2013（5）：63-68.

[9] 王俊, 何正国. "三规合一"基础地理信息平台研究与实践：以云浮市"三规合一"地理信息平台建设为例 [J]. 城市规划, 2011（S1）：74-78.

[10] 李婷, 甄峰, 沈春竹. 基于顶层设计的"三规"发展目标指标体系协调策略 [J]. 规划师, 2015（2）：27-32.

[11] 李琳, 韩贵锋, 赵一凡, 等. 国土空间规划体系下的"多规合一"探讨与展望 [J]. 西部人居环境学刊, 2020, 35（1）：43-49.

[12] 席丽莎, 刘建朝, 王明浩, 等. 城市规划与多规合一的历史逻辑及其反思 [J]. 城市, 2020（5）.

[13] 党安荣, 田颖, 甄茂成, 等. 中国国土空间规划的理论框架与技术体系 [J]. 科技导报, 2020, 38（13）.

[14] 申贵仓, 王晓, 胡秋红. 承载力先导的"多规合一"指标体系思路探索 [J]. 环境保护, 2016（15）：59-64.

[15] 沈迟, 许景权. "多规合一"的目标体系与接口设计研究：从"三标脱节"到"三标衔接"的创新探索 [J]. 规划师, 2015（2）：12-16.

[16] 杜宁睿, 鲁晨, 张明, 等. "多规"目标差异及协同机制研究：以神农架林区为例 [J]. 现代城市研究, 2018（12）：47-54.

第9章　小城镇群规划远程专家评审

9.1　引言

21世纪伊始一种创新的软件应用模式——SaaS服务模式，得到了广泛的市场认可（Turner，et al.，2003）。SaaS是英文Software as a Service（软件即服务）的简写，它所表达的是一种计算模式，就是把软件服务，而不是软件本身向用户提供，用户不用再购买软件，且无需对软件进行维护。SaaS基于云平台服务来满足用户的计算需求。对于用户来说，使用SaaS服务将更简单便捷，降低在软、硬件和技术人员等方面的成本，同时可以通过云服务使用本地不具备的数据、专业技术和专家资源（牛博，赵卫东，2010）。

本子系统针对小城镇群地域偏远，交通成本和设计成本较高等特点，基于SaaS框架，开发面向规划、建筑专业设计人员和评审专家的远程评审服务平台。基于基础地理信息系统的拓展，通过远程在线登录子系统，向相关专家提供技术规范和行业标准查询、空间数据多模式分析、周边项目分析、指标测算等测评功能，使各地的专家能够在统一平台上对某一项目进行测评，并能够将不同专家的测评报告按照统一的专题格式提交到数据云进行存档，同时也可以通过数据云调阅其他专家的测评报告以供参阅讨论。本子系统对远程专家评审系统中使用的云技术及其实现方法进行系统性研究，并在此基础上探索适用于远程评审系统的云服务模式，明确专家评审系统与云服务平台之间的数据、功能关联。

"远程专家评审"平台含八个功能模块：①用户远程登录模块：分专家用户、数据提交用户、管理员用户三类用户，登录系统进行操作；②地方规划数据提交模块：数据提交用户登录系统进行相关规划数据的提交、修改等；③规范与标准调用模块：专家用户在进行专家评审的过程中可以借助系统调用相关规划的规范与标准，辅助评审；④空间数据多模式分析模块：专家用户在进行专家评审的过程中可以借助系统进行空间数据多模式分析，对所移交的规划数据进行简单的空间分析，包括等时圈分析、缓冲区分析等；⑤避让检测模块：专家用户在进行专家评审的过程中可以借助系统调用冲突检测模块，对评审的规划数据进行规划的冲突检测；⑥指标测算模块：管理员用户依据不同的地域特色和不同的规划项目要求，确定不同的评价指标体系；⑦评审结果递送模块：专家对评审项目进行打分且填写评审意见后可以上传评审结果；⑧评审报告整理存储模块：对于已经完成评审的规划项目，管理员可以查看评审结果，将评审结果上传至云服务器并以 pdf 或 excel 的形式导出。

9.2　子系统技术设计

9.2.1　评审工作流程特点与结构关联

（1）使用者构成类别

在进行远程专家评审系统开发之前，对专家评审的流程进行了梳理，理清专家评审过程中涉及的多方角色关系，主要涉及三大类人员：规划数据提交人员、系统管理人员以及评审专家。三大类用户在专家评审过程中承担着不同的功能，梳理三大类用户在评审中的关系并架构平台使三者能够协同工作是研究的重点。

由于远程专家评审系统建设目标主要体现在两方面（一方面是通过远程评审系统建设为偏远山区城市规划评审工作提供先进的技术手段支持，提升办公信息化水平；另一方面是通过云服务平台整合现有设施资源，实现资源协同共享服务），因此在前期准备过程中，作了大量的技术可行性研究以及用户需求分析。结合国内外已有研究，以及云计算的应用，并参考各政府云平台的建设，明确了远程专家评审系统在系统上的可行性。

此外，远程专家评审系统还设计了三大类用户的交互式体验，如何在技术上满足不同用户的需求是实现远程专家评审系统稳定可靠运行的关键。因此，在前期调研中着重考察了专家、系统管理员及相关规划工作人员的需求。

普通用户主要针对数据提交用户设计，完成基础的规划数据提交操作。同时，系统依

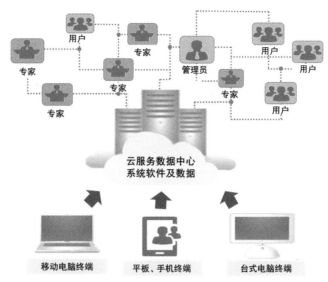

图 9-1 远程专家评审系统平台及用户类别

托云平台可以实现数据的在线管理与修改。管理员主要针对组织规划评审的规划管理单位人员而设计，主要实现用户管理、评价指标管理、成果管理、专家分配等功能。专家层面作为远程专家评审系统的核心内容，针对参与评审的专家设计，主要实现专家评审的功能。在实现基本评审功能的基础上，为了辅助专家多方位、科学化评审，系统基于 Web GIS、Web Service 技术实现空间数据多模式分析以及规范与标准调用，可以帮助专家进行基础的数据分析。

远程专家评审系统是基于云平台的系统集成中的一个子系统，借助 Web 数据库技术等，无论在哪个层面都可以实现数据的快速管理与查阅，使得远程专家评审子系统从数据的提交、数据审核、指标管理、用户管理、专家分配到专家审核，都能更为简单、方便地为规划管理工作提供技术支撑。

远程专家评审子系统为多用户服务模式，业务软件及数据由云平台统一管理，主要用户为规划管理人员，同时包括专家用户及数据提交用户，用户可以通过移动电脑及手机等终端随时随地通过云获取服务（图 9-1）。

（2）系统业务流程

系统以规划管理人员为核心，通过发送、接收和反馈信息，与评审专家和项目提交用

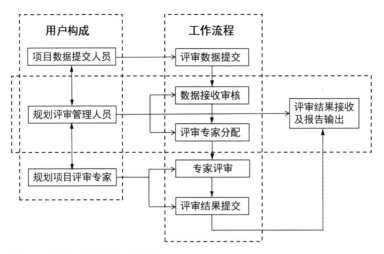

图 9-2 远程专家评审系统业务流程

户发生联系，通过评审数据提交、数据接收审核、评审结果提交及评审结果接收等一系列过程完成远程专家评审任务（图 9-2）。

（3）系统主体结构关系

系统主要用户为专家与规划管理部门，它们支撑了两个重要系统子模块。

（4）系统数据角色

构架在云平台上的专家评审系统对数据的管理和使用更方便。专家评审系统中数据较多，包括评审主体数据、支持评审的辅助性数据，还有系统运行中不断产生的数据，各种数据在系统中扮演的角色不同，对数据的使用权限也有所不同（表 9-1）。

专家评审子系统使用数据与权限　　　　表 9-1

数据类型	角色	使用人员	操作
评审项目数据	评审对象	设计人员、管理员、专家	可上传、下载
专家及用户数据	后台支撑	管理员	可编辑、查询
评审环节数据	后台支撑	管理员	可进行特定查询
评价指标数据	评审支持数据	管理员及专家	可编辑和使用
现状、规划及法规数据	评审支持数据	专家	可查询及进行特定操作

（5）用户行为内在关联

评审系统中的所有数据，包括项目数据、用户数据、专家数据、指标数据等，在操作过程中，层层递进，相互关联，这种关联在数据库管理中体现出来，可方便查询。项目数据与专家数据之间，评审过程中，项目初审通过后进行专家分配，因此每个项目对应一定数量的专家，反之，每个专家的评审足迹也会记录下来，因此也会找到其对应着的在评项目和已评项目，同样，对于用户和项目之间亦然，这样，有助于更高效地管理评审过程。

9.2.2 技术路线

远程专家评审子系统的工作重点是专家评审的软环境建设，即为专家评审配置有效的工具和规范标准支持，保证评审过程的信息化、系统化，同时提升规划评审工作的专业效能。根据前期的用户需求分析、技术可行性分析，在远程专家评审子系统三大类用户的需求基础上，明确了三大类用户的功能实现以及内在的行为关联，并根据远程专家评审子系统的操作业务流程和系统主体结构关系构建了系统实现的技术路线（图9-3）。

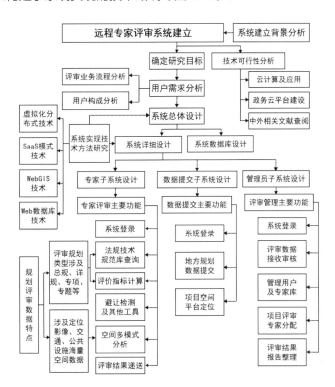

图9-3 远程专家评审系统的技术路线

9.2.3　系统开发技术支撑

本研究在政务信息化基础上，设计并开发了基于云技术的远程专家评审系统。通过软件开发过程中对用户需求的不断深化，对系统功能的反复试验和改进，实现了数据提交、数据审核、专家分配、专家评审、评审提交等评审步骤的无缝衔接。系统建立的主要技术方法包括以下方面。

（1）Web Service 技术

Web Service 实际上是一个应用程序（杨涛，刘锦德，2004），可通过 Web 提供调用自身功能或者服务的说明（WSDL），增强在 Web 上互联的便捷性，大大减少目前进行编码定制时所需的时间，从而保证系统的可扩展性；Web Service 可以实现跨平台的操作和对应用程序使用标准的自定义，因此，它可以增强分布式应用程序间的可互操作性。Web Service 是一种创新的观念和技术，它可以将 Internet/Intranet 转变成为一个计算机的虚拟环境，以 Web 服务的形式被包装成实体，且发布出来以供其他程序使用。换句话说，它是基于互联网并能够实现多用户调用的应用程序。Web Service 的基本理念是在遵循已定义标准的前提下，把软件做成可以发布的服务，增强各不同系统之间的兼容性，方便进行通信和数据的共享。Web Service 的技术特点和基本理念与电子政务系统的基本思想相契合，通过开放式体系架构和 Web Service，职能部门可以提供多样的职能服务，实现智能的评价和分析。

（2）虚拟化与分布式技术

在计算机中，虚拟化是一种资源管理技术，是将计算机的各种实体资源，如服务器、网络、内存及存储等，予以抽象、转换后呈现出来，打破实体结构间不可切割的障碍，使用户可以比原本的组态更好的方式来应用这些资源（武志学，2007）。而分布式计算是利用互联网上的计算机的 CPU 的闲置处理能力来解决大型计算问题的一种计算科学。虚拟化和分布式系统都是用来实现云计算的关键技术之一，它们在共同解决一个问题，就是物理资源重新配置形成逻辑资源，从而实现 IT 资源的动态分配、灵活调度、跨域共享，提高 IT 资源利用率，使 IT 资源能够真正成为社会基础设施。虚拟化包括计算虚拟化、网络虚拟化和存储虚拟化。服务器端通过分布式存储、虚拟化等技术提供了诸如 IaaS、PaaS、SaaS 的高可靠服务。

在远程专家评审系统建设中，为了能服务于前端用户，后端云服务平台就是通过虚拟化、分布式存储等技术使用，在虚拟机上建立独立的系统开发和操作环境，提升了服务器的计算能力及存储资源与其他资源供给能力，为远程专家评审提供可靠、及时、高效的计算与管理服务。

（3）SaaS 模式及应用技术方法

SaaS 模式方便用户，但对于服务提供者来说，SaaS 系统开发具有更大难度。SaaS 模式首先需要底层的分布式计算模型支持，其次要在系统设计和开发中充分考虑面向服务的系统架构、安全架构和多用户数据隔离设计，软件构架方面要以服务为粒度，以面向服务的方式构建软件，并且让用户能放心地把关键数据交给供应商管理，并且程序和数据库设计要使用户之间相互独立和隔离。SaaS 应用其实并不简单，特别是涉及协同的深层次应用的，需要面对的问题会更复杂。

远程专家评审系统的开发中，操作比较明确的空间分析功能可采用 WebGIS 技术支持完成，但对于多层次、多类别规划面对的不确定空间分析要求，分析中的多数操作都是不确定的，包括要使用的分析功能、分析中需要的数据和参数都是不确定的。这在当前移动开发基础条件不成熟的情况下，进行开发难度极大。远程专家评审系统的需求主要在于数据和空间分析功能的使用上，尤其是具有海量特征的空间地理信息服务，对于小用户来说，海量空间数据很难获取、操作和维护，SaaS 提供空间分析必要的空间地理坐标定位服务、大范围空间 DEM 信息服务及路网与相关公共设施信息服务，解决公共性的空间分析要求，不仅有效利用软硬件设施平台及数据资源，而且系统灵活性、伸缩性极好，远程评审系统选择 SaaS 服务非常有必要。

（4）WebGIS 互联网空间数据管理技术

WebGIS 是利用 Web 技术来扩展和完善地理信息系统的一项技术（宋关福，钟耳顺，1998）。它是基于网络的客户机/服务器系统，通过互联网对地理空间数据进行发布和应用，以实现空间数据的共享和互操作。GIS 通过 Web 功能得以扩展，真正成为一种大众使用的工具。利用WebGIS实现系统内部空间运算及分析功能。Internet用户可以浏览WebGIS站点中的空间数据、制作专题图，以及进行各种空间检索和空间分析，主要作用是进行空间数据发布、空间查询与检索、空间模型服务、Web资源的组织等。

远程专家评审系统中提供的用地建设条件分析，其空间操作要求非常明确，即针对规划用地的条件避让检测，确定限建用地及低密度控制区，包括容积率限制、建筑密度限制、建设规模限制、用地类型限制等，及基本农田用地、生态保护用地、建设限制等禁建用地，这些结果根据地方规划协同检测获得，该功能可利用WebGIS技术支持完成。

（5）Web 数据库技术

Web数据库指在互联网中以Web查询接口方式访问的数据库资源，用户通过浏览器端的操作界面以交互的方式经由Web服务器来访问数据库（许龙飞，等，2005）。用户向数据库提交的信息以及数据库返回给用户的信息都是以网页的形式显示。总的来说，Web数据库就是将数据库技术与Web技术融合在一起，使数据库系统成为Web的重要有机组成部分，从而实现数据库与网络技术的无缝结合。这一结合不仅把Web与数据库的所有优势集合在了一起，而且充分利用了大量已有数据库的信息资源。Web数据库由数据库服务器（Database Server）、中间件（Middle Ware）、Web服务器（Web Server）、浏览器（Browser）四部分组成。

远程专家系统的主体功能开发是基于Web数据库技术支持实现的，包括系统用户数据管理、指标及评审专家指派管理、评审状态管理等操作，以及评审过程中的专家评审项目关联操作等。系统开发使用的是当今广泛使用的Web数据库系统——MySQL数据库，其与互联网无缝结合，支持远程专家评审系统的高效运行和便捷使用。

（6）SQL 技术

SQL全称为结构化查询语言（Structured Query Language），是一种特殊目的的编程语言，是一种数据库查询和程序设计语言，用于存取数据以及查询、更新和管理关系数据库系统；同时也是数据库脚本文件的扩展名。

结构化查询语言是高级的非过程化编程语言，允许用户在高层数据结构上工作。它不要求用户指定对数据的存放方法，也不需要用户了解具体的数据存放方式，所以具有完全不同于底层结构的不同数据库系统，可以使用相同的结构化查询语言作为数据输入与管理的接口。结构化查询语言语句可以嵌套，这使它具有极大的灵活性和强大的功能。

（7）Java 编程技术

Java 是一个面向对象的语言。对程序员来说，这意味着要注意应用中的数据和操纵数据的方法（Method），而不是严格地用过程来思考。在一个面向对象的系统中，类（Class）是数据和操作数据的方法的集合。数据和方法一起描述对象（Object）的状态和行为。每一对象是其状态和行为的封装。类是按一定体系和层次安排的，使得子类可以从超类继承行为。在这个类层次体系中有一个根类，它是具有一般行为的类。Java 程序是用类来组织的。Java 设计成支持在网络上应用，它是分布式语言。Java 既支持各种层次的网络连接，又以 Socket 类支持可靠的流（Stream）网络连接，所以用户可以产生分布式的客户机和服务器。

Java 在网站开发领域占据了一定的席位。开发人员可以运用许多不同的框架来创建 web 项目，SpringMVC、Struts2.0 以及 frameworks。即使是简单的 servlet、jsp 和以 struts 为基础的网站在政府项目中也经常被用到。例如，医疗救护、保险、教育、国防以及其他不同部门的网站都是以 Java 为基础来开发的。远程专家评审子系统采用 Query 框架来创建远程专家评审系统的 web 项目，用于进行数据处理的核心库。

在远程专家评审子系统中，由于涉及三类用户多种数据的管理与存储，因此，系统利用 SQL 技术建立用户、文件、项目评审状态、评价指标等数据库，系统化管理用户、评审项目数据、评审过程。在统一的系统平台下，保证数据的一致性。

1）用户管理表

用户表用于管理项目提交用户及专家用户的名称、角色、职务 / 职称、单位、邮箱、手机号、用户密码等信息。基于后台用户数据管理，前台管理员可对专家和提交用户进行增加、删除、修改和密码设定等操作。

2）文件上传管理表

文件信息表及上传文件表用于管理上传文件的上传者信息、上传时间信息、审核状态信息等，该信息主要由评审项目上传人员和管理人员操作产生。

3）项目评审状态管理表

审核文件状态表用于管理评审项目的评审阶段，不同评审阶段可在评审目录中获取，利用该数据，可对项目评审过程进行跟踪和管理。

4）专家评审分配管理表

专家评审文件表把专家信息和项目信息关联在一起，利用该信息，可对专家评审的项目总数进行汇总。

5）评审指标管理表

评审指标分类表用于管理各种规划评审指标相关信息，该信息在评审指标生成过程中产生。

6）专家评审结果管理表

专家评审结果表用于管理评委的打分结果、指标类别等信息。利用该数据，对评审结果文件进行后台管理。

表 9-2 所示为用户表数据库结构定义。其他表格结构类似，具体内容从略。

用户表（T_user） 表 9-2

序号	字段名	数据类型	备注
1	yid	uniqueidentifier	主键 PK
2	yname	nvarchar (100)	用户名字
3	ysex	nvarchar (2)	用户性别
4	ytel	nvarchar (11)	手机号
5	ymm	nvarchar (30)	登录密码
6	ymail	nvarchar (100)	用户邮箱
7	yaddr	nvarchar (100)	用户地址
8	yrole	int	用户角色 FK
9	ydw	nvarchar (100)	单位地址
10	yrq	datetime	添加时间
11	yaal	nvarchar (100)	保留字段 1
12	ybal	nvarchar (100)	保留字段 2
13	ycal	nvarchar (100)	保留字段 3

9.2.4　基于云平台的评审项目多模式空间分析方法

云计算是基于互联网的服务增加及可提供动态易扩展资源等，既可以提供信息查询服务，如法规及技术规范查询，还可以提供各种辅助性的空间分析功能。在操作时，可独立开发 SaaS 类软件，也可借助现有公有云服务平台，如地图慧、智图、极海等云服务平台，在其基础上添加针对性功能，系统数据通过与云平台中的共享地图、路网、地形、影像等数据有效结合，进行地形、缓冲区、泰森多边形、等时圈及统计分析等。通过云服务平台，系统可以拓展更大的存储空间、获得更快速的计算能力，和更方便的远程服务，并且可根据需要不断扩展。

（1）数据提交阶段，提供评审项目空间定位及空间检索支持

一般情况下，规划设计使用相对坐标，规划设计时并不用关心坐标系统，但在与其他空间信息综合分析时，就需要一个统一的定位系统和操作环境，以保证评审项目的坐标系统与主体数据坐标系统一致，也能保证与其他提交项目的坐标系统一致。由于获取、更新及维护地形、遥感影像等空间数据费时费力，成本高且性价比低，而 SaaS 公有云既可以提供海量高精度底图数据，统一坐标系统，又能够提供快速空间检索支持，为专家评审系统中的空间数据分析提供重要支持。

（2）专家评审阶段，提供评审项目多模式空间分析支持

专家评审阶段，对项目用地空间区位条件的了解非常重要。如果可以基于项目定位数据，进行项目的各种空间分析，将有助于项目评审工作高效完成。SaaS 平台中提供了一般用户难以获取的高精度遥感影像、道路、兴趣点及高程等数据及丰富的空间分析功能，评审项目数据可以结合这些数据，进行评审项目建设环境分析，获取其周围用地特征、生态环境、公共服务及交通设施等情况，并可根据需要定制分析功能，满足系统动态扩展需求。

9.3 子系统构建

9.3.1 总体设计

　　远程专家评审子系统依托于小城镇组群智慧规划建设和综合管理技术与示范课题，该课题着眼于研发小城镇组群智慧规划支持和规划管理技术，集成小城镇组群规划建设和综合管理服务云平台。由于远程专家评审系统涉及的用户种类多，用户对应关系复杂，且对云技术的集成要求较高，因此在前期的过程中着重对用户需求和云技术的可行性进行分析与探索，以提高远程专家评审子系统的可靠性和稳定性。在技术可行性方面，着重调研现有的云技术应用领域，包括远程办公系统及远程教育系统的应用，对远程评审系统数据需求及实现技术进行分析，对支持系统建立的虚拟化、并行处理等技术进行研究，对现有的软硬件条件进行分析，对系统开发需要的软硬件环境及数据进行分析，确定系统建立的技术路线。在对用户需求进行调研的过程中，对调研专家及管理人员需求进行分析，着重对专家用户的评审方式、评审依据、可用数据、可用工具手段等进行分析，理顺评审工作流程，分析不同用户之间的职能衔接和数据衔接，分析管理过程中的操作细节。

（1）系统与云平台的集成

　　远程专家评审系统依托"小城镇组群规划建设和综合管理服务云平台"搭建，为多用户模式。本系统采用云技术及 SaaS 模式构建，为用户提供信息化所需要的所有网络基础设施及软硬件运作平台，并负责所有前期的实施、后期的维护等一系列服务。因此，用户不需要了解服务器在哪里，不用关心内部如何运作，通过高速互联网就可以透明地使用各种资源。在此，基于云平台构建的远程专家评审系统主要由前端和后端两个部分构成，如图 9-4 所示。

　　前端为客户端，所有的用户，包括规划项目评审人员、制作规划方案的项目提交人员和评审专家都通过客户端进入系统，并通过客户端与系统及其他用户交流和互动。前端不需要复杂的软件管理维护，由客户机和用来访问云的浏览器组成的瘦客户端就可以满足基本使用要求。

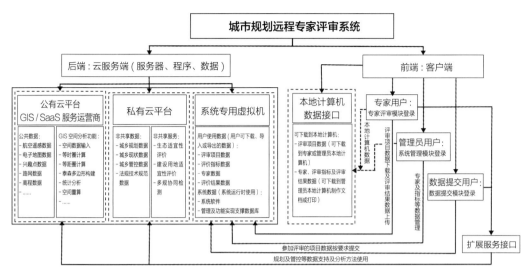

图 9-4　远程专家评审系统云服务平台

后端是云本身，提供实现专家评审云服务的应用程序、计算机、服务器和数据存储，远程专家评审系统软件及往来数据主要放在后端云服务平台上，该服务平台分为两类，一类是政府内部数据中心构建的私有云服务平台，提供更安全的数据与评审流程管理服务，另一类是外部公有云服务平台，提供包括 SaaS 模式的云服务平台。SaaS 模式有利于垂直领域的更精细开发，可以为专家评审系统提供需要大量空间信息支持的较复杂空间计算及分析服务。这种利用非本地云服务器提供计算、存储、软硬件的服务能力，能使政府数据中心将资源放到需要的应用上，降低成本，提高软硬件资源的利用率，必要时还可获得超级计算的能力。

（2）系统功能架构设计

系统依托于小城镇组群智慧规划建设和综合管理技术与示范课题，该课题着眼于研发小城镇组群智慧规划支持和规划管理技术，并选取国家可持续发展实验区神农架林区进行应用示范，集成神农架城镇组群规划建设和综合管理服务云平台。以现有的规划信息共享云平台为支撑、以地理空间信息资源为数据基础，利用数据库技术、数据共享与交换技术、软件开发技术等来实现远程专家评审的开发与设计。远程专家评审子系统根据用户使用特点，按三大类用户进行架构，实现八个模块功能。各用户的工作流程及主要功能如图 9-5 所示。

项目数据提交人员主要为各个规划单位人员，负责完成规划数据的提交以及规划项目

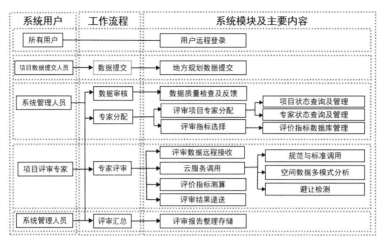

图 9-5　远程专家评审系统功能架构

的定位。依托云平台服务，该系统层面可以实现数据的上传，上传的数据将会存储在云平台的专题数据库中。规划数据提交人员可以多次调用已经上传的规划数据文本，并且依托该数据库，可以实现对所有规划项目数据的管理。

系统管理人员操作的管理层面作为整个系统的重要组成部分，依托于云平台实现了规划数据的管理。系统管理人员通过管理员界面进入操作系统，可以完成对规划数据的审核、指标的管理、用户信息的管理、专家的分配等。

专家评审作为远程专家评审子系统的核心功能，集中了多个重要功能模块。该层面基于 WebGIS、Web 数据库、SaaS 等技术开发实现了空间数据多模式分析，规范与标准调用等功能。同时，基于云平台的集成以及 Web 数据库技术，专家在评审过程中可以调用多规协同与冲突检测系统中的检测成果，来辅助规划决策与评审。

（3）系统总体界面设计

由于远程专家评审系统涉及三方使用人群，每一方人群的使用功能与定位各不相同，因此在主页面的设计上，在总体统一的基础上考虑三方群体使用的特点与目标有所不同。总的来说，主界面主要分为两个部分：左侧面板，右侧操作区。

左侧面板主要用于数据的管理：在数据提交用户的主界面中，左侧面板为文件管理，便于查找上传文件的状态，包括待审核、审核通过、审核不通过、待评审、已完结。管理员用户的主界面中，左侧面板包括了文件管理、用户管理和指标管理。专家用户的主界面中，左侧面板为评审管理，方便快速查阅分配的规划数据的审核评审状态。

右侧操作区是主页面的核心，所有的操作均在这个部分完成。包括在数据提交用户主页面中进行数据上传、撤回、修改；在管理员用户主界面中进行上传的规划数据的审核，评价指标的管理，专家分配等；在专家用户主页面中进行项目的评审。

9.3.2 远程评审的法规和技术规范库支持

为了辅助专家远程规划方案评审，在系统中建立基于国家和湖北省两个层次的法规及技术规范库，分为用地分类与兼容性，居住、商业、工业、仓储，绿地，城市风貌与建筑，公共设施，市政与交通，综合防灾七大类，对用地、绿化、建筑、公共设施配备等不同规划的不同层面的法规和技术规范要求提供方便的检索和查询。第三个层面涉及系统应用于特定地区的地方技术规范，需在应用阶段提供并与国家和省级规范库整合（图9-6）。

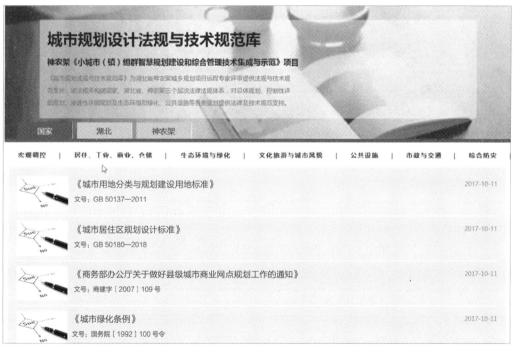

图9-6 远程评审的法规和技术规范库

（1）用地分类与兼容性要求相关技术规范（表9-3）

用地分类与兼容性要求相关技术规范   表9-3

分类	级别	名称
用地分类与兼容性	国家级	《城市用地分类与规划建设用地标准》GB 50137
	湖北省级	《湖北省土地利用总体规划（2006—2020年）》
		《湖北省土地利用总体规划实施办法》（湖北省人民政府令第222号）
		《湖北省土地管理实施办法》
		《湖北省城镇土地定级更新技术规范》
		《湖北省国土资源"十三五"规划》
		《省人民政府关于印发湖北省国土资源"十三五"规划的通知》（鄂政发〔2017〕12号）
		《省人民政府办公厅关于印发湖北省标准化体系建设发展规划（2016—2020年）的通知》（鄂政办发〔2016〕99号）
		《湖北省标准化体系建设发展规划》
		《湖北省城乡规划条例》
		《湖北省控制性详细规划编制技术规定》
		《湖北省镇域规划编制导则（试行）》
		《湖北省控制性详细规划编制技术规定》
		《湖北省村庄规划编制导则》
		《湖北省镇域总体规划编制导则》
		《湖北省新农村建设村庄规划编制技术导则（试行）》

（2）居住、工业、商业、仓储类用地规划设计相关技术规范（表9-4）

居住、工业、商业、仓储类用地规划设计相关技术规范   表9-4

分类	相关规范	名称
居住、工业、商业、仓储	国家级	《城市居住区规划设计标准》GB 50180
		《商务部办公厅关于做好县级城市商业网点规划工作的通知》（商建字〔2007〕109号）

（3）生态环境与绿化规划设计相关技术规范（表9-5）

生态环境与绿化规划设计相关技术规范 表9-5

分类	相关规范	名称
生态环境与绿化	国家级	《城市绿化条例》（国务院〔1992〕100号令）
		《全国生态保护"十三五"规划纲要》
		《水质较好湖泊生态环境保护总体规划（2013—2020年）》（环发〔2014〕138号）
		《城市绿线管理办法》（建设部令 第112号）
		《国务院关于进一步推进全国绿色通道建设的通知》（国发〔2000〕31号）
		《关于加强城市绿地系统建设提高城市防灾避险能力的意见》（建城〔2008〕171号）
		《城市古树名木保护管理办法》（建城〔2000〕192号）
		《城市绿地分类标准》CJJ/T 85
		《城市园林绿化评价标准》GB/T 50563
		《国家园林城市系列标准》（建城〔2016〕235号）
		《风景名胜区总体规划标准》GB/T 50298
		《森林公园总体设计规范》LY/T 5132
		《国家湿地公园建设规范》LY/T 1755
		《城市湿地公园规划设计导则（试行）》（建城〔2005〕97号）
		《城市绿地设计规范》GB 50420
		《城市道路绿化规划与设计规范》CJJ 75
		《城市环境保护规划规范（意见稿）》
		《城市绿线管理办法》（建设部令第112号）
	湖北省级	《湖北省城市绿化实施办法》（湖北省人民政府令第75号）
		《湖北省环境保护条例》
		《湖北省湖泊保护条例》
		《湖北省城市绿化实施办法》（湖北省人民政府令第75号）
		《湖北省湿地公园管理办法》（湖北省人民政府令第370号）
		《湖北省古树名木保护管理办法》（湖北省人民政府令第336号）
		《湖北生态省建设规划纲要（2014—2030年）》
		《湖北省人民政府关于加强绿色通道建设的通知》（鄂政发〔2001〕20号）
		《湿地保护修复制度实施方案》（鄂政办发〔2017〕56号）

分类	相关规范	名称
生态环境与绿化	湖北省级	《湖北省农业生态环境保护条例》
		《湖北省生态公益林管理办法》
		《湖北省植物保护条例》
		《湖北省林地管理条例》
		《湖北省地质环境管理条例》
		《湖北省森林防火条例》
		《湖北省基本农田保护区管理实施办法》

（4）城市风貌与建筑设计管理相关技术规范（表9-6）

城市风貌与建筑设计管理相关技术规范　　　　表9-6

分类	相关规范	名称
城市风貌与建筑	国家级	《历史文化名城保护规划规范》
	湖北省级	《湖北省城市设计管理办法（试行）》
		《湖北省城市"四线"规划管制工作指引》（鄂建〔2004〕60号）

（5）公共设施规划设计相关技术规范（表9-7）

公共设施规划设计相关技术规范　　　　表9-7

分类	相关规范	名称
公共设施	国家级	《城市公共设施规划规范》
		《城市普通中小学校校舍建设标准》（2002年）
		《城市公共体育运动设施用地定额指标暂行规定》（1986年）
		《综合医院建设标准》
		《文化馆建设用地指标》
	湖北省级	《湖北省医疗卫生服务体系发展规划（2015　2020年）》
		《湖北省全民健身实施计划（2016—2020年）》
		《湖北省人民政府关于印发〈湖北省老龄事业发展和养老体系建设"十三五"规划〉的通知》
		《湖北省无障碍设施建设和管理规定》（湖北省人民政府令第317号）

（6）市政与交通规划设计相关技术规范（表9-8）

市政与交通规划设计相关技术规范 表9-8

分类	相关规范	名称
市政与交通	国家级	《城市轨道交通线网规划编制标准》
		《公路网编制办法》（交规划发〔2010〕112号）
		《城市综合交通体系规划标准》GB/T 51328
		《城市道路公共交通站、场、厂工程设计规范》CJJ/T 15
		《城市道路工程设计规范》CJJ 37
		《城市工程管线综合规划规范》GB 50289
		《城市快速路设计规程》CJJ 129
		《城市给水工程规划规范》GB 50282
		《城市环境卫生设施规划标准》GB/T 50337
		《汽车加油加气加氢站技术标准》GB 50156
		《国家公路网规划（2013—2030年）》
	湖北省级	《湖北省城市公共交通发展与管理办法》
		《湖北省农村公路条例》
		《湖北省综合交通运输"十三五"发展规划纲要》
		《湖北省高速公路网规划》
		《湖北省给水排水管道工程施工管理统一用表》
		《湖北省城乡供水条例》
		《湖北省人民政府关于实施最严格水资源管理制度的意见》（鄂政发〔2013〕30号）
		《湖北省城市公共交通发展与管理办法》（湖北省人民政府令第368号）
		《湖北省人民政府办公厅关于加快推进全省地下综合管廊和海绵城市建设的通知》（鄂政办发〔2016〕69号）
		《湖北省人民政府办公厅关于进一步加快发展城市公共交通的若干意见》（鄂政办发〔2011〕123号）

（7）综合防灾规划设计相关技术规范（表 9-9）

综合防灾规划设计相关技术规范 表 9-9

分类	相关规范	名称
综合防灾	国家级	《城市防洪工程设计规范》
		《城市消防站建设标准》建标 152
		《国家综合防灾减灾规划（2016—2020 年）》
	湖北省级	《湖北省城乡消防规划管理规定》
		《湖北省防震减灾条例》
		《湖北省人民政府关于加强地质灾害防治工作的实施意见》（鄂政发〔2012〕32 号）

9.3.3 规划评价指标体系构建

（1）规划评价指标构建要求

规划评价指标系统通过多层次构建评价指标体系，从结构和细节把握和认识，在专家打分时，体现出了规划评价结果的标准化和弹性，同时，指标体系的数据统一放在云平台中，保证了指标系统的一致性。对规划评价指标的操作主要包括以下内容：

1）规划评价指标数据库建立：评价指标体系包括总体规划、控制性详细规划、修建性详细规划、城市设计、专项规划等规划评价指标内容，即对于常规性规划设计，可先建立常用规划评价指标库，在评审时，评价指标分配可直接调用相应评价指标。

2）指标适应性设定：可根据不同规划项目，或项目类别，提供相应的评价指标，并可在评审时或管理过程中补充新的规划指标体系。从管理人员角度来说，可起到不同类型城市规划评价的导向作用，保证评价目标清晰。

3）标准量化归一：统一设定打分标准，有助于规划评审理解和表达方式的统一，便于结果比较，评审过程也更容易管理。

4）指标弹性编辑：根据不同背景规划的侧重点不同，调整和修改原有指标数量和内容，通过对现有指标的增加、删减或修改，使规划评审的指标系统更具有弹性，有助于规划评审重点和目标更明确。

（2）规划评价指标设定

规划指标库包括总体规划、控制性详细规划、修建性详细规划、城市设计、专项规划等的各种规划评价指标内容，并且可以在后续使用中根据需要增加，常用规划指标则可在指标库中直接选择。

1）城镇体系规划指标（表 9-10）

城镇体系规划方案评价内容和指标说明　　　　　　表 9-10

序号	评价内容和指标	评价要点
1	规划内容	规划内容是否齐全，文字、图纸成果是否规范
2	规划衔接	是否符合国家国民经济发展计划、区域规划对城镇发展的战略要求
3	城市化水平	城市化水平及城镇发展规模预测方法是否科学，是否符合国情、省情、市情及县情。城镇化水平预测是否过高，是否出现"部分之和大于总体"的现象，即各市、镇的人口之和大于总人口
4	规划目标	城镇体系目标是否有利于生产力发展
5	产业空间结构	城镇体系的规划产业结构空间布局是否合适
6	中心镇确定	中心镇选取是否过多，如果不多，选取是否正确，位置是否恰当
7	交通组织	交通组织是否合理，如路网过疏或过密；路网结构合理性；高速公路出口预留是否恰当；路网与城镇发展是否能有机联系；有些公路的修建是否必要、是否可行、是否经济等
8	基础设施与社会服务设施	基础设施和社会服务设施布局是否合理：如市郊的镇或相邻很近的镇都建了水厂，造成浪费；污水处理厂是否多镇共享，位置是否恰当（有无对本区域外的下游城市造成污染）；变电站位置是否恰当，服务半径是否合理；教育文体医疗设施布局是否恰当，服务半径是否合理。是否充分考虑了制约因素：如题面文字上说该区域水资源短缺，但把城市规模却规划得很大；对地震断裂带、滑坡、泥石流等地质灾害是否作了避让；是否考虑了防洪问题；是否有不考虑门槛制约因素而要盲目发展的问题，大型建设项目布局是否有极不合理的因素：如污染、扰民，给以后发展造成障碍；位置不对；有灾害隐患；有在丘陵或荒山选址的可能，但却过多地占用基本农田
9	与周边关系	与周边地区的关系处理是否恰当，有无道路不衔接的问题；是否注意了生态环境的问题：如在生态保护区内规划布置大型建设项目；海岸线的利用和分配是否合理（若该地区靠海的话），近海海域是否得到保护；其他自然保护区、风景名胜区、国家森林公园等凡是在图面上出现的都要引起警惕，看其是否受到侵害

2）总体规划评价指标（表9-11）

城镇总体规划方案评价内容和指标说明
表9-11

序号	评价内容和指标	评价要点
1	关联	是否与城市的国民经济发展规划及土地利用总体规划进行良好衔接；是否与城镇体系规划较好衔接，是否可以为顺利进行详细规划奠定良好规划基础
2	城市性质	对城市性质的叙述是否能准确体现城市的主要职能，代表城市发展方向
3	发展方向	对城市规划区范围的划定是否与城市未来发展定位相符，并具有一定弹性
4	城市人口及用地规模	城市人口及用地发展规模是否实事求是地充分考虑城市未来经济发展水平，城市资源及城市发展的限制
5	空间布局	城市各类建设用地的空间布局、功能分区是否合理，用地平衡是否科学，用地布局的整体效益是否能够在社会政治、经济、环境生活中起促进作用
6	交通	城市对外交通及内部交通是否形成整体网络系统，并着眼于区域规划，发挥城市交通的整体作用
7	市政	城市市政公用工程基础设施布局是否合理，规划容量是否与城市发展规模及性质相适应
8	防洪	靠近江河湖海地区的城市是否具有完善的防洪体系规划及相应的治理目标
9	生态	城市总体规划的环境保护效应如何最大限度地避免了污染
10	防灾人防	城市防灾和人防系统是否有明确的系统规划
11	历史保护	对需要保护的风景名胜、文物古迹、传统街区，是否划定了保护和控制范围；其保护和控制范围的规模是否有利于保护规划，有利于形成城市特色
12	近期规划	近期建设规划是否可行
13	技术指标	总体规划的综合技术经济是否符合城市发展目标
14	制图	城市总体规划的图面是否过于追求几何规整性
15	公众参与	编制过程中的公众参与程度，以及采纳群众意见的情况

3）控制性详细规划（表9-12）

控制性详细规划方案评价内容和指标说明　　　　表9-12

序号	评价内容和指标	评价要点
1	与总体规划的衔接	控制性详细规划是否对城市总体规划进行深化和量化，是否以城市总体规划作为主要依据，贯彻总体规划的战略意图，是否处理好用地性质、人口分布、道路系统、交通组织、绿地系统、工程管线等内容的衔接
2	用地布局	城市控制性详细规划要将用地分到小类，是否在此层次上对各类用地进行合理安排
3	交通组织	交通组织是否顺畅便捷，机动车、非机动车是否有序组织，停车场出入口布局是否合理等
4	地块划分	地块划分大小及边界是否合理
5	控制指标	规定性指标和指导性指标是否体现了土地使用性质及其兼容范围的控制、土地使用强度的控制、道路交通及其他设施的控制、工程管线及其他设施的控制、城市特点及环境景观的控制和经济估算
6	配套设施	生活服务设施、市政公用设施、交通设施等是否进行配套建设
7	可操作性	控制性详细规划得到评审后具有法律效力，也是直接用于城市规划日常管理的主要技术依据，因此应考虑控制性详细规划的文本图则是否具有很强的操作性

4）居住小区规划（表9-13）

居住小区规划方案评价内容和指标说明　　　　表9-13

序号	评价内容和指标	评价要点
1	选址	居住区用地位置的选择是否符合城市总体规划及控制性详细规划要求
2	人口规模和用地规模	居住区的人口规模和用地规模是否与城市经济发展相适应
3	空间结构	居住区的空间结构是否合理，主次结构是否协调
4	空间布局	居住区的空间布局是否合理、均衡、是否形成完整的居住生活系统
5	建筑选型	居住区内的建筑的选型是否经济合理、能够满足居民的需求，是否有利于创造良好的居住环境
6	公共服务设施	公共服务设施是否完善，服务规模能否达到最优
7	居住区道路	居住区道路是否满足居民出入方便、安全、便捷，而且有利于组织汽车交通
8	建筑空间组织	是否具有完整、统一的建筑艺术空间组织
9	公共空间	是否具有邻里公共生活的共享空间
10	私密性	是否满足家庭私密性生活要求

5）修建性详细规划（表 9-14）

修建性详细规划方案评价内容和指标说明　　　　表 9-14

序号	分类	评价要点
1	用地功能分工	修建性详细规划是否有准确、细致的用地功能分工，做到规划地区各类用地功能相互结合又互不干扰，充分利用自然地形、交通、道路、河流、绿地等
2	道路系统规划	规划地段是否与基地周边的城市道路及穿过地段的城市道路有很好的衔接关系，道路系统层次应分明，主、次、支路的长度和比例恰当。道路走向及高程应充分利用基地的自然地形，节约工程投资，并设置充足的停车面积以便于疏导交通，避免人车交叉，合理分流
3	建筑空间布局	修建性详细规划是否处理好基地与其他地区的设计关系，在城市景观、内外部空间等方面有机结合，融为一体，处理好基地本身的整体空间布局关系，做到结构清晰、主次有高低错落，处理好细部与小尺度的外部空间
4	绿地及景观规划布局	在规划中是否充分利用基地的自然条件、原有河流水系进行绿地系统建设，充分发挥绿地的作用，突出地方及基地特色
5	工程管线规划及竖向规划	是否与城市市政管网合理衔接，在布置、走向、高程设计中，在满足功能要求的基础上，是否尽量利用自然地形地势，节约资金，不破坏生态环境
6	各类经济技术指标	是否对规划的总用地面积、总建筑面积、住宅建筑总面积、平均层数、容积率、建筑密度、绿地率等指标进行比较、核算，以达到科学合理布局要求。还应包括估算工程拆迁量和总造价，分析投资效益

（3）规划指标使用

对评价指标可建立多层次评价因子体系，例如总体规划可考虑一级指标下的二级指标细分，如表 9-15 所示，并根据实际情况选择必要的指标或修改权重，在此基础上打分，其评价结果更有针对性。

评价指标打分　　　　表 9-15

序号一	一级指标	序号二	评价要点	勾选	权重设定	打分
1	规划衔接	1	是否与城市的国民经济发展规划及土地利用总体规划进行良好衔接			
		2	是否与城镇体系规划较好衔接			
		3	是否可以为顺利进行详细规划奠定良好规划基础			

序号一	一级指标	序号二	评价要点	勾选	权重设定	打分
2	城市发展方向	4	城市性质的叙述是否能准确体现城市的主要职能，代表城市发展方向			
		5	城市规划区范围的划定是否与城市未来发展定位相符，并具有一定弹性			
		6	城市人口及用地发展规模是否实事求是地充分考虑城市未来经济发展水平，城市资源及城市发展的限制			
3	空间布局	7	城市各类建设用地的空间布局、功能分区是否合理，用地布局的整体效益是否能够在社会政治、经济、环境生活中起促进作用			
		8	城市各类用地平衡是否科学			
4	交通市政	9	城市对外交通及内部交通是否形成整体网络系统，并着眼于区域规划，发挥城市交通的整体作用			
		10	城市市政公用工程基础设施布局是否合理，规划容量是否与城市发展规模及性质相适应			
5	防灾	11	靠近江河湖海地区的城市是否具有完善的防洪体系规划及相应治理目标			
		12	城市防灾和人防系统是否有明确的系统规划			
6	保护	13	对需要保护的风景名胜、文物古迹、传统街区，是否划定了保护和控制范围；其保护和控制范围的规模是否有利于保护规划，有利于形成城市特色			
		14	城市总体规划的环境保护效应如何最大限度地避免污染			
7	其他	15	总体规划的综合技术经济是否符合城市发展目标			
		16	城市总体规划的图面是否过于追求几何规整性			
		17	编制过程中的公众参与程度，以及采纳群众意见的情况			
		18	近期建设规划是否可行			

9.3.4 系统开发技术模块

　　小城市（镇）组群远程专家评审系统，基于 GIS 云平台，在软件需求分析、总体设计、详细设计、开发方案确定、开发环境配置后，创新性地进行"远程专家评审子系统"模块设计，所设计的八大模块包括用户远程登录模块、地方规划数据提交模块、规范与标准调用模块、空间数据多模式分析模块、避让检测模块、指标测算模块、评审结果递送模块、评审报告整理存储与输出模块，主要功能包括规划数据的上传及管理、评价指标体系的管理、专家数据管理、调用云平台服务进行空间数据分析、规范与标准法规库调用、项目评审打分及评述、评价结果可视化等。通过用户与云服务系统的交互式操作，实现不同发展情景下小城市（镇）组群远程专家评审，针对特定地区不同需求的评价指标库，并在系统中调用避让监测模块以及空间数据多模式分析模块，为专家评审提供多角度的参考，增强规划评审结果的科学性和效率。

（1）用户远程登录模块

针对不同的权限和功能，设置不同的用户登录界面，主要分为管理员身份、专家身份和数据提交身份。管理员相当于项目的负责人（规划的发起者），可以操纵和处理所有后台数据，包括对上传数据的审核与管理，专家数据库的管理，指标数据库的管理与新建。专家作为系统的核心，主要利用系统提供的各项功能完成规划评审项目数据远程传递，调用云平台服务及法规库，空间数据远程多模式分析，项目评审打分及评述等。而数据提交用户主要负责将编制完成的规划数据上传并根据管理员的反馈及时更新上传的数据。通过用户远程登录模块可以更加清晰地显示系统的功能分工，明细权责。

（2）地方规划数据提交模块

主要用于相关的规划文本、数据、图纸的上传。同时，在该模块中设置了规划项目定位的功能，用户在上传数据的时候点击"规划项目定位"按钮，进入数据编辑器画面中，输入相应的地址信息，点击"检索"按钮，可成功进行规划项目定位操作。进行项目定位后，专家评审时可以通过调用，对该定位点进行空间多模式分析（图9-7）。

（3）规范与标准调用模块

根据国家、湖北省、神农架三级体系，按照居住、商业、工业、绿化、公共服务设施等分类建立规范与标准法规库，专家在评审的时候，可以根据具体的评审项目查看相关规划的规范标准（图9-8）。

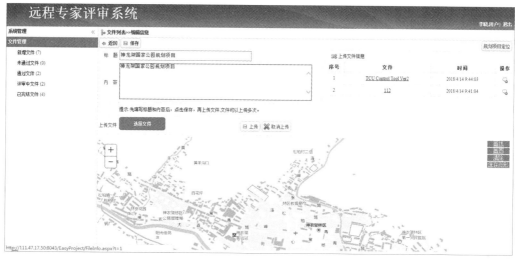

图 9-7　地方规划数据提交用户界面

图 9-8　规范与标准调用专家用户界面

（4）空间数据多模式分析模块

项目评审阶段，专家对项目用地空间区位条件的了解非常重要，有必要基于项目定位数据，进行项目的各种空间分析，有助于高效率、高质量地完成项目评审工作。本子系统发挥 SaaS 平台的优势，通过云服务为项目评审提供较高精度的遥感影像、道路、兴趣点及高程等数据，评审专家可以利用这些数据对评审项目的建设环境进行分析，获取其周围用地特征、生态环境、公共服务及交通设施等情况，并作出快速分析。子系统也可根据需要定制分析功能，满足系统动态扩展需求。空间数据多模式分析模块主要调用极海云数据，对规划数据进行简单的空间分析，包括缓冲区分析、等时圈分析等。

（5）避让检测模块

专家根据所获得的规划数据（GIS），调用避让检测模块，对规划数据进行冲突检测和冲突预警。冲突检测部分可以针对各类规划涉及的空间部分，如"城规"和"土规"相对应的空间布局及用地功能布局、用地规模等运用自动检测技术进行检测，并形成差异列表。冲突预警部分监测各类空间规划与空间发展底线（基本农田保护线、生态管控红线、建设用地增长边界）之间存在的矛盾和冲突，一旦突破底线，将会进行提示和报警。检测结果以图表的形式展示。避让检测模块调用本书第8章中介绍的多规协同与规划冲突检测子系统的功能。

（6）指标测算模块

依据不同的地域特色和不同的规划项目要求，确定不同的评价指标体系。在本系统中，预设通用的评价指标体系，包括居住区规划评价指标等。管理员用户可以根据具体的规划项目对现有的评价指标进行增加或者删减，使评价指标更具有针对性；对于需要评审的项目，指标库内没有可用评价指标，管理员用户新增一类指标体系，并根据需要完善指标内容。专家以"专家"的身份登录，不可更改指标因子，只能进行打分，系统会自动对得分进行汇总（图9-9）。

（7）评审结果递送模块

专家对评审项目进行打分且填写评审意见后可以上传评审结果。专家组组长可以审阅专家组其他组员的评审结果并对评审意见进行汇总，上传评审结果。

（8）评审报告整理存储与输出模块

当所有专家评审结束后，管理员可以查阅该评审项目的评审结果，系统会对所有专家的评审结果进行汇总。评审结果可以以 excel 或 pdf 的格式导出（图9-10）。

图 9-9　远程专家评审指标测算界面

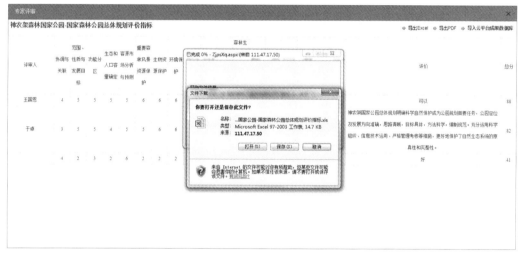

图 9-10　远程专家评审结果存储与输出界面

9.4　本章小结

　　远程专家评审系统通过远程在线登录系统，向相关专家提供技术规范和行业标准查询、空间数据多模式分析、周边项目分析、指标测算等测评功能，实现专家的远程评审，为小城镇群的智慧规划提供智力支持。远程专家评审子系统在框架设计和技术实现方面参考了政府的服务平台和教育、培训机构网站的功能实现，探索多用户交互以及数据存储管理技术实现的可能性，基于云平台搭建远程专家评审子系统。子系统由八个模块构成，包括用户远程登录、地方规划数据提交、规范与标准调用、空间数据多模式分析、避让检测、指标测算、评审结果递送和评审报告整理存储与输出。

城市规划项目的申报审批是城市规划管理部门的一项重要工作，为了解决传统项目申报评审流程既耗费人力又耗费时间、项目申报评审效率低下等问题，本子系统利用专家库、评审项目库及评审标准库等数据，通过运用现代网络技术，实现城市规划项目网上申报及审批管理，能够有效提高工作效率，规范项目审批管理工作，尤其是解决偏远地区专家资源缺乏、审批效率低等问题，实现多地域、多层次专家资源共享与支援，对提升政府工作流程及提高服务水平具有重要的促进作用。

本章参考文献

[1] 于卓，林莉，程文娟 . 基于 SaaS 模式的远程专家评审系统探讨 [J]. 智能建筑与智慧城市，2018（7）：83-84.

[2] 牛博，赵卫东 . 一种基于 SaaS 的公共服务平台实现方案 [J]. 计算机与现代化，2010（8）：157-160.

[3]TURNER M，BUDGEN D, BRERETON P. Turning software into a service[J]. Computer, 2003, 36(10): 38-44.

[4] 宋关福，钟耳顺 .WebGIS：基于 Internet 的地理信息系统 [J]. 中国图像图形学报：A 辑，1998, 3（3）：251-254.

[5] 杨涛，刘锦德 .Web Services 技术综述：一种面向服务的分布式计算模式 [J]. 计算机应用，2004，24（8）：1-4.

[6] 武志学 . 云计算虚拟化技术的发展与趋势 [J]. 计算机应用，2017，37（4）：915-923.

[7] 许龙飞，李国和，马玉书，等 .Web 数据库技术与应用 . 北京：科学出版社，2005.

第 10 章　规划公众参与平台与应用

10.1　引言

在互联网时代，"众包"有别于传统的外包方式，可以实现扁平化、无边界地筹集公众智慧，为解决具体问题提供了全新的技术思路。本子系统通过建立城市规划的公众开放平台，收集规划编制中关键问题、关键人群的社会智慧，解决规划工作中的实际问题，为规划编制探索新的技术方法。通过互联网平台向社会公开规划成果，宣传规划知识，以公众的视角解读规划方案，以规划师的视角认知城市，以加强社会公众的规划意识，共同关注城市成长与发展。

公众参与理论源于西方国家，在我国城乡规划实践中的应用相对较晚。随着大众的公民意识和维权理念日益增强，人们对参与城乡规划编制与建设项目决策的兴趣和意愿也不断增加。城乡规划部门和专业人员的工作也能得益于公众参与，从市民中获取比统计报表更具体和实时的信息，以改进规划实践。本章首先简介规划公众参与的理论和实践背景，为子系统的设计和技术开发提供相应的专业铺垫，然后具体介绍本子系统开发的，基于云服务、面向 PC 客户端和手机客户端的规划公众参与平台。

10.2　规划公众参与的理论和实践背景

城乡规划公众参与自 1960 年代以来已成为西方城市规划理论和实践的重要内容。随着社会经济的发展和民权运动的深化，城乡规划公众参与的理论和方法也在持续地完善和改进，新信息技术的快速发展和通信社交平台的多样化为城乡规划公众参与带来了很多新机遇。

10.2.1 规划公众参与的理论背景

西方规划公众参与的理论基础源于多元主义的思想。基于多元主义来建构规划公众参与理论的基本观点使规划的全过程充满着选择，而任何选择的作出都是以一定的价值判断为基础的，规划师不应以自己的价值观来判断对错、对城乡环境和社会发展作选择，相反，选择和决策应交由各社会群体，规划的终极目标是扩展公平选择的机会。西方多元的市民社会是规划公众参与的政治基础。"市民社会"构成国家和私人家庭之间的一个中介性领域，这一领域包含与国家相分离的各种社会组织或群团，这些组织或群团由社会成员自愿结合而形成，享有宪法赋予的个人权力（如土地产权）和其成员共享的群体利益和价值权益。市民社会及类似的政治主张提倡多元和包容，鼓励尽可能多地接纳不同利益群体，建立合作包容型的社会架构，主张由政府管治（Government）型向治理（Governance）型转变，鼓励所有个体和团体都参与社区和社会发展决策过程。

美国规划思想家戴维多夫（Davidoff）于 1965 年发表的《规划中的倡导和多元主义》（Advocacy and Pluralism in Planning）和德国思想家 Habermas 于 1984 年出版的《交往行动理论》为规划公众参与的实践提供了重要的方法论基础。"倡导性规划（Advocacy Planning）"提倡将城市社会各方面的要求、价值判断和愿望结合在一起，在不同群体之间进行充分的协商，为近远期各群体成员的活动进行预先协调，最后通过一定的法律程序形成规范他们今后活动的"契约"。现代社会在社会文化、价值、信仰和思想观念等方面的多元化是现代西方民主社会的基本特质，城乡规划的过程和结果均应体现这种多元化特质。

交往理论（Communicative Theory）主张人们在生活世界中通过对话交流、交往和沟通、相互理解和宽容以达到认识、认知的基本一致，行动上的合作、协作，实现以自由、平等、宽容为基础的公民价值理想。交往理论应用于规划实践就是在多元主义的思想指导下寻求一种"政府—公众—开发商—规划师"的多边合作模式，在传统规划实践中被排除在规划过程之外的对社区表达的授权、不同形式的申诉和对价值体系的尊重等得以保障。规划行为则是一个博弈的过程，终极结果是众多利益相关的个体和他们所组成的群体达到一个满足化、但不一定是最优化的共识。

公众参与因参与者和参与方式的运用不同对能实际实现公众参与的程度影响很大。图10-1所示为公众参与的阶梯理论（Arnstein，1969）。从最左边的公众被操控到最右边的公众完全控制决策，与之相对应的是参与程度最低的虚假参与和最高的主导参与。实践中参与程度多介于这两个极端状态之间。

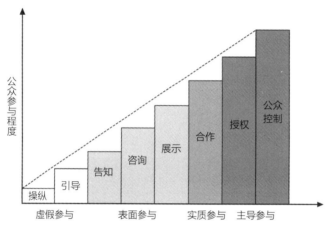

图10-1　公众参与阶梯理论

10.2.2　参与式规划实践

规划公众参与相关理论的发展对规划实践的影响体现在促成了西方规划从传统的程序理性规划范式向参与式规划（Participatory Planning）范式的转型（李郇，等，2018）。参与式规划由以前强调规划的技术特性转向基于社会协作的服务特性，重视利益相关者之间的平等原则和规划编制期间的充分交流过程。在规划交流过程中，居民和企业主及相关政府职能部门代表是主体，规划师扮演的是技术顾问、调解员和辅导员的角色，帮助社区各利益团体和个人参与规划协商，最终达成共识。参与式规划可运用于区域规划、城市土地使用规划、公共空间设计、乡镇发展计划、市中心再开发或住宅社区设计等不同尺度与类型的规划设计实践。

参与式规划的参与环节有多种方式展开，例如社会调查、小组访谈、公共展示、专题工作坊、基地参观、自助与自建以及媒体报道、宣传手册等。参与不是一次性、程序性的栏目勾选（Check Box），而是重复、连续和多方位的。开展参与式规划最大的难点在于沟通障碍。专业技术人员所使用的语言大都来自系统性知识，含有较多的专业术语，而普通居民对于城市的认知则多源于个人的经验与日常生活，参与式规划提供一个相互学习的过程，专业人员应以简单易懂的非技术性语言，充分利用视觉化、图像化工具，克服沟通障碍。参与的方法很多，各有利弊。各种方法也会随着科学技术的进步而改进和更新。

参与式情景规划（Participatory Scenario Planning）是参与式规划实践中较为广泛采用的一种模式（章征涛，等，2015）。情景规划的做法是基于对规划对象（如城市或社区）的历史和现状条件的理解，对外部和内部关键因素变化趋势作出一定假设，构建不同假设条件组合下的未来终极状态，也就是情景，然后对各不同情景下规划对象的状况作出指标性分析和判读，最后由参与者通过打分或投票方式选择"最称心"的情景，由此产生规划方案和实施政策。参与式情景规划提供机会让不同利益群体对各规划要素作多元判断和选择，能有效增强规划决策的民主化、包容性和社区共建共识。

开展参与式情景规划需考虑以下几个重要环节和因素。其一是要有明确的、有公信力的组织机构（Leadership），一般由非政府、非商业团体承担，由他们协调和综合安排规划相关活动的议程和组织方式。该组织机构需确立利益相关者，对他们的价值观和预期目标进行汇总。不同的利益相关者之间自然存在不同程度的意见差异，会对未来情景有不同的预期。在组织设计过程中，需确定不同利益相关者，从而能反映不同种族或民族及社区、不同学科及行业、不同文化群体等的利益和见解。参与式情景规划的目的并非为了消除不同利益团体之间的矛盾，而是提供协商平台，促使各方达成共识，绘制出一个各方接受和同意的未来情景。

参与式情景规划的第二个要素环节是协助对规划原则和目标达成共识。在产生和评价不同发展情景之前，参与者各方需协商以形成统一的规划原则。在参与活动的初始，各利益相关者对未来的期望会各有不同，通过对话和协调，各不相同的意见要有效地整合为一致的规划目标。参与式情景规划需要有一个统一的规划资料库，可以在很短的时间内为利益相关者提供相对全面、可靠的信息，使参与者基于同一个平台展开交流和讨论，并具有针对性和有效性。在参与活动开始之初，组织者可提前分析确定规划对象地区的未来发展预测，如经济和人口增长，或者突出一个重点发展问题，以此作为利益相关者讨论的启动点。为规划情景判读配备高效的分析和表达工具也很重要，常用的有 Index、TRANUS 等指标分析软件，用以量化不同规划情景在环境、交通、就业、可负担住房等方面存在的优劣势，为后期的规划和政策方案的制定与实施提供必要的技术支撑。

第三个方面是参与式情景规划应采用较为有趣的参与方式并提供良好的讨论和互动环境，参与的词汇和流程明了、易懂，适用于无规划背景的大众。常用的做法是将参与者分组，每个小组的成员围坐在一幅区域地图周边，地图上通过符号、图例和颜色编码等来表示城镇位置所在、现有的人口和就业分布、主要交通设施网络（如公路、公交、地铁、自行车或人行专用道等）、公园及其他环境要素。组织方还为与会者众包记号笔和草图纸，供参与者在基础图上表述个人想法。也有在参与活动中采用"动手搭积木"的操作模式，每个小组都有等量的积木，不同颜色的积木分别代表不同的增长情景。

10.2.3 我国城乡规划公众参与实践

我国的城乡规划是由政府相关职能部门负责，传统上基本是由经过规划专业教育的"精英"规划师们完成。随着我国城镇化进程的不断深入，城乡规划活动越来越多地触及不同社会群体和个人的切身利益，因此公众参与也越发受到人们的重视。

我国地方政府城乡规划公众参与大致可分为四个阶段。第一阶段是中华人民共和国成立至十一届三中全会以前。城市规划的实施管理模式全部效仿苏联模式，城市规划作为国家机密，实行"自上而下"的管理，公众对城市规划没有了解的途径和渠道，也没有任何形式的参与。第二阶段是 1978 年至 1990 年。1984 年《中华人民共和国城市规划条例》颁布，标志着城市规划进入法律法规的制定阶段，城市规划许可、规划执法走入依法治理阶段。同时，随着经济、社会稳步发展，利益主体逐步多元化，公众逐渐开始要求参与城市规划管理事务，但总体仍处于政府单方面的管理行为。第三阶段为 1990 年 4 月至 2007 年年底，《中华人民共和国城市规划法》颁布施行。《城市规划法》规定城市规划应当予以公示。部分城市规划行政主管部门制定了相关的《城市规划公示办法》，包括对执法监督环节和城市规划许可环节的公示内容、形式等。我国城市规划实施过程中的公众参与得到有效发展。第四阶段是 2008 年至今，《中华人民共和国城乡规划法》（以下简称《城乡规划法》）开始实施。随着《城乡规划法》的颁布实施，城市规划的公众参与进入了一个全新的阶段，《城乡规划法》强调公众利益，保证公平、公正，明确的城乡规划制定、实施全过程的公众参与。

2008 年开始实施的《城乡规划法》和 2006 年开始实施的《城市规划编制办法》是目前我国城乡规划公众参与的直接法律依据和保障，分别从制定、实施、评估、修改和监督检查五个阶段对城乡规划（城市规划）公众参与作出了规定和要求。在规划制定阶段，《城乡规划法》要求省域城镇体系规划和城市、县的总体规划在报上级政府审批前需经过本级人大常委会审议。镇总体规划在报送上级政府审批前需当先经过镇人大审议。乡规划和村庄规划应尊重村民意愿，其中村庄规划在报送审批前需经过村民（代表）会议同意。城乡规划成果在送审前需进行公告，并征求专家和公众的意见，可采用的方法包括论证会、听证会或其他方式。对这些意见的采纳情况及理由应作为送审成果的一部分。在实施阶段，《城乡规划法》提出城乡规划的组织实施应当尊重群众意愿的要求。在评估阶段，同样应征求公众意见，可采取的方式有论证会、听证会或其他方式。并将上述意见的征求情况作为评估报告成果的一部分一同公布。在修改阶段，《城乡规划法》的相关规定大致是：省域城镇体系规划、城市总体规划、镇总体规划的修改，应采取论证会、听证会或者其他方式征求公众意见。对详细规划（包括修建性详细规划和控制性详细规划）或者建设工程设计方案的总平面图的修改，应征询涉及的利害关系人的意见，采用的方式为听证会。对于依法变更后的规划条件，主管部门应及时向社会公布。在监督检查阶段，《城乡规划法》要求城乡规划的组织编制机关应及时公布依法批准的城乡规划。其次，对于涉及自身利害关系的建设行为，任何单位和个人都有权查询其是否符合现有规划的要求，也有权对违反现有规划的行为进行检举或控告。作为城乡规划主管部门，应当公开对城乡规划实施的监督检查情况和对违反城乡规划的建设活动的处理结果，供公众监督和查阅。

我国城乡规划公众参与有多种方式：

1）参与公示方式。公示制度能够有效地保证公众的知情权、参与权和监督权，使规划方案更加民主、科学。政府一般采取批前和批后公示的制度，往往通过电视、网站、报纸、建设项目施工现场公示等多种形式进行发布，激发社会公众广泛参与建议和意见，便于规划部门形成翔实有效的城市规划调查报告。在此过程中，协调多种利益关系，将规划实施过程中可能会出现的矛盾尽可能地消化解决在规划编制的过程中。

2）参与听证方式。政府一般要定期举办由规划局领导、规划设计专家、政府相关领导及市民代表组成的规划动员会、规划座谈会、规划方案汇报会、规划研讨会以及规划评审会等，公众要参与听证，对规划内容中涉及的城市社会效益、环境效益、经济效益和规划可行性等进行广泛参与意见和建议，尽可能使公众、领导和专家意见达成共识，使城市规划的编制、审批管理及实施管理有效统一。

3）参与城乡规划专家论证和评审方式。一般由城市规划行政主管部门牵头，召集有关行业专家、学者等，公众要参与其中，并充分发表意见，与其共同进行论证和评审。

4）参与城乡规划专家咨询方式。一般由社会各界专家、学者组成城市规划专家咨询委员会，公众要参与其中，并充分发表意见，与其共同对城市规划编制方案进行咨询、评估和审查，增加城市规划决策的科学性和民主性。

5）城乡规划公众征询方式。政府针对城市规划涉及的公共服务设施、重大基础设施、重大环境影响等项目，一般要通过多渠道、多种媒体方式广泛征求社会公众意见和建议，公众要参与其中，便于规划部门修改和完善规划方案。

6）城乡规划展览系统方式。政府征求公众参与意见还可以通过建设城市规划展览馆或在城市展馆中设置城市规划展区的形式来实现。展区可以通过电视专题片、沙盘模型、实景照片、效果图等形式向社会展示，社会各界要广泛参与意见和建议，便于修改和完善规划方案。这样才能让人们更多地了解、关心和支持城市规划工作，又能更好地实现民主监督。城市规划公开展示的形式极大地调动了社会公众参与城市规划的积极性和热情。

7）城乡规划授权式的参与方式。授权型参与方式中公众的权利在所有的参与方式中应该是最高的。在这种方式框架下，除了政府给出限定的规划条件和要求外，其他过程都由公众自己完成。这种方式中，公众积极独立完成规划。这种方式不仅有利于规划项目达到自己和政府的要求，还可以极大地鼓励公众参与项目实施，使规划项目高效建设。从本质上讲，这是一种比较完美的规划运作过程。西方国家的很多社区规划中都采取了这种参与方式，取得了良好的效果。目前，我国在港澳和东部沿海发达地区有所实践，内陆地区还较少。

8）其他参与方式。广大民众还可以通过市长热线电话、公众接待日、人民建议征集制度等，将自己的建议或意见反映给政府有关部门。

10.2.4　基于互联网和移动通信工具的公众参与新模式

（1）在线公众参与

在线公众参与是指公民或利益团体在互联网环境中进行的，旨在影响权力、权利、利益等普遍性问题的现象或活动，包括网络选举、网络投票、网络对话和讨论、通过网络渠道与政府进行接触以及网络政治动员等一系列参与行为（郭芳，2012）。

在线参与具有广泛性、即时性和亲近性等特点。政府相关业务部门可以设立公众电子邮箱，任一公民都可以就某一项目提出意见和建议，向政府部门咨询公共事务，也可以举报公务员的违法违规行为。对于政府部门或人员的任何言论和行为，公众可以迅速作出评判，表达自己或支持或反对的意见，政府也可以快速、便捷地获取信息，实时掌握民意动态。此外，政府官员还可以通过网络与普通群众直接交流，拉近同普通民众的距离。

在线参与的主要形式和媒介包括：网站、论坛（BBS）、聊天、电子邮件、多媒体、文件服务、博客（Blog）、播客、手机媒体等。其中，博客被称为"We Media"，即"自媒体"或"互媒体"，播客则更突显了新媒体的主动传播发布功能。当今时代，传播科技的发展和创新日新月异，在线公众参与的渠道和方式也多种多样。

LBSN（Location-based Social Network）为公众在线参与提供了丰富的平台。LBSN是基于位置的社交网络，结合虚拟社交与真实空间，具体表现为针对兴趣点（POI）的签到、评论、上传信息和其他在线互动方式。具体来说，可以通过在各类具有LBSN功能的社交网络平台（如微博、微信等）、点评类网站（如大众点评网等）、专门的公众参与平台或移动端App上，发起城市规划咨询类的话题，公布规划草案和成果，鼓励居民表达意见，使信息能更迅速地传播和更方便地讨论。例如，王鹏（2014）等开发的"北京钟鼓楼改造项目社区规划参与讨论网站"，当用户登录系统后，可以查看相关地图和数据，针对某个地点或院落上传照片和发表评论。比起传统的问卷调查等方式，这种平台可以更有效地了解并收集公众的诉求。

公众参与式地理信息系统（Public Participation GIS, 简称PPGIS）是美国国家地理信息分析中心在传统地理信息系统基础上提出的一种面向公众应用的GIS，其强调将专业的地理信息分析与制图工具以人性化的方式提供给普通公众，使其参与到地理信息系统的使用与开发中来，满足公众的地理信息需求（李如仁，等，2017）。PPGIS是网络地理信息系统（WehGIS）、协同式决策支持系统（SDSS）、网络信息服务（WebService）、分布式数据库等有机结合产生的集成技术，现在已经广泛地用于城市规划、生态环境建设规划、社区建设、一般公共事务的辅助决策等众多领域。Leitner（2002）等确定了PPGIS的六种公众参与模式：家庭使用的GIS、大学和社区之间的合作形式、在大学或者图书馆里的公众参与式GIS、地图、网络地图服务、GIS服务中心等。PPGIS作为可视化公众参与平台，它最大的特点和益处在于提供给普通公众一个通向巨量复杂空间数据的途径和一个强大的分析工具。在一个规划过程中，规划方案的设计、规划数据的管理都涉及大量复杂的城市空间地理信息和社会经济信息，而这些往往只有专家才有能力获取、处理和分析，从而完成专业性较强的城市规划工作。而PPGIS技术可通过网络技术向公众提供完善的数据库组织、形象的可视化语言（主要为地图）和强大的分析工具。因此，利用PPGIS技术，普通公众将能够把握复杂的空间信息，从而有效地参与到规划决策中。

（2）基于众包模式的公众参与

本书第2章介绍了众包概念和发展应用的背景。目前，众包已经在不同领域体现了它的价值。它的出现重构了传统创新生产模式，通过整合活用分散、闲置的公众智力资源，众包拓展了组织的创新边界。而公众思维模式的多样性、知识的广泛性也克服了组织内部个人知识、思维方式、技术能力等方面的局限性，提升了组织和企业的研发生产能力，激发了公众的创造力。通过"公众创造内容"的模式，众包实现了创新生产与市场需求的对接。此外，由于众包是一种基于互联网的创新生产模式，它也降低了原有组织模式中政府企业的部分聘请专业人员的成本和设立办公场所的成本。众包的快速发展和应用催生了一门新的学科——"市民科学"（Citizen Science）（Kobori，et al.，2016）。

在城乡规划领域，众包技术应用主要有两种模式，一种是传统公众参与的扩大化，它是一种合作型众包，通过多样化的参与互动，让更广泛的公众参与到城市规划中，共同探讨城市建设问题和未来发展方向，实现规划管理社会化。第二种是竞赛型众包，即通过公众进行规划方案的设计或改进，从中选取优胜者并予以奖励的形式，拓展了公众参与城市规划的方式和深度。相较传统的公众参与规划方式，众包模式在提高公众参与城市规划管理方面有着很大的优势，有了质的飞跃，通过自上而下和自下而上两种模式的结合，聚合集体智能，实现开放式规划，不仅丰富了创新源，也调动了市民对规划建设的积极性，加

基于云服务与众包技术的小城镇群国土空间规划支撑系统

深了市民对城市现状、规划背景、发展方向的了解，提高了市民对城市及规划的认同感，甚至让市民主动参与规划方案设计。

基于众包技术的公众参与具有多种优点。首先是参与时间和地点不受限制，参与者可以在任意时间段通过网络参与。由于网络的普及和操作便捷，居民在家、办公室、公园等任何有网络信号的地方就可以直接在线参与。参与的人群不受限制，由于众包平台是一个开放的网络平台，世界各地对项目感兴趣的人群都可以参与进来，因而大大提升了参与人员的多样性。参与形式也可以更多样化，不仅仅是投票或者是当众提意见，还有在线论坛、会议、讨论等不同形式。参与媒介多样，电脑、Pad等移动终端使得参与方式更为便捷。参与的便利和多样化能充分调动市民的参与热情，不同职业、性别、年龄的人群对同一项目的关注度以及兴趣有所不同，众包模式中市民可以通过选择自己感兴趣的方式参与。与传统的、面对面讨论的互动环境相比，基于网络和众包的参与模式让参与者有更多时间进行独立思考，更有利于发挥集体智能优势，减少传统面对面参与的煽动性或个别人控制话语权的情况。在线网络参与的方式减少了出行需求，相对而言更为低碳环保。基于众包技术的公众参与能发动群众、集思广益，自下而上地积累信息和智慧，颠覆了传统的自上而下的公众聆听参与模式。

10.3　子系统研究方案

本子系统分别在 PC 客户端和手机客户端构建和实施。

（1）小城市（镇）组群智慧规划公众参与软件：PC 客户端

研究在"互联网+"时代下，城市规划工作模式的微创新。运用互联网"扁平、无边界"的特点，快速寻找目标人群，解决规划问题。本系统开发基于云服务平台的"智慧规划公众参与软件"，支持规划管理及编制人员对公众手机发布规划成果，收集不同格式的公众意见众包数据，对公众意见进行整理、分类，统计分析公众意见数据生成报表进行展示，通知规划管理、编制人员，将公众意见处理情况实时反馈给公众手机终端，并实时了解规划建议的最新动态，最终形成互联网模式下的规划公众参与及互动平台。具体研究开发了六个功能模块：①规划成果发布模块，支持对城乡规划成果文本、图纸的发布及公众查询；②公众意见数据收集模块，实现公众意见众包数据的收集汇总，提供文本、图像、语音等不同格式数据的动态接入、汇总；③公众意见分类模块，根据土地利用、道路等关键词等信息，对公众意见进行分类、整理；④公众意见统计分析模块，对公众意见分类整理信息、问卷调查信息进行统计分析，生成报表，进行展示；⑤公众意见告知模块，将公众意见汇总信息及时告知规划管理、编制人员；⑥公众意见处理情况反馈模块，将规划管理、编制人员的处理意见，通过点对点消息模式和发布—订阅消息模式反馈给公众。

（2）小城市（镇）组群智慧规划公众参与手机应用程序：手机客户端

随着智能手机的技术发展，手机用户已经成为互联网的主要使用群体，而微信公众号则是国内最主流的自媒体平台之一。本次研究主要面向广大的手机用户群体，并利用微信公众号精准传播、高效传播的特点，快速寻找目标人群，解决规划问题，从而创新传统的规划编制方法。

本系统基于"微信公众平台"研发，开发基于智能手机的"规划公众参与手机应用程序"，便利公众获取、查询城乡规划信息，向服务器发送公众意见众包数据，开展问卷调查，再通过云服务器上的"智慧规划公众参与软件"对信息进行处理后，提交规划编制人员、管理人员进行处理，并将公众意见处理情况发布于手机终端。具体研究开发了四个功能模块：①手机 App 消息发布模块，支持点对点消息模式和发布—订阅消息模式；②公众意见反馈模块，支持公众利用文本数据、图像数据、语音数据反馈规划意见；③问卷调查模块，支持公众填写、提交调查问卷；④处理意见反馈模块，将规划编制、管理人员对公众意见的采纳情况反馈给公众。

系统基于云服务平台研发，支持规划管理及编制人员发布规划方案，收集公众意见，并对公众意见进行整理、分类、统计，同时将公众意见处理情况实时反馈给公众。公众可以通过系统获取规划信息，反馈意见，并实时了解规划建议的最新动态。最终形成互联网模式下的规划公众参与及互动平台。整个系统分为两个应用端，一个是以网页形式呈现的PC 客户端应用，另一个是以微信公众号为基础进行二次开发的手机客户端应用。平台技术路线总体架构如图 10-2 所示。

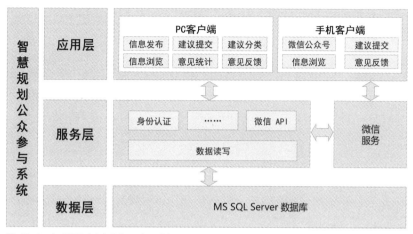

图 10-2　智慧规划公众参与平台系统架构

10.3.1　系统功能结构设计

系统的整体功能结构如图 10-3 所示，考虑公众参与信息传送的网络界面特性，将课题任务书中设定的基于 PC 客户端应用的六个模块和基于手机应用的四个模块重新整合于两个专栏：信息发布专栏和公众意见专栏。基于手机的模块功能与基于 PC 客户端的模块功能相同，因应手机特点，手机界面版在 PC 版基础上稍作简化，因此上述的十个模块在功能结构图的两个专栏中呈现为六组。此外，基于系统管理需要设立系统管理专栏。

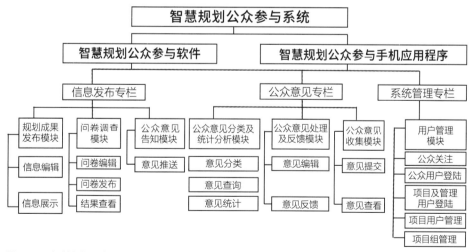

图 10-3　智慧规划公众参与系统功能结构

（1）信息发布专栏

信息发布专栏包括规划成果发布、问卷调查和公众意见告知三个功能模块。公众意见专栏包括三个模块：公众意见收集、公众意见分类及统计分析和公众意见处理及反馈功能模块。其中，规划成果发布模块的功能包括信息编辑、信息展示等；公众意见收集模块的功能包括意见提交、意见查看等；公众意见分类及统计分析模块的功能包括意见分类、意见查询、意见统计等；公众意见处理及反馈模块的功能包括意见提醒、意见反馈等；问卷调查模块的功能包括问卷编辑、问卷发布、结果查看等；公众意见告知模块的功能包括意见推送等。用户管理模块的功能包括公众关注、公众用户登录、项目及管理用户登录、项目用户管理、项目组管理等。

1）规划成果发布模块功能设计

信息编辑：用户通过系统后台输入规划成果、相关公告的标题、概要、缩略图、内容等信息，并且提供编辑、删除的功能。

信息展示：用户可按类别，分别查看相关公告、规划成果等已发布的信息。公众可以在系统的 web 端及手机端查看信息。

2）问卷调查模块功能设计

问卷发布：项目管理人员可以在系统管理后台新建问卷，一类是本地问卷，信息保存在系统中，另一类是外联问卷，可以将第三方的问卷链接到系统中。发布的问卷，公众可以在系统的 web 端及手机端查看并填写。

问卷编辑：项目管理人员可以在系统管理后台编辑、删除问卷的内容。

结果查看：公众可以在系统的 web 端及手机端以饼图的形式查看本地问卷的统计结果。

3）公众意见告知模块功能设计

意见推送：公众用户在系统中提出的建议与意见，经管理人员回复后，在系统手机端中收到回复的提醒。

（2）公众意见专栏

1）公众意见收集模块功能设计

意见提交：公众可以在系统的 web 端及手机端提交意见与建议。

意见查看：公众可以在系统的 web 端及手机端相关栏目中，看到所有意见，项目组成员在系统后台可查看本项目相关的意见与建议。

2）公众意见分类及统计分析模块功能设计

意见分类：系统默认根据栏目、项目等类别对公众反馈的信息进行分类，同时根据提供的关键词等信息筛选公众意见。

意见查询：项目组成员可通过系统管理后台查询公众反馈的各类意见。

意见统计：系统可根据公众意见分栏目、分项目组进行统计，并以饼图、柱状图的形式进行汇总显示。

3）公众意见处理及反馈模块功能设计

意见提醒：项目管理人员可以在系统管理后台及时接收到属于本项目组的公众反馈意见与建议。

意见反馈：项目管理人可以在系统管理后台对本项目组的各类意见与建议进行回复。

10.3.2　系统管理专栏

（1）用户管理模块功能设计

公众关注：公众可以通过手机端的微信程序扫描系统 web 端首页的二维码，关注系统手机端应用。

公众用户登录：已经关注系统的用户，可以通过扫描二维码的形式，登录系统 web 端应用程序。

项目及管理用户登录：项目管理人员及系统管理员可以通过用户名和密码登录系统后台。

项目组管理：系统管理员可在系统管理后台添加、编辑项目组。

项目用户管理：系统管理员可在系统管理后台添加、编辑项目组成员及所属项目组。

（2）数据库设计

数据表设计：系统的核心数据表包括信息分类表、信息内容表、信息标签表、信息内容与标签管理关系表、留言表、搜索关键词表、留言回复表、调查条目表、调查选项表、调查项目表、调查记录表、调查其他记录表、项目组表、首页重点宣传内容表、角色表、用户表。

接口说明：本次系统研发中，手机客户端应用是以微信公众号为基础进行的二次开发，其中涉及多个数据接口，具体涵盖了用户登录、信息发布、意见提交、意见反馈、信息推送等功能。接口使用 HTTP 协议并采用 Get 传递参数。接口返回值统一为 Json 字符串。

10.4 研究方法与结果

10.4.1 研究方法

智慧规划公众参与软件的核心思想是"众筹公众智慧，创新城市规划方法"。众筹的对象包括规划管理人员、规划编制人员、社会公众等，通过互联网技术，快速、便捷地实现信息交互，从而创新规划编制方法（图 10-4）。

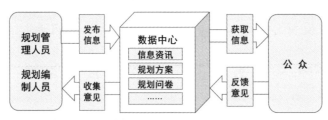

图 10-4　智慧规划公众参与流程

具体流程包括：

1）规划管理人员向数据中心发布规划信息；

2）公众从数据中心获取规划信息；

3）公众向数据中心反馈民众意见；

4）规划编制人员通过数据中心收集民众意见；

5）规划编制人员对民众意见进行综合考量，进而开展规划编制工作；

6）规划编制人员与社会公众保持持续的交流互动，直到方案编制完成。

在此过程中，信息的传递完全依托于互联网，考虑到城市规划作为一门专业学科，应适当降低公众参与的门槛，故采用信息发布、问卷调查、建言征集等方式，开展公众意见的征集。在此过程中，方案的编制仍由规划部门主导，而社会公众的意见将作为方案编制的重要参考依据。

在本研究中，根据课题的具体需求，智慧规划公众参与软件的应用模式如图 10-5 所示。

智慧规划公众参与软件由三部分组成，包括公众参与 web 站点、公众参与微信公众号和公众参与系统管理后台。在本次研究中，系统实现了将电脑 PC 端与手机微信端进行同步维护，保证了信息的及时更新，并方便了不同社会群体的用户使用；在软件后台，系统实现了公众反馈意见的统一管理和回复，极大地提升了沟通效率。

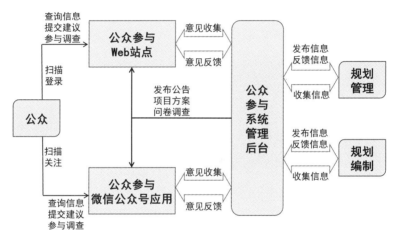

图 10-5　智慧规划公众参与软件应用模式

10.4.2　智慧规划公众参与软件

本系统基于云服务平台研发，支持规划管理及编制人员发布规划方案，收集公众意见，并对公众意见进行整理、分类、统计，同时将公众意见处理情况实时反馈给公众。公众可以通过系统获取规划信息，反馈意见，并实时了解规划建议的最新动态。最终形成互联网模式下的规划公众参与及互动平台。

（1）子系统主界面及功能模块（图10-6）

网页顶部为菜单栏和滚动宣传图，下方由热门方案、最新方案、最新信息、二维码，共四个模块组成。

本子系统包含四个功能模块。

信息公告模块：主要用于查看工作动态，包括项目的最新进展、会议安排等相关资讯，均可在该模块查阅。

规划方案模块：用于查看已批的规划方案，各编制方案在审批通过后都将在本模块下进行公示。

问卷调查模块：用于发布调查问卷，规划建设部门可通过不定期发布调查问卷，征集公众意见。

规划建言模块：用于向公众征集规划建言，社会公众可在此发表对神农架规划的建议和意见，管理员可对其进行回复。

图 10-6 智慧规划公众参与系统首页

（2）普通用户使用

普通用户可登录本系统，进行信息查阅、问卷调查、规划建言等操作，详细如下。

1）用户登录

本系统支持微信登录，用户进入首页后可点击右上角的"登录"按钮，通过微信扫码进行登录。扫码后在手机端进行确认，即可登录本系统。该微信账号将成为本系统的唯一身份标识，用于绑定用户在本系统的活动记录。

2）信息阅览与反馈

用户进入"信息公告""规划方案"模块可查看全部的工作动态和已批的规划方案，该类信息以列表形式呈现。点击列表中的一条记录，可查看内容详情，并可在右侧的留言栏中查看和提交留言，系统管理员可对公众留言进行回复。

3）参与问卷调查

用户进入"问卷调查"模块可参与问卷调查，问卷以列表形式呈现。点击列表中的一条记录，即可开始填写问卷，填写完成后点击"提交"按钮即可提交问卷。

4）参与规划建言

用户进入"规划建言"模块可参与规划建言，用户可在此发表对神农架规划的建议和意见，管理员可对其进行回复。

（3）系统管理使用

系统管理模块服务于管理人员对网站内容的更新和维护，主要包括四部分内容：数据统计、信息发布、公众意见、用户管理。

1）信息发布

用于更新和维护网站信息，主要包括信息公告、规划方案、问卷调查的更新维护，此外还可对网站首页的 Banner 图片进行调整。

①公告发布

用于更新和维护信息公告，可对已发布的信息公告进行新增、编辑和删除等操作，可通过关键字查询相关公告。"新增公告"用于新建一条信息公告，按要求填写标题、摘要、图片和内容后，点击"提交"。提交后的公告将在网站的信息公告一栏中显示，通过设置标签可设置其是否在网站首页显示。"设置标签"的功能是管理者设置公告消息在首页的显示位置。一条公告可设置多项标签。首页的"最新信息"一栏最多显示八条内容，超过八条的将按照发布时间依次排列。

②方案发布

用于更新和维护规划方案，可对已发布的规划方案进行"编辑"和"删除"操作，可通过关键字查询相关方案。通过"设置标签"可设置方案在首页的显示位置，设置后，该方案将在首页的"热点方案"和"最新信息"中同时显示。首页的"热门方案"最多显示三条内容，"最新方案"最多显示两条内容，超过该数量的方案将按照发布时间依次排列。通过"新增方案"选择可以新增一条规划方案的分布，按要求填写标题、摘要、图片和内容后，点击"提交"。提交后的方案将在网站的规划方案一栏中显示，通过设置标签可设置其是否在网站首页显示。

③问卷发布

用于更新和维护问卷，可对已发布的问卷进行"编辑"和"删除"操作，可通过关键字查询相关问卷。通过"设置标签"来设置其在首页的显示位置。设置后，该问卷将在首页的"最新信息"中显示。通过"新增链接问卷"新建一项问卷，按要求填写标题、摘要和问卷链接地址后，点击"提交"。提交后的方案将在网站的问卷调查一栏中显示，通过设置标签可设置其是否在网站首页显示。问卷的链接地址可通过"问卷网""问卷星""腾讯问卷"等专业问卷网站制作生成，也可通过制作本地问卷生成。

④首页图片

用于更新和维护网站首页的 Banner 图片，可对当前的首页图片进行"编辑"和"删除"操作。通过"新增首页大图"增加一张首页图片，并按要求填写标题、图片和链接地址后"提交"。提交后的图片将在首页滚动显示，点击图片后将跳转至"链接地址"一栏中所设置的地址。若"链接地址"为空，则不会进行跳转。

⑤本地问卷管理

用于制作和管理本地问卷，可对当前的本地问卷进行"编辑"和"删除"操作。通过"新增问卷"可创建一项新问卷，按要求填写标题、摘要后，点击"提交"。通过"设置调查项"功能选项制作问卷内容，问卷的内容包括"调查项"和"选择项"两个部分。通过"新增调查项"设置问卷题目。按要求填写标题、摘要后，点击"提交"按钮即可。若勾选"允许多选"选项，则该题目可进行多选，默认情况下本地问卷均为单选题。题目创建完毕后，可对题目进行"编辑"和"删除"操作。

问卷创建完成后，可在"本地问卷管理界面"中查看。点击问卷名称，进入问卷页面，此时浏览器地址栏中的链接地址即是本问卷的链接地址，将此地址复制后，即可在"问卷发布"页面进行发布。

2）公众意见管理

用于查看和回复公众在规划建言、规划方案、信息公告中的留言。

①规划建言

用于查看和回复公众在网站"规划建言"一栏中的留言，可通过关键字查询留言信息，点击"查看与回复"可对规划建言进行回复。

②规划方案

用于查看和回复公众在网站"规划方案"一栏中的留言，可通过关键字查询留言信息，点击"查看与回复"可对大众对规划方案的点评进行回复。

③信息公告

用于查看和回复公众在网站"信息公告"一栏中的留言，可通过关键字查询留言信息，点击"查看与回复"可对留言进行回复。

3）项目组及用户管理

用于管理系统用户的账号和分组，本系统的用户可按照各自所在的规划项目组进行分组。此外，为保证系统安全，默认设置"系统管理组"，只有加入系统管理组的用户才拥有系统用户的管理权限。一般用户仅可对信息发布和公众意见进行管理。

①项目组管理

用于管理系统用户的项目组分组，可对已有的项目分组进行"编辑"和"删除"操作。通过"新增项目组"选项可增加项目分组，输入项目组名称后提交。

②用户管理

用于管理系统用户的账号、密码和分组，可对已有的用户进行"密码初始化""编辑"和"删除"操作，初始化的密码默认为"wpdi"。通过"新增用户"可对新用户进行授权，设置用户的账号和所在分组，点击"提交"按钮即可，默认密码为"wpdi"。本系统暂不支持用户注册，普通用户登录本系统需要系统管理组通过"增加用户"对其进行授权。

10.4.3 智慧规划公众参与手机软件

本系统基于"微信公众平台"研发、面向手机客户端应用，支持规划管理及编制人员发布规划方案，收集公众意见，并对公众意见进行整理、分类、统计，同时将公众意见处理情况实时反馈给公众。公众可以通过系统获取规划信息，反馈意见，并实时了解规划建议的最新动态。最终形成互联网模式下的规划公众参与及互动平台。

（1）系统主界面

进入"神农架林区智慧规划"公众号主页，底部菜单分为"规划资讯""规划热点""规划建言"三个模块，其中"规划热点"分为"规划方案"和"问卷调查"两个子菜单。用户可点击菜单查阅相关信息（图 10-7）。

图 10-7　智慧规划公众参与系统手机端界面

（2）系统模块

1）规划资讯模块

规划资讯模块主要用于查看工作动态，包括项目的最新进展、会议安排等相关资讯，均可在该模块查阅。

2）规划热点模块

规划热点模块包括"规划方案"和"问卷调查"两部分内容。规划方案部分用于查看已批的规划方案，各编制方案在审批通过后都将在本模块下进行公示。问卷调查部分用于发布调查问卷，政府相关部门可通过不定期发布调查问卷，征集公众意见。

3）规划建言模块

规划建言模块用于向公众征集规划建言，社会公众可在此发表对神农架规划的建议和意见，管理员可对其进行回复。

（3）一般用户使用

用户可登录本系统，进行信息查阅、问卷调查、规划建言等操作，详细说明如下：

1）用户登录

打开微信客户端，扫描二维码，或搜索微信公众号"神农架林区智慧规划"并关注，即可在手机端登录系统。登录后系统将获得您的微信头像和昵称。

2）信息阅览和反馈

用户进入"规划资讯"模块，或"规划热点"模块的"规划方案"栏目，可查看全部的工作动态和已批的规划方案，该类信息以列表形式呈现。点击列表中的一条记录，可查看资讯详情，并可在文末的留言栏中查看和提交留言。

3）参与问卷调查

用户进入"规划热点"模块的"问卷调查"栏目可参与问卷调查，问卷以列表形式呈现。点击列表中的一条记录，即可开始填写问卷，填写完成后点击"提交"按钮即可提交问卷。

4）参与规划建言

用户进入"规划建言"模块的"提交建言"栏目，可参与规划建言，用户可在此发表对规划的建议和意见，管理员可对其进行回复。提交留言有手动输入和语音输入两种方式，若使用语音输入，系统将获得手机麦克风的使用权限。用户进入"规划建言"模块的"我的建言"栏目，可在此查看个人的留言记录。

10.5 本章小结

　　小城镇群智慧规划公众参与子系统利用服务云向数据云检索、查询相关规划和建设方案，通过门户网站，在 PC 终端和手机 App（微信公众号）进行公示，同时面向大众进行规划方案意见征集，通过规划管理人员甄别处理后反馈给公众和规划编制人员，实现公众参与普及和参与方式的多样化。子系统的具体技术功能包括：规划方案信息发布、规划方案信息检索查询、公众意见提交和信息反馈。

本章参考文献

[1] 李文姝，张明 .2016：基于云计算和众包模式的小城镇智慧规划管理技术探索 [J]. 科技管理研究，2016，36（20）：206-210.

[2] 李如仁，李玲，刘正纲 . 公众参与式地理信息系统的理论与实践 [M]. 武汉：武汉大学出版社，2017.

[3] 李宗华，彭明军 . 武汉市地理空间信息共享服务平台的建设与应用 [J]. 测绘与空间地理信息，2009（3）.

[4] 王鹏 . 新媒体与城市规划公众参与 [J]. 上海城市规划，2014，（5）：21-25.

[5] 牛强，董正哲 . 基于移动社交平台的规划公众参与方法 [J]. 规划师，2017（9）：46-51.

[6] 李郇，彭惠雯，黄耀福 . 参与式规划：美好环境与和谐社会共同缔造 [J]. 城市规划学刊，2018（1）：24-30.

[7] 章征涛，宋彦，阿纳博 . 公众参与式情景规划的组织和实践：基于美国公众参与规划的经验及对我国规划参与的启示 [J]. 国际城市规划，2015（5）：47-51.

[8] 郭芳 . 公众网络参与的社会价值：以青岛网络在线问政为例 [J]. 青岛职业技术学院学报，2012，25（1）：1-4.

[9]ARNSTEIN S R. A ladder of citizen participation[J]. Journal of the American institute of planners, 1969, 35(4): 216-224.

[10]DAVIDOFF P. Advocacy and pluralism in planning[J]. Journal of the American institute of planners, 1965, 31(4): 331-338.

[11]HABERMAS J. The theory of communicative action[J]. Reason and the rationalization, 1984, 1.

[12]KOBORI H, DICKINSON J L., WASHITANI I, et al. Citizen science: a new approach to advance ecology, education, and conservation[J]. Ecological research, 2016, 31(1): 1-19.

[13]LEITNER H, MCMASTER R, ELWOOD S, et al. Models for making GIS available to community organizations: dimensions of difference and appropriateness[M]// CRAIG W, HARRIS T, WEINER D. Community participation and geographic information systems. London: Taylor & Francis, 2002: 37-52.

第 11 章　基于手机众包技术的城镇建设监督反馈

11.1　前言

小城镇群智慧规划管理主要有违法建设管理、环境保护管理、应急防灾管理、交通运行管理、市容环卫管理和基础设施管理等几个方面的需求。城市建设步伐加快带来了各种违法建设现象，扰乱了城市的正常发展。违法建设管理智慧化是利用信息化手段对城市建设行为进行动态监测，将其中违反城市相关规划的建设行为交由有关管理部门处理，以保证城市建设有序进行。环境保护智慧化管理是建立在网络信息平台基础之上，对水质、废气、固体废物以及噪声等进行有效监测和管理，然而环境保护的质量不仅关系到自然环境，还与城市建设、交通出行以及产业结构和分布等方面有关，这对城市环境保护管理智慧化提出了更全面的要求。城市突发灾害可能会给城市居民造成财产损失及人员伤亡等不可挽回的损失。应急防灾管理智慧化就是运用信息技术，通过对大数据的分析对灾害进行监测和预警，故而在灾害发生后可以及时对灾害情况进行评估和判断，为相关部门的救灾活动提供决策依据（柴彦威，郭文伯，2015）。

随着城镇化的发展，人们的交通需求也在持续增加，无论城市大小，都存在着交通问题。小城镇由于交通设施落后，更加缺乏有效的监测管理手段。交通运行管理智慧化是通过利用网络信息技术，实现对交通出行、运输、安全等方面的全面感知和调控，从而更加智能地提高出行效率，保证交通安全并改善交通拥堵。小城镇建设中市容和环卫是一个比较突出的问题，包括垃圾收集分类、公共厕所设置、广告牌匾整治等方方面面，因而必须利用智慧化的管理方法进行全面的分析和处理，为改善市容环境提供决策依据。基础设施管理智慧化在于通过利用现代信息技术，实时监测城市道路设施、给水排水设施、电力设施、照明设施等方面情况，对设施进行维护以及处理设施突发问题。

本子系统旨在开发相对低成本的规划建设管理信息技术，降低数据入库和更新的成本，弥补专业人员不足和基础设施落后的问题。子系统借鉴当前国际发展前沿的众包模式，利用普及程度高的手机，发动和利用"草根"大众的力量，提供相对低成本的信息获取方式和服务递送。市民通过手机等移动智能终端对规划建设管理问题进行监督反馈，一方面可以弥补现有规划管理人员不足的问题，另一方面通过市民公众的参与，使得规划管理部门的工作更具有针对性，更符合大多数市民的利益诉求，从而改善市民的生活环境质量（周素红，2015；王招林，等，2020）。

11.2　研究方案

为应对城乡建设发展过程中屡屡出现的利益冲突，网络和手机等移动智能终端应用技术已经成为公众维权的重要工具，迫切需要开发利用众包（Crowd Sourcing）新技术，研发适用于大量多用户群体的反馈平台，疏通信息沟通渠道；同时，多方位实时监测城镇用地建设，及时发现、反馈可疑用地和违法建设行为，联动迅速处理，从而提高动态处理能力。

为应对小城镇群居民点地域分布较分散、交通欠发达以及专业管理人员不足等现状，需要在云服务平台和地理信息框架基础之上，结合城乡规划管理在线公众参与平台，研究基于移动终端的面向多用户的灾情实时报警、交通路况信息实时反馈和基础设施故障反馈等系统，提高应对极端气候、交通拥堵、基础设施改造和环境破坏的能力。

结合多方面的需求，项目针对不同类型的用户群，搭载了面向多用户的违法用地和违法建设监督子系统以及城乡管理服务公众反馈子系统。

11.2.1　面向多用户的违法用地和违法建设监督系统设计

（1）违法用地监督举报子系统

利用面向多用户群的建设用地动态监测技术，通过移动终端对建设用地范围、用地性质、建设强度等进行取证上报，并与方案进行关联归档和对比。

移动终端用户利用数据云的数据发布服务，可对某建设用地规划方案进行在线查询浏览，在发现实际建设过程中的违规行为后进行拍照取证，并标注时间、位置和违规区域，必要时可对违规区域中的线或面特征进行量测，随后对用地性质、用地范围和建设强度等进行描述，完成上述操作后，通过数据云申请提交监测数据，最后在申请通过批准后由系统发布相关信息。

（2）违法建设监督举报子系统

利用面向多用户的违法建设动态监测技术，通过移动终端对占地范围、建筑间距、建筑高度、建筑退让、建筑立面、建筑色彩等进行取证上报，并与方案进行关联归档和上传。

移动终端用户利用数据云的数据发布服务，对某建设工程规划方案进行在线查询浏览，对实际建设过程中的违规行为进行拍照取证，并标注时间、位置和违规区域，必要时可对违规区域中的线或面特征进行量测，随后对占地面积、建筑间距、建筑高度、建筑退让、建筑立面、建筑色彩等进行描述，完成上述操作后，通过数据云申请提交监测数据，最后在申请通过批准后由系统进行信息发布。

11.2.2　面向多用户的城乡管理服务公众反馈系统设计

（1）灾情实时报警子系统

我国众多小城镇地处生态环境脆弱的敏感区域，地质灾害频发，利用移动终端采集数据的新型管理模式，发动普通民众及时上报突发灾情信息，提高灾害防御和应对能力。

针对移动终端用户，研发灾情实时发布技术，当洪水、泥石流、山地滑坡或火灾等灾害发生时，公众通过移动智能终端对灾情类型、灾情范围、灾情等级、建筑损毁情况以及人员伤亡情况等信息进行取证上报并归档，然后由系统发布灾情数据，对灾情进行公示，以辅助灾害防治工作。

（2）交通路况信息实时反馈子系统

我国众多小城镇风景优美，已为国内外知名旅游胜地，传统道路交通系统规划已经不能完全满足小城镇旅游旺季的需求，需要研发交通路况信息实时发布技术。当发生交通拥堵时，公众通过移动智能终端对交通拥堵情况、停车场使用情况等信息进行取证上报并归档，然后由系统发布路况信息数据，对路况进行公示。

（3）基础设施故障反馈子系统

应对大量小城镇基础设施薄弱，设施维修不便利，专业人员紧缺等现状，需要研发基础设施故障反馈系统。当基础设施损坏时，公众通过移动智能终端对路面破损、管道破损、电力通信设施损坏、市容环境破坏等情况进行取证上报并归档，然后由系统发布基础设施故障信息，提高有关部门的维修效率。

针对研究内容中的多方需求，综合合并研究内容中的功能要素与实施主体，建立基于移动终端众包技术的规划管理公众监督平台（图 11-1）。

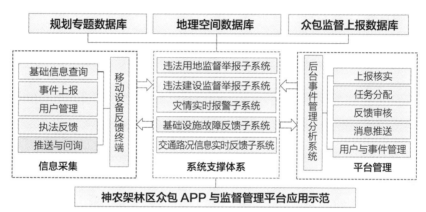

图 11-1　平台技术路线架构图

11.3　研究方法

11.3.1　众包理论与众包规划管理系统实践模型

规划管理公众监督系统主要涉及的技术研究为众包理论应用（周素红，彭伊侬，

2017）。众包的主要参与者包括任务请求人（requester）和任务完成人——也叫作工人（worker）。他们通过任务（tasks）联系到一起。众包的典型工作流程如图 11-2 所示。

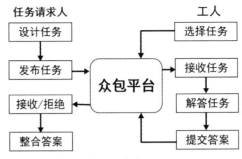

图 11-2　众包技术应用公众流程

任务请求人要想利用众包来完成自己的任务，需按照以下几个步骤来使用众包：

1）设计任务；

2）利用众包平台发布任务，等待答案；

3）拒绝或者接收工人的答案；

4）根据工人的答案整理结果，完成自己的任务。

工人使用众包的主要步骤包括：

1）查找感兴趣的任务；

2）接收任务；

3）解答任务；

4）提交答案。

从时间维度考虑，众包的工作流程可以分成三个阶段：任务准备、任务执行和任务答案整合。其中，任务准备阶段包括：任务请求人设计任务、发布任务，工人选择任务；任务执行阶段包括：工人接收任务、解答任务、提交答案；任务答案整合阶段包括：请求人接收或拒绝答案、整合答案。

在本研究中借鉴众包理论的理论模型，构建如图 11-3 所示的公众监督众包服务平台应用模式。

公众监督服务平台的众包模式由三部分组成，包括基于众包模式的公众事件上报、数据云支撑环境和城管勘察反馈过程。本项目中，我们利用公众监督服务平台发动公众参与市容市貌等方面的群众监督，为城市监管提供众包数据源。同时，利用公众上传的违法违章现象图片、文字、语音信息为城市管理者提供精确的举报信息。在课题一数据云平台的支持下，举报信息与多源专题地理要素进行匹配，在用户管理端与手机客户端同时呈现举报人位置与事件发生点位置。在用户管理后台的统一调度下，举报人上传的事件被分配给管理端显示的最近可以前往的城管人员。城管人员通过接收后台的调度信息前往实地进行

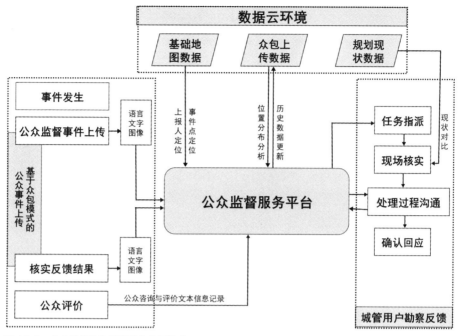

图 11-3　公众监督众包服务平台应用模式

核实，并在手机端实时上传核实进展且传递给后台处理结果；后台管理人员可对反馈结果进行评价交互，直至给出确认回复。公众手机客户端内可根据处理结果向服务平台提供反馈与问答意见，并与后台管理人员进行问答式互动，并查看最新处理进展。

11.3.2　移动 GIS 技术应用

随着无线通信技术的快速发展，以及移动智能终端平台的日益多样化，人类对于 GIS 户外应用的需求也与日俱增。基于此，GIS 应用逐步从服务器端和桌面端发展到移动智能终端，移动 GIS 应运而生（康铭东，彭玉群，2008）。所谓移动 GIS 就是以无线网络为支撑，以移动智能终端为载体的 GIS 系统，它是在传统桌面 GIS 和 WebGIS 之后又一个新的地理信息技术发展方向。移动 GIS 可以随时随地为用户提供移动地理信息服务，利用 GIS 对空间信息数据进行分析和管理，通过 GPS 功能模块实现卫星定位和追踪，并借助无线互联网完成文字、图像、音频等各种数据的传输，最终用户可在移动智能终端上查询结果。

为实现与服务器之间的实时空间信息传输，因而移动 GIS 的结构体系相较传统 GIS 更为复杂，系统一般包括移动终端平台、无线通信网络、地理信息服务器、地理信息数据库和定位系统。移动 GIS 系统架构中的移动终端平台是移动 GIS 的用户应用窗口，比较常见的移动终端平台主要有智能手机和平板电脑等。

无线通信网络是连接移动终端平台和地理信息服务器的纽带，目前第四代通信技术（4G）已经实现，这使网络传输速度和安全性都得到了大大的提升。地理信息服务器主要是考虑移动终端数据存储和处理能力有限，因而将所需的 GIS 空间分析功能通过服务器端实现。服务器对空间信息数据进行处理后，再将结果反馈到用户移动终端设备上。

地理信息数据库则是为移动 GIS 提供数据存储功能，可以存储海量的地理信息数据。定位系统是利用移动终端设备内置的 GPS 进行定位，或者利用通信运营商的网络基站来获取移动终端的位置信息，通过对移动终端定位可以得到用户当前的位置信息。

11.3.3　数据架构设计

（1）系统功能结构设计

系统的整体功能结构如图 11-4 所示，包括用户管理、事件管理、辅助和事件分配决策四大功能模块。其中，用户管理模块的功能包括用户注册、用户登录、信息维护、用户管理与角色管理等；事件管理模块的功能包括事件上报、事件查询、事件更新、事件评价与反馈等；辅助模块的功能包括数据采集、信息推送、提问、地理位置信息管理等；事件分配决策模块的功能包括事件分配与事件决策等。

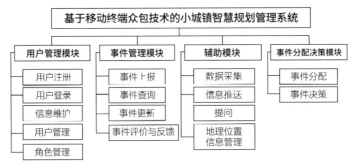

图 11-4　系统功能结构图

　　基于云服务与众包技术的小城镇群国土空间规划支撑系统

1）用户管理模块功能设计

用户注册：用户在系统应用中设置用户名、密码等信息可完成注册。

用户登录：用户输入已注册的用户名和密码可登录系统应用。

信息维护：用户可对设置的个人信息进行修改。

用户管理：后台系统可对用户进行添加或删除管理。

角色管理：后台系统可对用户的角色信息进行修改。

2）事件管理模块功能设计

事件上报：用户可通过系统应用进行事件上报，可选择事件类别，填写事件内容描述，上传图片、音频文件，利用地理位置信息管理模块获取事件发生地点的坐标信息。

事件查询：用户可通过"我的上报""我的清单"进入事件列表查询事件信息。

事件更新：用户可对上报事件信息进行更新修改，帮助完善事件信息。

事件评价与反馈：用户可对上报事件的处理结果作出评价，并向管理部门反馈，通过公众的反馈意见决定事件是否成功解决或需继续处理。

3）辅助模块功能设计

数据采集：主要采集通过移动终端应用系统上报的事件信息数据。

信息推送：负责各角色之间信息的推送。

提问：用户可通过系统应用向后台管理人员提问。

地理位置信息管理：负责管理用户上报事件点的地理位置信息。

4）事件分配决策模块功能设计

事件分配：将用户上报的事件分配给相关管理部门的处理人员进行处理。

事件决策：应用系统后台管理人员可根据处理人员当前的地理位置和忙闲状态等约束情况，分派合适的处理人员前往事件现场进行处理。

（2）数据库设计

根据移动终端和后台系统网站的功能模块设计，设计平台项目系统的实体关系图（图11-5）。其中，实体类型包括用户、事件、处理人员、管理人员、任务、催办和反馈。用户属性包括 Id、用户名、角色和密码；事件属性包括 Id、类型、内容、时间和位置；处理人员和管理人员属性包括 Id、用户名、角色、密码和电话；任务属性包括 Id、事件 Id、事件类型、

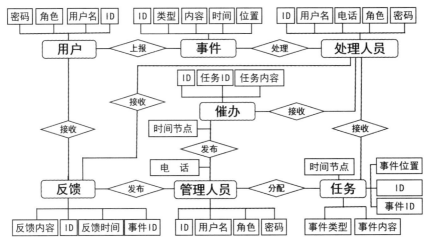

图 11-5　数据库设计 E-R（实体 - 关联）图

事件内容、事件位置和时间节点；催办属性包括 Id、任务 Id、任务内容、时间节点；反馈属性包括 Id、事件 Id、反馈内容和反馈时间。实体间的联系为：用户上报事件、接收反馈；处理人员接收任务、接收催办、处理事件、接收反馈；管理人员分配任务、发布催办、发布反馈。

1）数据表设计

系统的核心数据表如表 11-1 所示，包括用户权限表、用户表、规划动态表、规划动态图片表、上报类型表、上报和提问信息表、媒介表、预警信息表和位置轨迹信息表。

核心数据表　　　　　　　　　　　表 11-1

表名	描述
TABLE_PRIORITY	用户权限表
TABLE_USER	用户表
TABLE_PROEJCT	规划动态表
TABLE_PROJECT_PIC	规划动态图片表
TABLE_REPORT_TYPF	上报类型表
TABLE_REPORT	上报和提问信息表
TABLE_MEDIA	媒介表
TABLE_ALARM	预警信息表
TABLE_User_Route	位置轨迹信息表

2）接口设计

数据接口说明表示了所有数据表结构之间的消息反馈机制，具体涵盖了用户管理、预警管理、动态消息管理、上报消息管理、上报配置管理与用户轨迹查询六大用户功能。接口使用 HTTP 协议并采用 Get 传递参数。

11.4 子系统功能构建

11.4.1 智慧规划公众监督反馈手机应用程序

在系统中确定有两类用户：一类为普通民众，需有上报事件、查询事件信息和向规划管理者提问的基本功能；另一类为管理人员，除拥有上报事件、查询事件信息和向规划管理者提问的基本功能外，还具有管理后台所分配任务的基本功能。这些功能主要通过以下三个技术模块完成。

（1）手机 App 消息发布模块

如图 11-6 所示，App 消息发布模块中基于点对点消息模式和发布—订阅消息模式开发相关软件功能，在实际当地应用过程中点对点消息模式被应用于系统前后台的预警消息功能，发布—订阅消息模式被应用于新闻推送功能。

（2）公众信息反馈模块

公众信息反馈模块支持公众利用文本数据、图像数据、语音数据反馈意见，在移动终端的事件上报功能中对应这三类数据形式设置了不同的数据接口。公众上报的城镇建设和日常生活中出现的问题纷繁多样，需要进行有序归类，便于公共服务部门和人员及时有效地应对。手机 App 需要相应设计，让用户可根据不同的上报事件类型选择相应的上传数据格式（图 11-7）。

图 11-6 信息发布、订阅和新闻推送手机 App

图 11-7 公众信息反馈事件上报手机 App 界面

（3）处理意见反馈模块

处理意见反馈模块的功能服务于规划管理人员对公众意见的采纳情况对公众作出反馈。普通用户的反馈功能划分为事件上报功能、查询功能与提问功能，在此基础上管理人员的反馈需增加分配任务的功能。具体功能介绍如下。

1）普通用户事件上报功能

普通民众发现事件后，通过移动终端注册登录公众监督 App，添加事件发生位置点，进入事件上报页面，选择事件类型，填写事件详细内容，点击按钮即可提交上报事件。用户上报事件后，后台系统将收到上报信息，规划管理人员查看后将事件分配给相关处理人员，处理人员处理事件后将处理结果反馈给民众，民众确认反馈后，事件的整个上报处理过程结束。具体流程如图 11-8 所示。

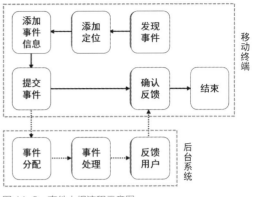

图 11-8　事件上报流程示意图

用户发现需上报事件时，打开主页面，在背景地图上确定事件发生位置点，然后添加事件点并显示地类信息，点击"我要上报"按钮，选择上报类型后，跳转至事件上报页面，开始编辑事件详细内容。首先依次选择事件的一级分类和二级分类，然后在内容框内输入事件的具体内容。点击语音按钮可上传音频证据，点击图片按钮可选择上传现场拍照或移动终端储存的照片。

2）事件查询功能

如图 11-9 所示，普通民众可对自己已上报的事件进行查询，包括事件的详情和回复信息。用户登录公众监督 App 后，打开个人中心页面，点击我的上报，则页面跳转至我的上报列表，App 设置"我的上报"下拉菜单，供用户筛选不同类型的上报事件；点击其中一条上报事件，则跳转至上报事件详情页面，事件详情页面将显示已上报事件的详细信息，包括事件的一级分类、二级分类以及内容描述；点击事件位置按钮可查看事件发生地的位置信息；点击上报

图 11-9　事件上报与查询

位置按钮，可查看上报事件时上报人所在地的位置信息；点击查看回复则跳转至事件回复页面，事件回复页面显示后台管理人员的反馈信息。若对反馈结果满意，用户可点击"完结事件"按钮结束事件；若对反馈结果不满意，用户可在回复框内回复意见或建议。

3）提问功能

当普通民众对上报事件有疑惑时，比如不清楚事件属于哪一类型，或遇到其他问题需要向规划管理人员提问时，可在个人中心中点击"我的提问"按钮，即可打开提问列表，点击"添加"按钮则跳转至添加提问页面；在提问列表点击单条提问信息可进入提问回复页面。

4）管理人员用户功能

系统中管理人员用户的事件上报、事件查询和提问功能与上述的普通民众用户功能相同。除此以外，管理人员还具有管理后台所分配任务的功能。

后台人员收集到上报事件之后，需要通过后台系统将事件分配给不同的管理人员进行处理。管理人员处理完所分配的事件后，再将处理结果反馈给上报者。管理人员用户登录公众监督 App 后打开个人中心页面，会看到管理人员用户的个人中心页面比普通民众用户多了一个"我的清单"按钮。管理人员可在我的清单列表中查看后台人员所分配的任务清单，点击其中一条任务清单将出现任务详情。管理人员了解事件的详细信息后需对事件进行处理，并在事件回复页面对上报者进行反馈（图 11-10）。

图 11-10　管理人员任务管理页面

11.4.2 智慧规划公众监督反馈软件

（1）发布模块

发布模块支持对文本、图纸的发布及公众查询，在项目中被用于新闻管理功能。系统的数据管理页面提供新闻管理选项卡，自此进入新闻信息列表（图11-11）。新闻列表展示新闻的标题、新闻的创建时间等信息。页面设置"新增新闻"按钮，进入新增新闻页面，输入新闻标题和内容，可发布新闻。使用者点击单个新闻消息后方的"详情"按钮可进入新闻详情页面，查看新闻详情并可以修改新闻的标题和内容。页面设置"删除"按钮用于删除新闻信息，终止该新闻信息的发布。

图11-11　发布模块新闻管理页面

（2）公众意见数据收集模块

公众意见众包数据的收集汇总，提供文本、图像、语音等不同格式数据的动态接入、汇总，被用于用户上报数据管理功能。系统可实时获取上报事件的类型与事件描述，并呈现上传用户的文本、语音、图像描述，显示上传人与事件发生点的位置关系，匹配最近的管理人员。图11-12显示了公众用户从手机端上报的事件在管理系统中的实时储存和状态信息。

管理人员在数据管理页面选择上报列表，查看已上报事件的上报时间、位置、内容、状态和类型。管理人员可点击单个上报事件后方的"处理"按钮，进入事件处理页面，将事件分配给相关专职管理人员进行处理。系统提供"查看上报回复"功能以查看上报回复或添加上报回复，对相关事件作出相应处理和状态更新（图11-13）。

图 11-12　事件上报管理系统端界面

图 11-13　事件上报列表管理页面

（3）公众意见分类模块

公众意见分类模块根据违法用地、违法建筑、灾情、交通、基础设施等关键词等信息，对公众意见进行分类、整理。子系统通过设置事件分类与时间窗口可在地图上进行可视化操作。

系统可视化界面功能设计包括以下几个方面的考虑：首页地图主界面用于显示事件发

生点，侧面设置系统功能列表，包括数据管理功能、用户管理功能和配置管理功能。地图主界面通过不同颜色的标记点表示不同类型事件发生的位置点，点击任一标记点将在地图主界面显示事件信息，点击查看详情可查看事件详细信息；地图主界面含事件分类与时间窗口，供用户勾选事件类型，选择显示不同类型的上报事件位置点，亦可选择起止时间，选择显示某一段事件的上报事件位置点。此外，地图主界面还设置有地图列表，可供用户勾选叠加不同的地图图层数据。

（4）公众意见告知模块

公众意见告知模块将公众意见汇总信息及时告知政府相应管理部门工作人员，用于对上报人事件处理结果的回复。系统设计设置上报信息列表，供管理者选择单个上报信息，进入上报回复页面。

上报回复页面以消息列表的形式，按照时间降序排列展示上报回复信息。上报回复信息由文字和图片的形式展现。在上报回复页面，选择"添加上报回复"，进入添加上报回复页面，输入上报回复内容，上传上报回复图片，完成上报回复操作。

（5）公众意见处理情况反馈模块

公众意见处理情况反馈模块将管理部门的处理意见，通过点对点消息模式和发布—订阅消息模式反馈给公众。

1）提问管理功能

管理者通过提问管理选项打开提问信息列表页面，如图 11-14 所示。提问信息列表显示了提问的内容、提问者、该提问所分配的处理员以及创建时间。管理者点击单个提问信息后方的"处理"按钮，进入提问处理页面，直接回答提问或者将提问分配给其他相关专职管理人员进行处理。系统设置"查看提问回复"按钮以查看提问回复的状态。

2）预警信息管理

预警信息列表显示预警信息的内容、预警时间等信息（图 11-15）。该功能设置"新增预警"选项，供使用者输入预警内容，可新增预警信息。单个预警信息后方均设置"详情"按钮，供使用者查看预警信息详情。通过"推送"按钮将预警信息推送至选定用户。通过"删除"按钮删除该项预警信息。

图 11-14　提问管理页面

图 11-15　预警信息管理页面

3）反馈信息汇总与分析

子系统功能设计考虑了对公众提交的上报事件信息作汇总和分析的功能。汇总和分析的结果通过表格、条形或饼形图以及 GIS 空间图等形式展示。

项目运用了 ArcGIS 软件中的核密度分析法（KDE）进行空间分布特征研究。核密度分析法认为事件可以发生在空间的任何位置上，但是在不同的位置上事件发生的概率不一样。事件点密集的区域事件发生的概率就高，相反，点稀疏的地方事件发生的概率就低。因此，可以使用事件的空间密度分析和表示空间点模式。

核密度分析法认为，区域内任意一个位置都有一个事件密度，即在事件所在空间的研究区域中，任意的一个事件点上的密度或强度都是可以测度的，一般通过测量定义在研究区域中单位面积上的事件数量来估计。用公式理解即为：

$$\hat{\lambda}(s)=\frac{\#S \in C(s,r)}{\pi r^2}$$

事件点 S 处的事件密度为 $\lambda(s)$，$C(s,r)$ 是以点 S 为圆心，r 为半径的圆域，$\#$ 表示事件 S 落在圆域 C 中的数量。

11.5　软件测试结果

本子系统开发完成了两款软件，《基于移动终端的公众监督上报软件 V1.0》和《公众监督数据管理系统 V1.0》。对这两款软件在完成自测试后委托武汉光庭信息技术股份有限公司测评中心作第三方独立测试，测试标准依据为《系统与软件工程 系统与软件质量要求和评价（SQuaRE）第 51 部分：就绪可用软件产品（RUSP）的质量要求和测试细则》GB/T 25000.51—2016。测试结果全部合格。表 11-2 ～表 11-4 显示了主要功能和技术测试指标。

《基于移动终端的公众监督上报软件》功能测试指标 表 11-2

序号	功能点	子功能点	说明
1	动态新闻管理	新闻接收	在新闻栏中，App 可接收新闻
2		新闻浏览	在新闻栏中，可选择浏览新闻
3	地图与规划信息查询	地图操作	自动加载地图并显示预设区域，可进行地图比例放大和缩小以及漫游操作
4		地图图层	支持神农架栅格图、神农架卫星图、木鱼镇镇区城规配图、木鱼镇龙降城规配图、松柏镇镇区城规配图、神农架房屋图
5		违法建设事件标志添加	可添加违法建设事件
6		污染与灾害事件标志添加	可添加污染与灾害事件
7		道路与交通事件标志添加	可添加道路与交通事件
8		市容与基础设施故障事件标志添加	可添加市容与基础设施故障事件
9		个人定位	支持个人定位
10		空间属性	用途、房屋层数等相关属性
11	上报管理	上报类型分类查询	支持查询上报类型分类
12		上报文本导入	支持上报事件文本文件导入
13		上报音频导入	支持上报事件音频文件导入
14		上报图片导入	支持上报事件图片文件导入
15		上报信息确认	可对上报信息进行确认
16		上报历史管理	可对上报历史进行管理
17	用户管理	用户注册	支持新用户信息注册
18		用户登录	支持已注册用户的登录
19		用户密码修改	支持已注册用户密码的修改
20		清除缓存	支持缓存的清除
21		退出登录	支持已登录用户的注销
22	执法处理反馈	用户清单	上报处理员可以查看待处理的事件
23		任务清单	显示所有上报事件任务清单
24		任务回复	可查看相应上报任务的问题回复

序号	功能点	子功能点	说明
25	执法处理反馈	事件定位查询	可定位到上报事件的对应位置
26		事件上传处置	查看事件上传后的处置情况
27	用户提问	用户问题输入	支持用户提问信息提交和接收
28		后台消息接收	可接收后台对提出的问题的回复信息

《基于移动终端的公众监督上报软件》技术测试指标　　　　　表 11-3

序号	技术指标	技术指标说明	实测值
1	程序启动响应时间	小于 5s	4.774s
2	用户登录响应时间	小于 3s	1.88s
3	系统定位响应时间	小于 3s	1.618s
4	新闻浏览响应时间	小于 3s	1.632s
5	事件上传响应时间	小于 3s	1.524s
6	手机应用占用内存比	≤ 10%	8.33%
7	手机应用占用 CPU 率	≤ 15%	14.06%
8	手机电量降低	≤ 3%/min	0.33%/min
9	手机温度	≤ 35℃	28.03℃
10	平台兼容性	支持多种分辨率的手机	支持 2280×1080、2960×1440、1920×1080、2160×1080 分辨率的手机
11	支持图片格式	支持 IMG、GIF、JPG 格式	支持 IMG、GIF、JPG 格式图片
12	支持消息模式	支持点对点消息模式和发布，订阅消息模式	支持
13	公众信息反馈模式	支持文本数据、图像数据、语音数据反馈	支持
14	预警信息	支持预警信息推送	支持

《公众监督数据管理系统》技术测试指标　　　　　表 11-4

序号	技术指标	软件技术指标说明
1	支持在线用户	系统支持 50 人在线
2	系统注册用户	系统注册用户数量 500 人以上

序号	技术指标	软件技术指标说明
3	公众上报事件数量	大于 2500 件
4	预警消息推送	支持预警消息推送，且响应时间小于 15s
5	新闻同步	支持新闻同步
6	数据动态接入	提供文本、图像、语音等不同格式数据的动态接入
7	事务成功率	大于等于 97%
8	服务器内存使用率	内存使用率不超过 85%
9	服务器 CPU 使用率	CPU 使用率不超过 90%

11.6　本章小结

　　小城镇地区，尤其是偏远山区城乡聚落分散，交通、市政、通信等基础设施不尽完善，专业技术力量较薄弱，在基础设施出现故障时，故障报告和维修反应通常有较长时间的滞后。此外，对于城乡建设中出现的违规违章现象，相关部门的执法和管理人员基本上是通过巡街检查的方式开展工作，工作量大但效率较低。本子系统开发了基于云服务技术平台，可供专业管理人员和普通大众使用的手机终端 App。当基础设施损坏时，公众可利用移动终端对损坏的基础设施进行拍照取证，同时对取证图像进行时间和位置标注，随后对路面损坏、管道破损、通信设施损坏、环境卫生破坏等信息进行描述，完成上述操作后，通过数据云申请提交基础设施故障反馈数据并发布，由此提高城镇管理服务效率和质量。本子系统也适用于基于大众和专业人员的建设用地动态监测，对于已审批的建设用地规划或建设工程项目，通过此手机终端 App 对占地范围、建筑间距、建筑高度、建筑退让、建筑立面、建筑色彩等进行取证，通过数据云申请提交监测数据，并与获批规划方案进行关联归档，最后在申请通过审批后对违规建设行为进行监督公示。

本章参考文献

[1] 王招林，曹凯滨，乔如娟.基于众包理念的乡村人居环境整治众采平台研究 [J].小城镇建设，2020，38（7）：20-26.

[2] 柴彦威，郭文伯.中国城市社区管理与服务的智慧化路径 [J].地理科学进展，2015（4）：466-472.

[3] 周素红，彭伊侬.众包理念下的参与式新型城市治理 [C]// 中国城市规划学会.持续发展 理性规划：2017 中国城市规划年会论文集（12 城乡治理与政策研究）.北京：中国建筑工业出版社，2017.

[4] 周素红.规划管理必须应对众包，众筹，众创的共享理念 [J].城市规划，2015（12）：96-97.

[5] 康铭东，彭玉群.移动 GIS 的关键技术与应用 [J].测绘通报，2008（9）：50-53.

Territorial Spatial
Planning Support Systems
for Small Town Clusters Based on
Cloud Services and
Crowdsourcing Technologies

第三篇

应用示范

第 12 章　神农架林区应用示范总体设计及云平台构建

12.1　示范基地概况

12.1.1　林区概况

　　神农架林区地处湖北省西部山区，西面与重庆市巫山县毗邻，北面至湖北省十堰市，南面至宜昌市以及东面至襄阳市直线距离均在 120km 左右。神农架林区是中国唯一的以"林区"命名的县级行政区划，下辖 6 镇 2 乡，2021 年常住人口为 76140 人。林区地域总面积 3253km^2，其中林地占 85% 以上。神农架独有的地质地貌特征给予了它特殊的生态和旅游价值。2009 年神农架林区获批国家可持续发展实验区，旨在促进神农架林区的生态建设和旅游产业互补的良性循环发展模式，为中西部欠发达地区提供示范和样板。2016 年，神农架林区被正式列入世界自然遗产名录。同年，神农架成为全国首批十个获批的中国国家公园试点之一，以进一步加强林区自然生态系统原真性和完整性保护。

　　与神农架林区拥有的国家或国际级高品质生态和旅游资源优势形成较大反差的是其国家级贫困县的帽子。多年来神农架林区人均 GDP 徘徊在湖北省和全国人均 GDP 一半左右，林区乡镇的经济发展和居民生活处于相对较低的水平，直至 2018 年神农架林区才脱离国家级贫困县的名单。神农架林区居民和地方乡镇强烈的经济和产业发展诉求与国家及湖北省严格的生态环境保护政策时常出现冲突，这些冲突给林区城镇发展规划与建设管理带来理念、方法和实践等各方面的严峻挑战。神农架林区所辖八个城镇聚落离散地分布于三千多平方千米的山区，单个城镇的地形地貌、区位经济和发展历史特征鲜明，整体则构成位于同一生态、经济和行政架构下相互关联的城镇群。本项目选择神农架林区开展应用示范，既针对林区地域特有的社会经济和生态环境需求，同时又具普适代表性，对我国经济发展相对落后的小城镇群的可持续发展具有特别的示范作用。

示范应用的具体内容因各技术模块的功能特性不同其应用地域对象也有所不同，有些是在全林区地域范围开展，有些则是在选定的乡镇社区。本项目选择了林区的 8 个乡镇中的 4 个镇展开林区地域范围之外的具体示范应用。

12.1.2 示范镇概况

（1）松柏镇

松柏镇地处神农架林区东北部，是神农架林区人民政府所在地，是林区政治、经济、文化的中心。行政区由百花坪、狮象坪 2 个居委会及松柏村、堂房村、盘水村、清泉村、龙沟村、八角庙村、麻湾村、红花朵村 8 个行政村构成。行政区域面积 328.81km²，乡镇总人口 29860 人（2017 年）。

松柏镇坐落在巍峨的送郎山南麓，青杨河自西向东流经全镇，南岸是雄伟的大垭、牛栏垭和碑垭，两岸高山对峙，中间是狭长而开阔的平坝。送郎山之北，拥有麻湾、举场两村，古水河经此流至两河口与青杨河汇合后注入南河。全镇生态环境优越，资源丰富，有自然博物馆、送郎山、神柳观溪、梭罗树、赤马灌等景观资源；土豆、玉米、小麦、油菜、杂粮、蔬菜等农特产品资源，以及大量珍稀的中草药材。

松柏镇作为林区政府所在地，1990 年前，集镇总面积 2.2km²，街道 7 条，呈"井"字形格局，房屋多为青石砌筑，有"林海石城"之称。20 世纪 90 年代至 21 世纪初，城区发展较快，变化很大，大部分房屋进行了重建，街道全部铺设了沥青路面和水泥路面，街道两旁铺设了步道砖，全部装有高钠路灯。2002 年 11 月 18 日，林区政府对城区街道予以打通，并更名部分道路，遂逐步形成目前镇区"四纵三横"的路网骨架。

松柏镇镇区的城镇风貌建设已初步形成一轴多组团的空间格局。轴线即青杨河滨水景观带，是林区政府着力打造的一条景观风貌带，滨河沿线的景观风貌已经初步形成，独具特色；建筑质量及风貌较为协调统一，主要建筑、街道界面规整而有变化；公共空间建设方面，松柏镇镇区山水资源禀赋优越，景观视野绝佳（图 12-1）。

图 12-1　神农架林区松柏镇

（2）木鱼镇

木鱼镇于 2001 年 3 月由原木鱼镇、红花镇合并组成，现辖 8 个行政村，2 个居委会，23 个村民小组，镇政府驻红花坪。全镇共 5108 户，总人口 11331 人，国土面积 437km²。根据《神农架林区木鱼镇总体规划修编（2005—2025 年）》中的村镇体系规划，确定木鱼坪社区职能为省级重点旅游中心镇。

木鱼镇位于神农架林区西南部，区位优越，交通便捷。南与宜昌市兴山县接壤，西南与巴东县相邻，西与下谷乡相连，西北与红坪镇、东北与宋洛乡连接。通过国道 209 连接神农架机场和红坪镇，通过省道 252 连接林区北部的宋洛乡、松柏镇，交通条件较好。作为省级旅游度假区，镇内有神农顶、神农坛、天生桥、香溪源等著名旅游景点，是湖北"长江三峡、神农架、武当山"旅游黄金线上的重要节点和游客集散地，是鄂西生态文化旅游圈的核心板块，是神农架旅游接待服务中心，林区对外开放的"窗口"。周围景点密布、风景如画，是神农架林区经济重镇，旅游接待中心镇，对外开放的"窗口""南大门"。

目前，木鱼镇的建设面临着用地压力过大、接待陷入瓶颈等问题，需要大幅度提升木鱼镇旅游设施建设的准入门槛，逐渐转向高端设施，由旅游住宿接待型城镇向文化休闲型城镇转化，整合置换现有居住用地，提升景观质量，集约化发展绿色生态休闲和文化娱乐业，

图 12-2　神农架林区木鱼镇

打造生态与文化观光型城镇（图 12-2）。

（3）新华镇

新华镇位于神农架林区东南边陲，东接襄樊市保康县，南临宜昌市兴山县，西依林区宋洛乡，北靠林区阳日镇，镇政府驻地樟树坪。全镇现辖龙口村、龙潭村、高白岩村、桃坪村、大岭村、马鹿场村、猫儿观村、石屋头村、豹儿洞村 9 个村，共 36 个村民小组，国土面积 228.85km²，总人口 4295 人。

新华镇区位优势明显。209 国道贯通新华南北，距林区松柏镇 53km，兴山古夫镇 50km；离峡口旅游码头 70 余千米，旅游胜地武当山 190 余千米，是"游三峡、探神农、登武当"的便捷之路。且未来郑万高铁线将在此设站，届时新华镇将成为神农架林区的交通中心。新华镇区位优势明显。

新华镇经济事业发展迅猛。以磷矿开采、中药材种植、家禽养殖、技能务工为主的镇域经济实现大飞跃。目前，新华镇对游客的吸引力不足，主要的载客压力仍集中在木鱼镇和大九湖景区，应加强对大寨湾生态旅游区和豹儿沟景区的打造，打通西向旅游交通通道，

图 12-3　神农架林区新华镇

沟通新华镇到西部核心旅游区的连接通道，将新华镇纳入神农架旅游网络系统中，并将其作为区域旅游开发的依托城镇和接待基地，建设成为东部旅游中心城镇（图 12-3）。

（4）红坪镇

红坪镇位于神农架林区中西部，往东北方向与松柏镇相距 25km，西与房县九道乡毗邻，南与木鱼镇接壤，北与房县上龛乡交界。209 国道穿镇而过，是神农架旅游线上的重要节点。红坪镇下辖 8 个行政村、42 个村（居）民小组，总人口为 4759 人（2017 年），总面积 742km²。红坪镇具有神奇的自然景观，丰富的宝藏，动人的传说，可供人们旅游观光、探险猎奇、休闲疗养、科研考察（图 12-4）。

　　红坪镇辖区内拥有神农架机场、国际滑雪场以及神农顶、天燕和红坪画廊景区，周边景点密布，旅游资源丰富。近年来先后获得"全国环境优美乡镇""省级旅游明星镇""省级平安镇""省级文明乡镇"等诸多荣誉称号。目前，红坪镇已逐步成为神农架 5A 级景区的后勤基地和旅游接待服务中心之一。

图 12-4　神农架林区红坪镇

12.1.3　神农架林区发展与规划建设面临的挑战

（1）旅游业的繁荣给生态环境带来巨大压力

　　神农架是我国中部、中西部地区生态环境最为优良的地区之一，在生态环境康益性、舒适性和景观类型丰富程度上与周边其他地区相比具有一定的比较优势，湖北省重点发展"一城两圈"区域旅游协同战略，神农架作为"鄂西生态文化旅游圈"的重要组成部分，其旅游发展正面临重大机遇。目前的神农顶、天燕景区和红坪景区三大景区开发较为成熟，2010 年神农顶接待人数高达 23.6 万人次。但长期以来，神农架的旅游开发过度重视景区景点的开发建设，部分景区存在小规模和粗放式开发，忽视了周边生态环境而造成破坏。

此外，随着旅游人数的剧增，人口的增加将进一步加剧公共服务设施等建设的落后和缺失问题，旅游基础设施配套建设空间分配不足，旅游观光产生的固体垃圾、废水等都会给生态环境带来严重影响。

（2）特殊的自然基质条件

神农架林区地处大巴山系，高差巨大，地貌沟壑纵横，层峦叠嶂，决定了林区的生态系统对外界的抵抗能力和自我恢复能力较低。此外，神农架林区是我国国家级自然保护区，区内森林覆盖率达到91.1%，森林活立木蓄积量达到2319万 m³，森林生态系统承担着水源涵养和水土保持的重要生态功能，一旦森林生态系统遭到破坏，势必造成水土流失和洪涝灾害，造成整个生态系统的恶化。

（3）自然资源的掠夺式开发和不合理利用

近年来，随着人口的扩张和经济的发展需要，林区进行了大规模的城市建设活动，而落后的开发利用模式导致了资源的过度开发利用，是加速生态环境恶化的主要驱动力。神农架林区属于湖北省经济发展较为落后的地区，经济和人口总量均排在同级别行政区的末尾，常年只有湖北省和全国平均人均生产总值的一半左右，贫困和落后直接导致了粗放生产生活方式的产生，对自然资源的掠夺式开发和不合理利用，使林区生态环境受到重创，生态承载力降低，最终导致生态效益与经济效益的发展失调。此外，林区具有丰富的矿产资源，但均为小型矿山，而且开采方式粗放落后，矿产资源利用率较低，也对生态环境造成严重威胁，人均耕地面积呈现逐年下降的趋势且可供大规模城市开发建设和工业开发的土地资源逐渐减少，这种掠夺式的生产经营方式导致生态环境质量不断下降，生态系统的自我维持和恢复能力急速下降，生态承载力降低，形成一个恶性循环。

（4）生态保护设施和保护政策缺失

由于林区经济基础较弱，发展速度较慢，目前的经济水平已经严重制约了对生态环境的改善，林区工业废水的达标处理率仍然处于低水平，且随着工业的不断发展，这种处理能力的缺口将不断拉大，政府在面对生态环境改善工程时由于经济问题也变得束手无策，虽然花费了大量的人力物力，却无法快速有效地遏制生态承载力的下降。

12.2 应用示范技术集成门户

项目研发的技术系统和应用模块依托于湖北省时空信息云平台完成技术集成。湖北省时空信息云平台基于湖北省时空大数据中心，升级改造湖北测绘地理信息局生产体系和"数字湖北"地理空间框架，建立新型基础测绘地理空间数据——时空数据集成库和时空数据管理系统，并将新的数据集成库、时空数据管理系统、湖北省共享交换平台以及"天地图·湖北"进行整合建设，形成以时空信息云平台为核心的时空数据生产、管理、服务与应用体系，为湖北省政务管理、公众服务提供按需的时空信息和相关的功能服务。

图 12-5 显示的是面向神农架林区规划建设与管理服务的应用示范云平台总体架构。

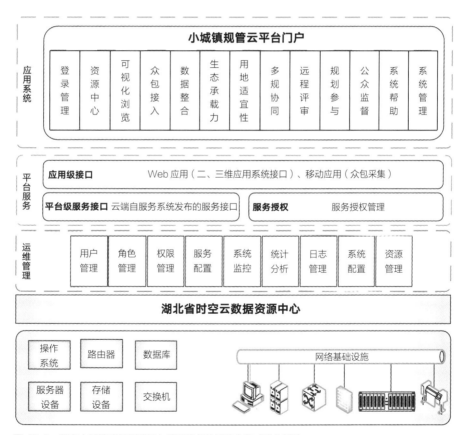

图 12-5　面向小城镇群规划建设与管理服务的云平台集成总体架构

图 12-6　面向规划管理的神农架林区云平台门户

该云平台应用项目研发的多源数据融合和众包数据采集与管理系统，集成 ESRI 云套件、Skyline，调用湖北省时空信息云平台可视化展示系统、用户权限管理系统以及运维管理系统，为神农架林区规划建设和管理提供一站式云服务。各项服务功能和内容均通过互联网完成。

图 12-6 显示的是小城镇群智慧规划建设和综合管理技术集成与示范云平台的门户页面，从此页面大众用户以及专业和管理人员用户通过 PC 或手机终端进行相应的应用操作，页面同时链接技术操作指南和项目管理及研发背景等信息资料。该云平台集成门户首页包括十个功能窗口，其中四个为云服务的支撑技术子系统，六个为规划管理应用的技术子系统。本章卜文介绍基于神农架林区示范应用的云服务平台构建的核心内容。随后的第13 ~ 15 章介绍六个规划管理技术了系统的示范应用。

12.3 云服务平台建设

集成示范系统采用基于面向服务架构（SOA）的基本思想和方法，实现数据浏览、信息查询、辅助工具等功能。通过分布式、多源数据的调用，以空间数据为主，实现数据的集中管理，减少数据冗余，提高数据的使用效益。该系统协同高性能计算资源和网络服务资源，调用与地理空间相关联的各类规划建设与管理数据，从不同层次、不同角度向不同需求的用户提供及时、高效的数据空间分布和属性信息。

神农架林区应用示范是构建在省级云平台上的业务应用体系，以云服务平台的标准接口和规范进行封装与集成。基于这个统一的集成平台，政府、民众和企业等用户直接使用打通的资源服务。在云服务平台的支持下，各类其他应用示范将更加灵活、按需可扩，能够充分利用云平台提供的服务、功能、存储、开发等工具，实现智能化、弹性化的开发应用。

12.3.1 平台信息流与接口设计

虽然云平台的服务引擎已经给出资源与算法的封装流程和服务接口，但从集成角度而言，云平台的数据服务集成与应用示范集成需要特别注意信息与数据的流向，从而特别注意各集成部件之间的接口设计。云服务平台的内部接口和外部接口概述如下。

（1）内部接口

小城镇群规划建设与管理服务云平台通过门户网站与内外部进行时空数据与信息的共享交换和运行管理。内部接口主要定义时空信息云平台内部各子系统之间的数据与信息传递，传递的信息须在标准化的基础上，依据数据和信息传输协议，实现系统间的数据和信息传输。内部接口关系主要包括云设施系统平台、时空数据汇聚系统、时空数据关联融合系统、时空数据库管理平台、时空信息服务管理系统、软件开发平台、运维管理系统、安全管理系统以及门户网站之间的接口。其逻辑关系如图 12-7 所示。

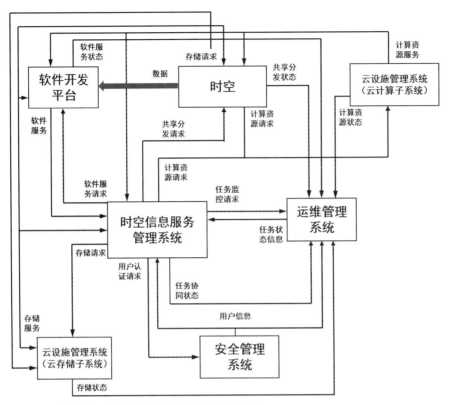

图 12-7　神农架林区规划建设与管理云服务平台内部接口

（2）外部接口

小城镇群规划建设与管理服务云平台外部接口包括与部门行业应用、数据生产监测体系、产业部门、重大工程项目相关的系统之间以及原有系统之间的接口等关系（图12-8）。

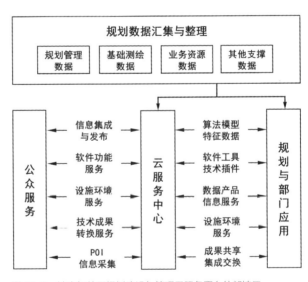

图 12-8　神农架林区规划建设与管理云服务平台外部接口

　　　　　　　　基于云服务与众包技术的小城镇群国土空间规划支撑系统

12.3.2　资源中心

数据集成的内容主要包括时空信息数据和业务专题数据，它们构成云平台的主要资源。资源中心也包括规划算法服务与众包接口服务。

（1）时空信息数据

时空信息数据主要是基于湖北省时空信息云平台已有的各类测绘地理信息数据成果进行建库，包括各种比例尺的 4D 产品（DLG、DOM、DEM、DRG）、行业共享交换的地理信息数据、网络地理信息数据、地名地址数据、地理国情普查数据等，通过清洗、转换、拼接、融合（镶嵌）、一致性处理、对象化、质检等过程，形成时空信息"一张图"，为应用提供数据支撑。

（2）业务专题数据

业务专题数据包括规划管理数据、众包业务专题数据以及其他业务专题数据，规划管理数据包括规划编制成果数据、规划审批业务数据和规划业务属性数据以及相关管理和图档数据，众包业务专题数据包括终端采集的各类图像、文本、语音、GPS 等数据。

资源中心主要提供地图、服务、三维、要素、政务等相关资源分类展示功能，用户可在资源中心查找所需的资源。图 12-9 显示的是神农架林区规划管理云平台的基础资源服务目录。

在资源中心，点击某一具体的资源服务，云平台可以给出其具体的信息。图 12-10 显示的是在云平台集成的一组神农架林区基础地理数据。对于这个基础地理数据服务，云平台将之以标准的接口形式输出，比如这里调用的第三方的 ESRI 以在线二维可视化手段呈现出来。对平台用户来说，这种标准的服务接口（这里是 OGC MapService）可以方便用户进行二次开发与高级的自组服务。

通过云平台的可视化子系统，城镇建设与规划信息可以实现二维和三维展示，为规划方案和管理政策开展大众宣传、专家交流和决策审批提供直观的信息。图 12-11 所示为神农架林区智慧规划管理可视化系统。

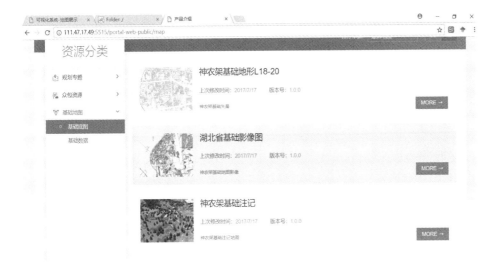

图 12-9　神农架林区云平台数据资源服务目录

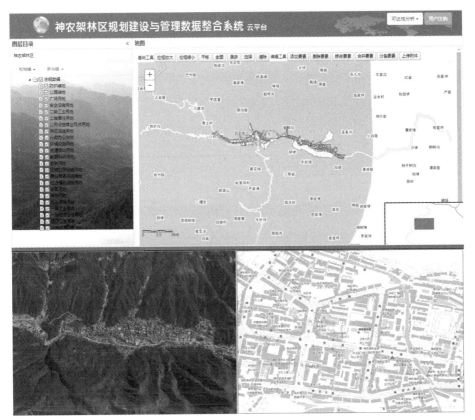

图 12-10　神农架林区云平台数据集成

　　基于云服务与众包技术的小城镇群国土空间规划支撑系统

图 12-11　神农架林区智慧规划管理可视化系统

12.3.3　平台管理与安全机制建设

基于开放体系的云平台安全机制建设需要通盘考虑。健全的云平台操作系统为管理平台上的软硬件资源提供了统一的管理机制。安全机制建设实施要点主要包括数据安全和用户安全。

首先，云平台操作系统提供统一的访问控制，包括用户、角色、权限的安全体系设计。其次，云平台对数据具备服务级监控能力；容器化虚拟机的备份机制对云上服务的数据提供数据一致性协调的副本与高可用安全保护，提高了数据自身的安全性。最后，所有提供给外网的数据必须做好脱密工作，并对数据采用存储加密与数字签名，以确保数据的安全性。

在云服务平台进行统一的用户管理和依附于用户（及组织结构）的租户管理可以提供有效的安全管理，这对于云平台建设来说具有重要意义。用户权限管理系统提供云套件资源系统、服务管理、门户网站等系统的统一身份管理，与统一身份认证系统进行用户信息与用户认证的交互，对功能资源、角色、机构以及身份的权限控制进行统一的管理。

本系统设计区分两种类型用户，分别是管理员和普通用户。系统也允许自定义其他的用户并赋以组织结构，并通过角色管理进行权限分配。目前，系统只对服务代理系统作了权限控制。用户管理操作包括：①用户添加：可以点击顶端的"用户添加"按钮来增加用户；②组织机构管理：添加、删除、编辑组织机构；③角色管理：实现角色的添加、删除、修改。

12.3.4　服务管理

服务引擎与服务管理是云平台服务的核心。服务发布管理模块是时空平台对外发布服务管理中心，负责时空平台服务所有类型的服务和第三方服务的注册、分类、服务控制、服务发布，并对所管理的服务提供关键字检索。该模块含服务注册、服务发布、服务运行控制、服务查询展示和服务运行维护等组成部分。具体功能简介如下。

1）服务注册：制定服务元数据，定义各类服务的接口元数据，进行服务注册。注册的服务可以是时空信息云平台提供的服务，也可以是第三方开发的服务。

2）服务发布：通过选择目前服务信息数据库中已经注册的服务信息，进行代理发布，发布需要设置代理服务的基本信息，包括服务的类型，以及服务的名称等。服务发布可以发布基础地理空间地图服务和专题数据空间地图服务。进入"服务列表"页面，可以查看到新增的服务是否发布成功。

3）服务运行控制：通过选择目前服务发布数据库中已经发布的代理服务信息，控制代理服务的启动、刷新、停止和删除等。目前，服务注册设计只提供管理员进行功能操作。

4）服务查询展示：管埋员可以通过目前服务信息数据库中已经注册的服务，对服务进行分类展示，并提供分类检索和关键字检索等。普通用户只能对平台发布代理服务的服务进行服务分类浏览，以及服务分类检索和关键字检索等。

5）服务运行维护：包含服务申请、服务审核、服务监控展示功能。提供普通用户对系统发布的服务进行使用申请，包括提供服务列表分类选择，提交申请信息，供管理员进行审核。

12.3.5　服务组装与调用管理

服务智能组装模块使用服务管理支持智能组装服务资源的注册与发现，使用流程编排工具对服务链工作流程进行编排；使用流程管理工具支持流程的部署、卸载、删除，以及实现流程服务的自动发布功能和执行；使用流程执行引擎来响应外部请求，对流程进行调度执行，在执行中可以按照流程图适配和调用对应的服务；通过流程监控工具对流程执行实例进行监控，跟踪流程的执行进度，记录流程中产生的数据，并记录流程调用中产生的错误，且支持错误的修复。

服务智能组装模块由智能组装服务注册与发布、服务查询与绑定、服务流程定制、服务组合执行与聚合服务发布等部分组成。用户利用服务注册中心，发布各类规划数据服务、规划算法服务、OGC 规范化服务，在流程编制之前可以进行相关服务的查询，利用查询到的服务构建服务流程，经过绑定与验证后，可以进行流程执行，执行后的结果入库到用户对应的空间云存储中，同时返回客户端进行可视化展示。

（1）智能组装服务注册与发布
系统支持服务的在线注册，并提供标准化封装规范，经过封装化的服务能够发布到注册中心，进行统一的管理。具体包括服务注册、服务化封装、服务发布等功能。

（2）服务查询与绑定
依据名称、功能、用户等条件查找注册中心对应的原子服务和复合服务，支持具体服务实例的绑定，服务输入输出参数的设置，具体内容包括服务查询、服务实例绑定、服务输入参数设置、服务输出参数设置等结构化模块。

（3）服务流程编排
提供服务链构建工具，提供串行、并行、异步等不同执行方式的流程编排，并检查服务流程的有效性，支持流程关联数据溯源等能力，具体功能包括服务流程可视化编排、服务流程有效性验证和流程关联数据溯源。

（4）服务组合执行

服务流程启动后，进行具体的执行，执行过程中可以动态监测服务流程执行的状态，资源的占用等，并将执行结果入库，具体功能包括服务流程启动、服务流程数据绑定、服务流程执行过程监控和服务执行结果入库。

（5）聚合服务发布

自动聚合用户的有效服务流程，匹配和绑定服务，并将聚合服务发布到服务注册中心并完成聚合服务封装与发布，方便用户进行聚合服务层次的共享，具体功能包括聚合服务封装、聚合服务部署和聚合服务发布。

12.3.6 平台服务

平台服务（PaaS）提供云上资源申请，并以此建立云站点。在用户自服务门户端，用户可以进行云 GIS 站点申请和创建，同时可以在任务管理中，监控到站点创建的每一个环节和耗时，让用户充分把握站点创建流程。从租户角色而言，用户可以查看、管理、申请云端站点资源。这里涉及云盘、虚拟 CPU、内存等硬件的分配与调度。通过统一的门户入口和统一的用户与租户管理，用户可以在这里进行自助服务。

租户（用户）可以申请一定的虚拟计算资源与存储资源。对于申请到的平台资源以及站点服务，用户 / 系统管理员可以观察了解云平台整体的执行状况。租户（站点管理员）和系统管理员也可以设置站点的调整模式为智能模式或者手动模式。当设置为智能模式时，需要设置 CPU 上限、CPU 下限、CPU 持续时间等内容，即通过云平台自身的机制完成自动的弹性调度。需要汁意的是，这种敏捷的弹性伸缩与高可用度是以可管控的容器化封装为基础的。

信息通告部分实现在平台中发布云平台与规划管理的新闻、信息、公告、通知等内容。

图 12-12 所示的是神农架林区规划管理云平台服务管理运行状态的截屏。

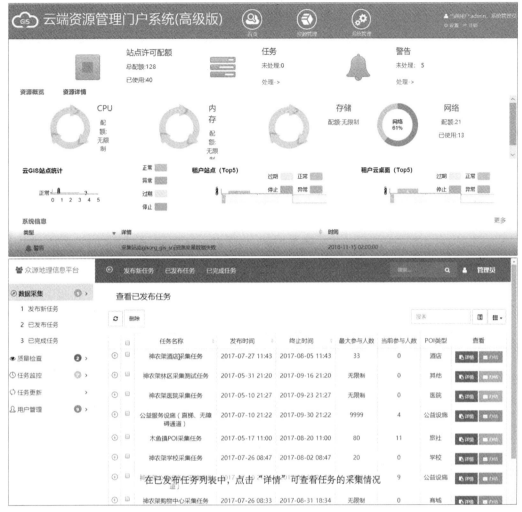

图 12-12　神农架林区云平台服务创建与管理

12.3.7　众包数据采集、分类与动态接入

神农架林区应用示范成功实现了基于手机终端的众包数据采集、分类和动态接入。图 12-13 所示的是手机终端数据采集和云平台显示的采集任务完成状态。

（1）图像数据压缩
通过众包模式采集的数据需进行压缩后存储，以利于存储资源的有效利用和数据调

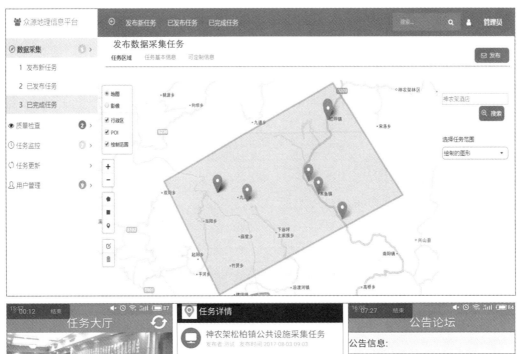

图 12-13　神农架林区智慧规划管理基于云平台的众源数据采集

用的便捷化。表 12-1 所示的是对图像、文本和语音数据完成压缩前后的文件大小。图像压缩选用行程编码完成，表中示例图像压缩前为 520kB，压缩后为 46kB，压缩比达到 8.84%，且压缩前后画质变化不大，具有良好的压缩效果。

（2）文本数据压缩

众源地理数据采集中的文本数据具有单条文本信息数据量较小、总量较多的特点。收集三组中短篇新闻构成文本压缩的 txt 格式的测试集。使用霍夫曼编码对以上测试集进行文本压缩实验。霍夫曼编码对于所占空间更大的文件压缩效果更好。对众源地理数据采集和中短篇新闻这样的短小文本来说，一般该方法可将其压缩至三分之一到二分之一大小，占用储存空间较小。

（3）语音数据压缩

众源地理数据采集中的音频数据与文本数据有类似特性，单条音频数据往往由用户反映简短的信息，数据量较小但总量较大。压缩通过 MP3 格式编码完成。对于原始音频数据，使用 MP3 格式编码压缩后的文件一般可以压缩至原大小的六分之一到八分之一。一般来说，MP3 格式能实现一分钟音频对应 1000kB 左右的音频文件大小。

各类数据压缩前后对比　　　　　　　　　　表 12-1

	数据文件压缩前	数据文件压缩后
众包采集图像示例		
图像	520kB	46kB
文本	3.57kB	1.45kB
音频	1762.6kB	307.2kB

神农架林区规划管理云平台在湖北省地理信息中心的三台服务器上部署了以分片与副本混合模式的 MongoDB 分布式数据库，每台服务器的详细信息如表 12-2 所示。

存储服务器信息表　　　　　　　　　　　　　　　　　　　　表 12-2

	IP	Mongos	Config server	Shard server1	Shard server2	Shard server3
服务器 1	172.30.1.159	21000	20000	27001 主	27002 仲裁	27003 副
服务器 2	172.30.1.160	21000	20000	27001 副	27002 主	27003 仲裁
服务器 3	172.30.1.161	21000	20000	27001 仲裁	27002 副	27003 主

项目示范将采集的 41.7 万条众包数据插入分布式数据库中，经一致性哈希方法计算后，分别存储在三个存储节点上，并同步到另外两个 MongoDB 数据库中。其中，以服务器 1 为主节点的 MongoDB 分布式数据库的节点 1 存储了 112097 条数据，节点 2 存储了 144051 条数据，节点 3 存储了 160852 条数据。以服务器 2 为主节点的 MongoDB 分布式数据库的节点 1 存储了 112097 条数据，节点 2 存储了 144051 条数据，节点 3 存储了 160852 条数据。以服务器 3 为主节点的 MongoDB 分布式数据库的节点 1 存储了 112097 条数据，节点 2 存储了 144051 条数据，节点 3 存储了 160852 条数据。分片与副本混合模式的 MongoDB 分布式数据库，既能将众包数据均匀地分布在不同的存储节点中，同时也能自动备份至另外两个服务器上，提高数据库的容灾性。

12.4　本章小结

小城镇群规划建设与管理的云服务平台在神农架林区开展了应用示范。示范应用云平台的构建充分利用由湖北省测绘信息地理中心完成的《数字神农架地理空间框架建设》课题的软硬件设施和信息数据基础，搭建于湖北省时空信息云平台。云平台集成门户首页包括十个功能窗口，其中四个为云服务的支撑技术子系统，六个为规划管理应用的技术子系统。通过示范云平台的门户页面，大众用户以及专业和管理人员用户可以在 PC 或手机终端进行应用需要的操作，页面同时链接技术操作指南和项目管理及研发背景等信息资料。

第13章　神农架林区生态承载力评估与建设用地适宜性评价应用示范

13.1　神农架林区生态承载力评估示范应用

神农架林区处于鄂西生态文化旅游圈，区内地形高差大，垂直气候差异明显，在中纬度地区中，神农架林区保存有完好的亚热带森林生态系统，被联合国教科文组织确定为"人与生物圈"保护区网成员和"亚洲生物多样性保护永久性示范地"，是我国向世界展示生态保护成果的重要窗口。2000年，神农架启动了"天保工程"以有效地保护林区范围内生态安全及生物多样性。2016年7月神农架被列入《世界自然遗产保护名录》。

13.1.1　示范内容与工作流程

（1）示范区生态承载力评价子系统建设

本项目研发的适用于山区偏远地区小城镇群的生态承载力评估子系统在神农架地区开展应用示范。示范工作针对林区实际，建立相应的生态承载力评估指标体系，选取基于神农架数据基础的因子进行生态评估，建立神农架林区生态敏感性分区。具体示范工作内容包括：①获取神农架林区基础资料进行标准化和数字化预处理；②针对林区现状和评价目标，构建目标层、准则层和指标层，建立生态承载力评价体系；③运用生态承载力子系统进行评价；④分析林区生态敏感度分区现状，为林区生态保护和城镇发展提供建议。

（2）系统应用推广

为了在神农架林区有效示范和推广应用本子系统，项目组邀请神农架林区住建、规划、国土等多个部门专业人员参与了多场动员会议和培训，内容不仅包含子系统各业务流程模式、用户权限、结果汇总等系统使用方式，还与项目组成员就如何深化已有平台功能使其更贴近当地用户使用习惯进行了深入交流。基于当地各部门的新需求，项目组进一步完善子系统各技术模块内容，最终使得子系统研发成果在当地获得了应用支持。

13.1.2　示范应用结果

（1）数据来源与储存

示范应用确定 2015 年为基准年汇总神农架林区各项数据。基础地理信息和空间数据主要来源于湖北地理信息中心，社会经济数据大部分来源于《湖北省统计年鉴 2016》《神农架林区统计年鉴 2016》《神农架林区 2016 年国民经济和社会发展统计公报》和林区其他相关行业数据及报告，部分数据因来源差异而不同，经多方比较和咨询选用更加精确的数据。

本应用示范中所用到的数据分为属性信息和空间信息两类。其中，属性信息包括神农架林区各镇域社会经济发展数据、各自然因素数据，具体如神农架林区各镇乡总人口、乡村人口数、耕地面积、农村居民人均可支配收入、招商引资等；空间信息主要包括神农架林区行政边界及各镇行政边界、DEM 影像数据、土地利用现状、道路交通网络数据、建筑数据等，主要来源于地理信息中心的 1∶10000 基础影像图。整合的数据存放于湖北省云平台，搭建专用的虚拟机，在虚拟机中架设生态承载力评估数据库，储存系统源代码和分析所需数据，用于进行基于云平台的数据分析和生态承载力评估操作。

（2）数据的预处理

空间数据如行政边界、高程、坡度、汇水区、河流、湖泊、地貌、建筑、公服和市政用地等都是以矢量数据的形式提供，为保证数据的空间匹配性，数据投影方式和比例尺应该进行统一，统一方式包括坐标系统的建立和格式的转换。在 GIS 中，叠加分析主要是栅格数据的叠加，而高程、坡度、汇水区等的土地覆被差异很大，因此，对多要素进行空间数据栅格化后，输出各专题数据，其中每个评价单元大小设置为 50m×50m。

在 ArcGIS 平台上进行叠加分析前，由于输出的各个要素专题图量纲不一，无论是在各指标因子的分级值还是在计量单位上都存在一定的差异，不具有可比性，因此需要对选定的指标因子制定统一的等级划分标准，使其在进行多因子综合分析时，不至于失去因子要素间的可比与合理性。具体操作上需要将各指标因子的变化情况和导致生态恶化的阈值相比较，依据该因子变化所引起的生态承载力的变化程度，对因子进行重新分类。经过量化重新分类后的数据是一组反映其属性特征的数值，范围位于 0 ~ 5，值越大意味着生态承载力越大，值越小意味着生态环境越敏感，生态条件较为脆弱。

图 13-1 所示的是面向神农架林区应用的生态承载力评估系统数据叠加整合页面。

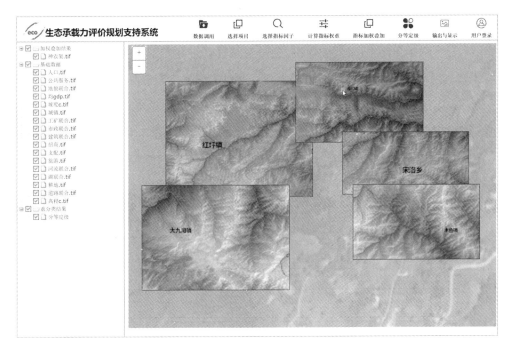

图 13-1　神农架林区生态与建成环境数据整合

主要数据及其生态承载力赋值说明如下并汇总于表 13-1。

1）海拔：神农架林区主要山脉呈东西向横亘于神农架西南部，神农顶以海拔 3105.4m 占领制高点，最低点为下谷坪乡的石柱河，高程为 398m，相对高差 2707.4m，因此，高程大于 3000m 和小于 500m 的生态较为脆弱，赋值 0，高程为 2000 ~ 3000m 的赋值 1，高程为 1000 ~ 2000m 的赋值 3，高程为 500 ~ 1000m 的赋值 5。

2）坡度：用来表示神农架林区地表陡缓的程度，神农架林区地表起伏较大，因此，对坡度大于 25°的赋值 0，坡度在 15° ~ 25°之间的赋值 1，坡度在 8° ~ 15°之间的赋值 3，坡度小于 8° 的赋值 5，表明坡度越大，生态承载力越小，生态较为脆弱。

3）水系：利用林区 DEM 数据，提取林区汇水区，合并林区现状河流与湖泊组成林区水系图，对其作多环缓冲区分析，水系 100m 以内的赋值 0，生态极敏感，100 ～ 200m 的赋值 1，200 ～ 300m 的赋值 3，300m 以上的赋值 5。

4）地貌：将神农架林区特殊地貌进行汇总，提取砂砾地、露岩地和滑坡赋值 1，缓冲区 100m 以内的赋值 3，100m 以外的赋值 5。

5）建筑物：选取林区建成区高层建筑、普通建筑和其他建筑赋值 5，缓冲区 100m 以内的赋值 3，100m 以外的赋值 1。

6）公服和市政用地：选取林区公共服务设施用地和市政设施用地赋值 5，缓冲区 100m 以内的赋值 3，100m 以外的赋值 1。

7）人口：人口数据统计以乡镇为统计单元，人口越少，生态越脆弱，人口小于 5000 的赋值 0，5000 ～ 10000 的赋值 1，10000 ～ 20000 的赋值 3，20000 以上的赋值 5。

8）人均可支配收入：依据统计数据划分人均可支配收入的等级，对人均可支配收入在 6500 元以内的赋值为 1，对人均可支配收入在 6500 ～ 7000 元的赋值为 3，对人均可支配收入大于 7000 元的赋值为 5。

9）城镇化率：城镇化率为一定地区内城镇人口占总人口的比例，实质上反映的是居住在城镇的人口可以享受到城镇服务设施的状况。在神农架林区生态承载力评价中，将城镇化率小于 10% 的赋值为 1，城镇化率在 10% ～ 30% 之间的赋值 3，城镇化率在 30% 以上的赋值为 5。

10）耕地：神农架林区地形坡度较大，但在一些地形条件较好的谷地开垦农田，种植作物，如木鱼镇。对耕地面积在 10000 亩以上的赋值为 1，在 5000 ～ 10000 亩的赋值为 3，在 5000 亩以内的赋值为 5。

11）人均 GDP：利用林区各镇总人口与各镇 GDP 计算得到各镇人均 GDP，人均 GDP 在 10000 元以内的赋值为 0，人均 GDP 在 10000 ～ 20000 元之间的赋值为 1，人均 GDP 在 20000 ～ 30000 元之间的赋值为 3，人均 GDP 在 30000 元以上的赋值为 5。

12）旅游资源量：神农架林区的旅游资源主要为自然景观，景源依托主要是高山峡谷地带、奇特的山地景观、丰富的生物资源、历史悠久的神农传说、神秘的"野人"之谜等。目前主要有古人类活动遗址、燕子垭、天门垭、刘享寨、燕子洞、野人洞、长寿村、大龙潭、神农谷、太子垭、板壁岩、香溪源、官门山等景观资源。依托镇域单元，统计旅游景源数量，对数量大于 60 个的赋值为 0，数量在 40 ～ 60 个的赋值为 1，数量在 20 ～ 40 个的赋值为 3，数量小于 20 个的赋值为 5。

13）政府招商引资额：政府招商引资主要是指政府吸收投资（主要是非本地投资者）的活动，一度成为各级地方政府的主要工作，并且在各级政府工作报告和工作计划中出现。神农架林区因为地理位置偏远和交通不便等原因，招商引资受到限制，各镇招商引资额在 50000 元以内的赋值 3，50000 元以上的赋值 5。

14）道路交通：道路交通在生态承载力评价分析中为空间数据，对其作缓冲区分析，因此，将缓冲区为 100m 以内的赋值为 5，缓冲区在 100 ～ 200m 的赋值为 3，缓冲区在 200 ～ 300m 的赋值为 1，缓冲区在 300m 以上的赋值为 0。

属性数据生态承载力赋值标准　　　　　　　　　表 13-1

评估因子	极敏感 0	敏感 1	较敏感 3	弱敏感 5
高程（m）	>3000、<500	2000 ～ 3000	1000 ～ 2000	500 ～ 1000
坡度（m）	>25	15 ～ 25	8 ～ 15	<8
汇水区（m）	<100	100 ～ 200	200 ～ 300	>300
河流（m）	<100	100 ～ 200	200 ～ 300	>300
湖泊（m）	<100	100 ～ 200	200 ～ 300	>300
地貌（m）	—	0	0 ～ 100	>100
建筑（m）	—	—	>0	0
公服和市政用地（m）	—	>100	0 ～ 100	0
人口（人）	<5000	5000 ～ 10000	10000 ～ 20000	>20000
人均可支配收入（元）	—	<6500	6500 ～ 7000	>7000
城镇化率（%）	—	<10	10 ～ 30	>30
耕地面积（亩）	—	>10000	5000 ～ 10000	<5000
人均 GDP（元）	<10000	10000 ～ 20000	20000 ～ 30000	>30000
旅游资源量（个）	>60	40 ～ 60	20 ～ 60	<20
招商引资额（元）	—	—	<50000	>50000
道路交通（米）	>300	200 ～ 300	100 ～ 200	<100

该子系统也可依用户需求对数据图层独立作分析和输出。图 13-2、图 13-3 所示为神农架林区地形地貌图层和社会经济与城镇发展数据图层及二维展示。

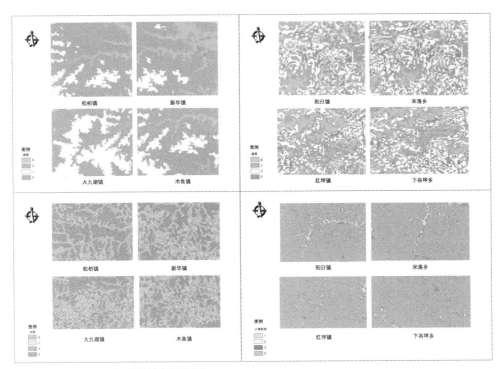

图 13-2　神农架林区地形地貌基础数据图层

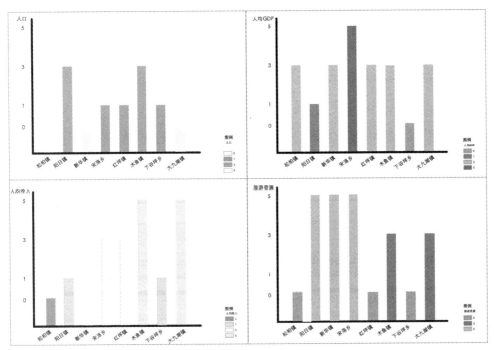

图 13-3　神农架林区社会经济与城镇发展数据图层

—————————————————————— 基于云服务与众包技术的小城镇群国土空间规划支撑系统

（3）生态承载力评价因子权重的分配

开展生态承载力评估是可持续发展研究与应用的基础工作，但目前尚未有一个统一固定的模板。在对指标进行整体性综合评价时，需要根据综合水平下各指标的作用力大小给出衡量的具体数值，即为权重。系统设计了三种确定指标权重的方法，主观赋值法和客观赋值法，主观赋值法包括 AHP 法和德尔菲法，客观赋值法包括灰色系统法，其中主观赋值法是对所有数据的赋值打分，客观赋值法（灰色系统法）主要对属性数据进行赋值，最后进行一个复核权重的核算。

采用 AHP 法经过计算和系统运行得到的权重见表 13-2。

AHP 法下各评价因子权重值   表 13-2

指标因子	自然因素				社会因素						经济因素			域外联系
	高程	坡度	水系	地貌	建筑	公服和市政用地	人口	人均可支配收入	城镇化率	耕地面积	人均GDP	旅游资源量	政府招商引资额	道路交通
AHP法	6				2.7						0.9			0.4
	2	1	2	1	0.3	0.3	0.6	0.2	0.7	0.6	0.2	0.5	0.2	0.4

采用德尔菲法对 4 个指标层的 14 个单因子进行权重的确定，邀请从事城市规划、地理学、生态学、环境学、土地资源管理的 20 位专家就单因子对生态环境的重要性进行比较和分析判断，得到的权重见表 13-3。

德尔菲法下各评价因子权重值   表 13-3

指标因子	自然因素				社会因素						经济因素			域外联系
	高程	坡度	水系	地貌	建筑	公服和市政用地	人口	人均可支配收入	城镇化率	耕地面积	人均GDP	旅游资源量	政府招商引资额	道路交通
德尔菲法	5				2.8						1.6			0.6
	2	1	1	1	0.3	0.3	0.7	0.4	0.7	0.4	0.7	0.5	0.4	0.6

选取属性数据包括人口、人均可支配收入、城镇化率、耕地面积、人均 GDP、旅游资源量和政府招商引资额，以属性数据形式导入生态承载力评价系统中的灰色系统法计算模型，得到的权重见表 13-4。

灰色系统法下各评价因子权重值 表 13-4

指标因子	自然因素				社会因素						经济因素			域外联系
	高程	坡度	水系	地貌	建筑	公服和市政用地	人口	人均可支配收入	城镇化率	耕地面积	人均 GDP	旅游资源量	政府招商引资额	道路交通
灰色系统法	—	—	—	—	—	—	0.1437	0.1396	0.1148	0.1506	0.206	0.1149	0.1304	—

计算 AHP 法、德尔菲法所得权重的平均值，再利用灰色系统法计算得到的属性数据的权重与计算 AHP 法、德尔菲法所得权重的平均值取平均值，将此平均值与没有进行灰色系统法计算的空间数据进行加权运算，最终得到的复合权重见表 13-5。

主客观综合评价法下各评价因子权重值 表 13-5

指标因子	自然因素				社会因素						经济因素			域外联系
	高程	坡度	水系	地貌	建筑	公服和市政用地	人口	人均可支配收入	城镇化率	耕地面积	人均 GDP	旅游资源量	政府招商引资额	道路交通
最终权重	0.55				0.275						0.125			0.05
	0.2	0.1	0.15	0.055	0.165	0.03	0.0596	0.0387	0.0545	0.0506	0.0575	0.0445	0.0372	0.05

经过 AHP 法、德尔菲法和灰色系统法最终计算确定，自然因素权重为 0.55，社会因素权重为 0.275，经济因素权重为 0.125，域外联系权重为 0.05，自然因素权重值最大，这也说明在生态承载力评价中，与生态总总相关的自然坏境比社会因素、经济因素和域外联系重要；在自然因素中，高程的权重为 0.2，比坡度、水系和地貌的权重值都要大，说明高程的变化对生态承载力影响较大；社会因素中，建筑的权重高于公服和市政用地、人口、

人均可支配收入、城镇化率和耕地面积；经济因素中人均 GDP 的权重为 0.0575，略高于旅游资源量和政府招商引资额的权重；域外联系中的道路交通权重为 0.05。

（4）生态承载力评价加权叠加分析

叠加分析模块需要将各因子的等级划分图与所选指标因子一一对应并建立连接，点击加权叠加按钮，系统则会根据各指标因子的权重对所有图层进行栅格加权叠加分析，并生成加权叠加结果图层。结果以系统默认色彩进行显示，每个栅格的最终评价值以属性数据的形式显示在图层中。

（5）神农架林区生态承载力分等定级

区域生态承载力状况的判定一般较为复杂，需要综合考虑各方面因素。分等定级评价可以使评价结果更加清晰明了，提高对生态承载力评价的准确性，更有针对性。经过生态承载力系统的叠加分析，最终的评价值在 0.1 ~ 4.35，评价结果主要反映了生态系统的自我抵抗能力和生态系统受到外界干扰后的自我修复和更新的能力，分值越大，表示生态系统的承载能力越高。在系统中，分等定级模块呈现出系统默认的拉伸符号系统，叠加结果并不是最终的评价结果图，还需要对评价值区间设置阈值来定义承载力等级。综合以往研究经验和神农架生态承载力具体分析结果，依据分等定级标准对叠加分析结果进行分等定级，其中，评价值在 0.1 ~ 2.5 的为生态极敏感区域，评价值在 2.5 ~ 3.1 的为生态敏感区域，评价值在 3.1 ~ 3.7 的为生态较敏感区域，评价值在 3.7 ~ 4.35 的为生态弱敏感区域。在系统操作中，点击面板上的分等定级按钮，可以对评价值进行等级的划分，划分的方法有四种，分别为手动、相等间距、定义的间距、标准差。管理员选择手动，则可在页面右下方手动录入要分割的断点，管理员可以手动添加或删除。管理员选择相等间距，下方会显示分类等级下拉列表，管理员选择要划分的等级，即可在右下方的列表中显示自动划分的断点。管理员选择定义的间距，可以根据具体需要，改变划分的级别和阈值，下方会弹出间距输入框，管理员输入要划分断点的间距，系统将会自动计算，将断点结果显示在右下方。管理员选择标准差，下方会显示标准差的值和用户希望的 1、1/2、1/4 不同标准差的倍数，选择完成后，系统会自动计算，将断点结果显示在右下方。

（6）神农架林区生态承载力评价结果分析

从图 13-4 可以看出，林区生态承载力总体上呈现适载的状态，整个林区的生态承载力还能继续维持区内生态系统的正常功能，但仍有较大改善空间。空间分布上，生态承载力低的区域主要集中在林区中部以及中部偏南和中部偏北，生态极为敏感，林区南部和东部区域生态承载力较高，生态敏感度较低。数量上，林区有 1562.08km² 为生态敏感区，占全区总面积的 49%，较敏感区域为 1013.33km²，占全区总面积的 32%，极敏感区域为 498.33km²，占全区总面积的 15%，弱敏感区域为 142.09km²，占全区总面积的 4%（表 13-6）。

按照行政区划分来看，下谷坪乡和红坪镇生态承载力较低，大部分区域生态环境极为敏感，生态超载的情况极易发生，很容易造成生态系统的退化，并且在受到外界干扰和破坏后恢复困难，生态环境问题较大，生态灾害较多。两镇生态承载力低与地形因素息息相关，海拔多在 2300m 以上，也是华中最高峰神农顶所在位置，这也造成了此区域坡度较大、河流较多。松柏镇也有少部分区域生态承载力较低，生态较为脆弱，主要是因为松柏镇耕地资源分布较广，而且区内坡度较大。木鱼镇生态承载力较高，生态环境敏感度较弱，主

图 13-4　神农架林区生态承载力评估分区

要是近年来的旅游开发活动集中，生态环境的保护工程建设到位，区域环境的管理也得到加强，城市建设环境得到跨越式发展。

神农架林区生态承载力评估等级统计表　　　　　表13-6

等级	栅格计数（个）	面积（km²）
极敏感	2718	498.33
敏感	8520	1562.08
较敏感	5527	1013.33
弱敏感	775	142.09
合计	15940	3215.83

13.2　神农架林区建设用地适宜性评价示范应用

神农架林区属大巴山系，地势西南高东北低，高差巨大。地貌沟壑纵横，层峦叠嶂，有中华屋脊之美誉。神农顶海拔3105.4m，是华中地区最高点，被称为"华中屋脊"。林区内地貌类型复杂，有少量地块地貌为砂砾地和露岩地、滑坡。建筑多依山就势，山地小城镇特色分明，独具魅力。城镇多分布于山谷、坪地等地势相对平坦处。

13.2.1　示范内容与工作流程

（1）示范区建设用地适宜性评价子系统建设

本项目研发的适用于山区偏远地区小城镇群的建设用地适宜性评价子系统在神农架地区开展应用示范。示范工作针对林区实际，建立相应的用地适宜性评价指标体系，选取基于神农架数据基础的因子进行用地条件评价，建立神农架林区用地适宜性分区。具体示范工作内容包括：①获取神农架林区基础资料进行标准化和数字化预处理；②针对林区现状和评价目标，构建目标层、准则层和指标层，建立综合评价体系；③运用建设用地适宜性评价子系统进行评价；④分析林区禁限建条件和分区，为林区发展提供建议。

（2）系统应用推广

为了在神农架林区有效推广课题子系统，研究小组邀请神农架林区住建、规划、国土等多个部门的专业人员参与了多场培训会议，内容不仅包含项目各系统业务流程模式、结果精度、用户权限等系统使用方式，还与项目组成员就如何深化已有平台功能使其更贴近当地用户使用习惯进行了深入交流。项目组成员根据当地各部门的新需求逐步完善各子系统内容，最终使得项目成果在当地获得了支持。

13.2.2 子系统示范应用结果

（1）数据来源与储存

用于建设用地适宜性评价的基础数据与用于生态承载力评估的数据基本共享。空间数据主要来源于湖北地理信息中心，社会经济数据大部分来源于湖北省和神农架林区 2016 年的相关统计年鉴。地形地貌是影响及制约镇村及人口分布和城镇发展最主要的因素，也是进行建设用地适宜性评价需要着重考量的方面（图 13-5）。

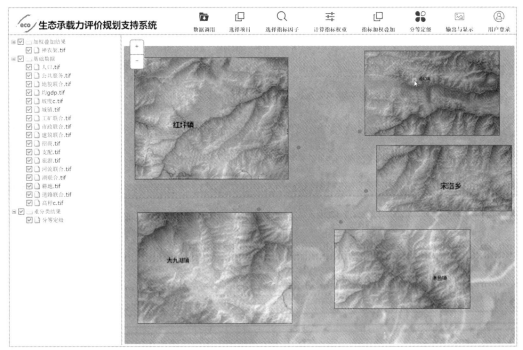

图 13-5 神农架林区地形地貌特征

基于云服务与众包技术的小城镇群国土空间规划支撑系统

（2）数据的预处理

所有数据的格式被分为空间数据和属性数据，行政边界、高程、坡度、汇水区、河流、湖泊、地貌、建筑、公服和市政用地等空间数据都是以矢量数据的形式提供，为保证空间重叠，投影方式和比例尺应该进行统一，统一方式包括坐标系统的建立和格式的转换。在GIS中，叠加分析主要是栅格数据的叠加，而高程、坡度、汇水区等的土地覆被差异很大，因此，对多要素进行空间数据栅格化后，输出各专题数据，其中每个评价单元大小设置为50m×50m。经过量化重分类后的数据是一组反映其属性特征的数值，范围位于0~5，值越大意味着建设条件越好，值越小意味着越不适宜建设（表13-7）。

1）海拔图：神农架林区主要山脉呈东西向横亘于神农架西南部，神农顶以海拔3105.4m占领制高点，最低点为下谷坪乡的石柱河，高程为398m，相对高差2707.4m，因此，高程大于3000m和小于500m的赋值0，高程为2000~3000m的赋值1，高程为1000~2000m的赋值3，高程为500~1000m的赋值5。

2）坡度图：用来表示神农架林区地表陡缓的程度，神农架林区地表起伏较大，因此，对坡度大于25°的赋值0，坡度在15°~25°的赋值1，坡度在8°~15°的赋值3，坡度小于8°的赋值5，表明坡度越大，建设条件越差。

3）水系图：利用林区DEM数据，提取林区汇水区，合并林区现状河流与湖泊组成林区水系图，对其作多环缓冲区分析，水系100m以内的赋值0，属于禁建区，100~200m的赋值1，200~300m的赋值3，300m以上的赋值5。

4）地貌图：将神农架林区特殊地貌进行汇总，提取砂砾地、露岩地和滑坡赋值1，缓冲区100m以内的赋值3，100m以外的赋值5。

5）建筑图：选取林区建成区高层建筑、普通建筑和其他建筑赋值5，缓冲区100m以内的赋值3，100m以外的赋值1。

6）公服和市政用地图：选取林区公共服务设施用地和市政设施用地赋值5，缓冲区100m以内的赋值3，100m以外的赋值1。

7）人口图：人口数据统计以乡镇为统计单元，人口越少，建设条件越差，人口小于5000的赋值0，5000~10000的赋值1，10000~20000的赋值3，20000以上的赋值5。

8）人均可支配收入：依据统计数据划分人均可支配收入的等级，对人均可支配收入在 6500 元以内的赋值为 1，对人均可支配收入在 6500 ～ 7000 元的赋值为 3，对人均可支配收入大于 7000 元的赋值为 5。

9）城镇化率：城镇化率为一定地区内城镇人口占总人口的比例，实质上反映的是居住在城镇上的人口可以享受到城镇服务设施的状况。在神农架林区建设用地适宜性评价中，将城镇化率小于 10% 的赋值为 1，城镇化率在 10% ～ 30% 的赋值为 3，城镇化率在 30% 以上的赋值为 5。

10）耕地图：神农架林区地形坡度较大，但在一些地形条件较好的谷地开垦农田，种植作物，如木鱼镇。对耕地面积在 10000 亩以上的赋值为 1，在 5000 ～ 10000 亩的赋值为 3，在 5000 亩以内的赋值为 5。

11）人均 GDP 图：利用林区各镇总人口与各镇 GDP 计算得到各镇人均 GDP，人均 GDP 在 10000 元以内的赋值为 0，人均 GDP 在 10000 ～ 20000 元的赋值为 1，人均 GDP 在 20000 ～ 30000 元的区域赋值为 3，人均 GDP 在 30000 元以上的赋值为 5。

12）旅游资源量图：神农架林区的旅游资源主要为自然景观，景源依托主要是高山峡谷地带、奇特的山地景观、丰富的生物资源、历史悠久的神农传说、神秘的"野人"之谜等。目前，主要有古人类活动遗址、燕子垭、天门垭、刘享寨、燕子洞、野人洞、长寿村、大龙潭、神农谷、太子垭、板壁岩、香溪源、官门山等景观资源。依托镇域单元，统计旅游景源数量，对数量大于 60 个的赋值为 0，数量在 40 - 60 个的赋值为 1，数量在 20 ～ 40 个的赋值为 3，数量小于 20 个的赋值为 5。

13）政府招商引资额图：政府招商引资主要是指政府吸收投资（主要是非本地投资者）的活动，一度成为各级地方政府的主要工作，并且在各级政府工作报告和工作计划中出现。神农架林区因为地理位置偏远和交通不便等原因，招商引资受到限制，各镇招商引资额在 50000 元以内的赋值 3，50000 元以上的赋值 5。

14）道路交通图：道路交通在建设用地适宜性评价分析中为空间数据，对其作缓冲区分析，因此，将缓冲区为 100m 以内的赋值为 5，缓冲区在 100 ～ 200m 的赋值为 3，缓冲区在 200 ～ 300m 的赋值为 1，缓冲区在 300m 以上的赋值为 0。

建设用地适宜性评价属性数据等级划分标准

表 13-7

评价因子	禁止建设	限制建设	有条件建设	适宜建设
高程（m）	>3000、<500	2000 ~ 3000	1000 ~ 2000	500 ~ 1000
坡度（m）	>25	15 ~ 25	8 ~ 15	<8
汇水区（m）	<100	100 ~ 200	200 ~ 300	>300
河流（m）	<100	100 ~ 200	200 ~ 300	>300
湖泊（m）	<100	100 ~ 200	200 ~ 300	>300
地貌（m）	—	0	0 ~ 100	>100
建筑（m）	—	—	>0	0
公服和市政用地（m）	—	>100	0 ~ 100	0
人口（人）	<5000	5000 ~ 10000	10000 ~ 20000	>20000
人均可支配收入（元）	—	<6500	6500 ~ 7000	>7000
城镇化率（%）	—	<10	10 ~ 30	>30
耕地面积（亩）	—	>10000	5000 ~ 10000	<5000
人均GDP（元）	<10000	10000 ~ 20000	20000 ~ 30000	>30000
旅游资源量（个）	>60	40 ~ 60	20 ~ 60	<20
招商引资额（元）	—	—	<50000	>50000
道路交通（米）	>300	200 ~ 300	100 ~ 200	<100

（3）用地适宜性评价因子权重的分配

从理论方面看，建设用地适宜性评价属于可持续发展领域，目前未能有一个固定的模式存在。在对指标进行整体性综合评价时，需要根据综合水平下各指标的作用力大小给出衡量的具体数值，即为权重。系统设计了三种确定指标权重的方法，包括 AHP 法、德尔菲法和专家打分法。

经过 AHP 法计算和系统运行得到的权重见表 13-8。

AHP 法下各评价因子权重值　表 13-8

指标因子	自然因素				社会因素						经济因素			域外联系
	高程	坡度	水系	地貌	建筑	公服和市政用地	人口	人均可支配收入	城镇化率	耕地面积	人均GDP	旅游资源量	政府招商引资额	道路交通
AHP法	7				1.5						0.5			1
	3	2	1	1	0.3	0.3	0.2	0.2	0.4	0.1	0.2	0.2	0.1	1

采用德尔菲法对 4 个指标层的 14 个单因子进行权重的确定，邀请从事城市规划、地理学、生态学、环境学、土地资源管理的 20 位专家就单因子对生态环境的重要性进行比较和分析判断，得到的权重见表 13-9。

德尔菲法下各评价因子权重值　表 13-9

指标因子	自然因素				社会因素						经济因素			域外联系
	高程	坡度	水系	地貌	建筑	公服和市政用地	人口	人均可支配收入	城镇化率	耕地面积	人均GDP	旅游资源量	政府招商引资额	道路交通
德尔菲法	6				2.3						1.6			0.5
	2	2	1	1	0.3	0.3	0.7	0.4	0.4	0.2	0.7	0.5	0.4	0.5

灰色系统法选取属性数据包括人口、人均可支配收入、城镇化率、耕地面积、人均GDP、旅游资源量和政府招商引资额，导入建设用地适宜性评价系统中，得到的权重见表 13-10。

灰色系统法下各评价因子权重值　表 13-10

指标因子	自然因素				社会因素						经济因素			域外联系
	高程	坡度	水系	地貌	建筑	公服和市政用地	人口	人均可支配收入	城镇化率	耕地面积	人均GDP	旅游资源量	政府招商引资额	道路交通
灰色系统法	—	—	—	—			0.1437	0.1396	0.1148	0.1506	0.206	0.1149	0.1304	—

计算 AHP 法、德尔菲法、灰色系统法所得权重的平均值，进行加权运算，最终得到的复合权重见表 13-11。

指标因子	自然因素				社会因素						经济因素			域外联系
	高程	坡度	水系	地貌	建筑	公服和市政用地	人口	人均可支配收入	城镇化率	耕地面积	人均GDP	旅游资源量	政府招商引资额	道路交通
最终权重	0.65				0.205						0.105			0.04
	0.2	0.2	0.15	0.1	0.105	0.01	0.055	0.008	0.0145	0.0125	0.0425	0.025	0.0375	0.04

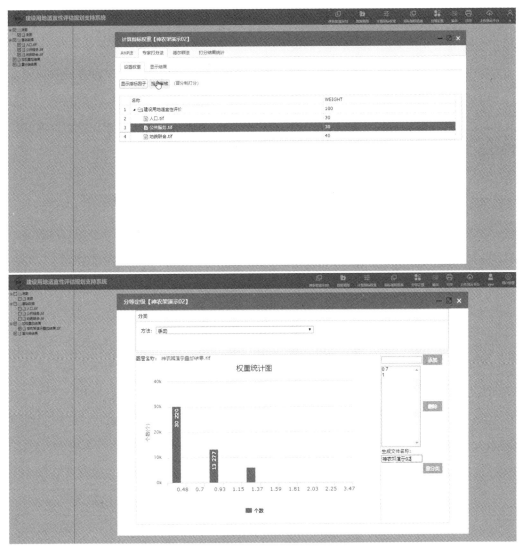

图 13-6　建设用地适宜性评价权重计算系统界面

经过 AHP 法、德尔菲法和灰色系统法最终计算确定，自然因素权重为 0.65，社会因素权重为 0.205，经济因素权重为 0.105，域外联系权重为 0.04，自然因素权重值最大，这也说明在建设用地适宜性评价中，与生态息息相关的自然环境比社会因素、经济因素和域外联系重要；在自然因素中，高程和坡度的权重为 0.2，说明高程、坡度的变化对建设用地适宜性评价影响较大；社会因素中，建筑的权重高于公服和市政用地、人口、人均可支配收入、城镇化率和耕地面积；经济因素中人均 GDP 的权重为 0.0425，略高于旅游资源量和政府招商引资额的权重；域外联系中的道路交通权重为 0.04。

（4）建设用地适宜性评价评价加权叠加分析

叠加分析模块需要将各因子的等级划分图与所选指标因子一一对应并建立连接，点击加权叠加按钮，系统则会根据各指标因子的权重对所有图层进行栅格加权叠加分析，并生成加权叠加结果图层。结果以系统默认色彩进行显示，每个栅格的最终评价值以属性数据的形式显示在图层中。

（5）神农架林区建设用地适宜性分等定级

区域用地适宜性状况的判定一般较为复杂，需要综合考虑各方面因素。分等定级评价可以使评价结果更加清晰明了，提高对建设用地适宜性评价的准确性，更有针对性。经过系统的叠加分析，最终的评价值在 0.1 ~ 4.35，评价结果主要反映了建设用地的不同梯度，分值越大，表示越适宜建设。在系统中，分等定级模块呈现出系统默认的拉伸符号系统，叠加结果并不是最终的评价结果图，还需要对评价值区间设置阈值来定义承载力等级。综合以往研究经验和神农架建设用地适宜性评价具体分析结果，依据分等定级标准对叠加分析结果进行分等定级，其中，评价值在 0.1 ~ 2.5 的为禁止建设区，评价值在 2.5 ~ 3.1 的为限制建设区，评价值在 3.1 ~ 3.7 的为有条件建设区，评价值在 3.7 ~ 4.35 的为适宜建设区。在系统操作中，点击面板上的分等定级按钮，可以对评价值进行等级的划分，划分的方法有四种，分别为手动、相等间距、定义的间距、标准差。管理员选择手动，则可在页面右下方手动录入要分割的断点，管理员可以手动添加或删除。管理员选择相等间距，下方会显示分类等级下拉列表，管理员选择要划分的等级，即可在右下方的列表中显示自动划分的断点。管理员选择定义的间距，可以根据具体需要，改变划分的级别和阈值，下方会弹出间距输入框，管理员输入要划分断点的间距，系统将会自动计算，将断点结果显示在右下方。管理员选择标准差，下方会显示标准差的值和用户希望的 1、1/2、1/4 不同标准差的倍数，选择完成后，系统会自动计算，将断点结果显示在右下方（表 13-12）。

神农架林区建设用地适宜性评价等级统计表　　　　　　表 13-12

建设适宜性等级	栅格计数（个）	面积（km²）
禁止建设	2822	485.25
限制建设	8520	1438.24
有条件建设	5527	1156.69
适宜建设	775	135.65
合计	17644	3215.83

（6）神农架林区建设用地适宜性评价结果分析

依据建设用地适宜性评价分区图可以看出，林区建设用地适宜性评价总体上呈现限制建设的状态，城镇建设需要与生态情况相互协调，才能健康发展。空间分布上，按照行政区划分来看，下谷坪乡和红坪镇建设条件较差，大部分区域建设环境较差，不适宜进行高强度城镇建设，生态环境问题较大，生态灾害较多。两镇建设条件差与地形因素息息相关，海拔多在 2300m 以上，也是华中最高峰神农顶所在位置，这也造成了此区域坡度较大、河流较多。松柏镇也有少部分区域建设条件略差，主要是因为松柏镇耕地资源分布较广，而且区内坡度较大。木鱼镇建设条件较好，主要是近年来的旅游开发活动集中，区域环境的管理也得到加强，城市建设环境得到跨越式发展（图 13-7）。

通过在神农架林区的使用，我们认为小城市（镇）组群智慧规划建设和综合管理技术与示范研究开发的面向规划管理人员的建设用地适宜性评价子系统，对神农架林区整体开发建设情况的把握有着积极重要的作用，有助于神农架林区未来的发展和布局，总体上取得了满意的效果，为规划管理工作提供了很好的技术支撑。

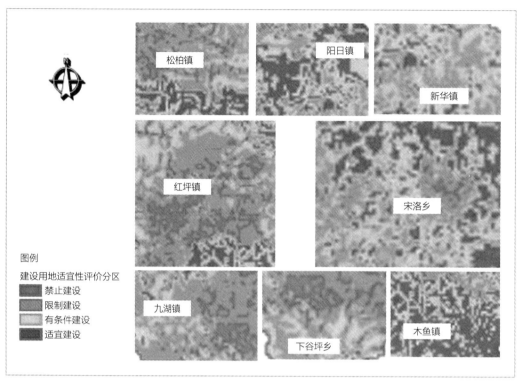

图 13-7　神农架林区建设用地适宜性评价分区

13.3　本章小结

本章介绍小城镇群智慧规划与建设管理技术集成示范应用于规划管理实践初期阶段的工作情况，即生态承载力评估和生态适宜性评价。神农架可持续发展实验区兼具山区、林区、自然保护区的特征，面临着城镇发展和生态环境保护的双重压力。示范应用基于神农架林区云服务平台，依据相关法律法规和技术标准，整合当地数据条件，选择相应的指标、标准和评估模型，测试完成并验收了神农架林区生态承载力评估，划分生态条件分区。神农架林区建设用地适宜性应用示范针对交通设施、重大基础设施、工业项目等不同类型的建设项目，选择适宜的选址评价模型，集成评价系统，针对神农架林区拟建重大项目开展应用实践，辅助规划管理人员科学、快速地选择适宜用地。

第14章　神农架林区多规协同与远程专家评审应用示范

14.1　多规协同及冲突检测子系统示范区应用

　　神农架林区为促进社会经济与环境的协调发展，各部门先后编制了十余种规划，有来自发改部门的《神农架林区"十三五"国民经济与社会发展规划》、来自规划管理部门的《神农架林区城乡统筹战略规划（2016—2030年）》、来自国土部门的《神农架林区土地利用总体规划（2013—2020年）》、来自林业管理部门的《神农架林区"十三五"林业规划》、来自旅游管理部门的《神农架林区旅游区发展总体规划（2011—2030年）》、来自环保部门的《神农架林区"十三五"生态环境保护规划》，以及其他相关部门的规划。上述规划存在着编制期限不同、所依托的基础信息及数据差异较大等问题，再加上专业技术人员欠缺等，导致多种规划在空间上的矛盾无法及时检测和解决，使城乡规划建设管理矛盾加剧，这也是许多小城镇普遍遭遇的多规乱象带来的困境。

　　本项目开发的"多规协同及冲突检测子系统"，可以在已经建立的规划建设和综合管理服务云平台上，进行空间数据的处理，查找各类规划成果在空间上的矛盾和冲突，为实现空间规划"一张蓝图"奠定基础，从而解决规划实施中多规打架的问题。本系统在神农架林区进行了示范应用，重点选取松柏镇和新华镇开展了实施操作。

14.1.1　神农架林区"多规"成果梳理及差异分析

（1）"多规"规划期限梳理及差异分析
梳理神农架林区现有的各类规划成果，发现各规划的规划期限在规划基期、规划末期、规划年限等方面存在差异（表 14-1），因此，测算的规划目标值必然也有所不同。

神农架林区"六规"规划期限梳理　　　　　　　　表 14-1

规划名称	国民经济与社会发展规划	城乡规划	土地利用总体规划	旅游总体规划	林业规划	生态环境保护规划
规划基期	2015 年	2013 年	2013 年	2011 年	2015 年	2015 年
规划末期	2020 年	2030 年	2020 年	2030 年	2020 年	2020 年
规划年限	五年	近期：两年	近期：五年	近期：五年	五年	五年
		中期：八年	远期：十五年	中期：十五年		
		远期：十八年	—	远期：二十年		

由表 14-1 可知，近年来，林区政府竭尽全力协调各项规划的规划期限及规划基期年，力图保持一致，但城乡规划、土地利用总体规划以及旅游规划仍然存在差异。各类规划的规划年限（包括近、中、远期）也不一致，编制时受基础数据收集渠道、统计口径、预测方法及模型不同的影响，各类规划的目标值也会产生偏差。

（2）规划原则梳理及特点分析

梳理神农架林区"六规"所提出的规划原则（表 14-2），可以看出，由于不同部门职能的不同，所提出的规划原则各有侧重。

神农架林区"六规"规划原则梳理　　　　　　　　表 14-2

规划名称	规划原则
国民经济与社会发展规划（发改部门）	①围绕"四个全面"战略布局和省级"一元多层次"战略体系，以质量效益为中心，以供给侧结构性改革为主线；②紧扣"彰显生态保护与绿色发展价值，建成世界著名生态旅游目的地"的省级战略定位；③坚持"保护第一、科学规划、合理开发、永续利用"的方针，秉承"保护就是发展、绿色就是财富、文明就是优势"的思维；④坚实地推动"小康赶超、转型跨越、绿色示范、惠民共享"，深化建设国家公园、世界著名生态旅游目的地、全国生态文明示范区
城乡规划（规划管理部门）	①坚持因地制宜、统筹兼顾、综合部署的科学发展观，根据国民经济和社会发展规划，结合经济发展的现状和当地的自然环境、资源条件和历史情况等，统筹兼顾，综合部署村庄的各项建设；②近远结合，兼顾综合效益；③节约集约，集中发展；④有利生产，方便生活；⑤环境保护；⑥弹性控制，动态经营

规划名称	规划原则
土地利用总体规划 （国土部门）	①严格保护耕地，坚守基本农田红线；②节约集约用地，控制建设用地规模增长；③统筹城乡用地，促进区域全面发展；④可持续利用土地，改善生态环境
旅游总体规划 （旅游管理部门）	①注重生态与保护，强调文化与特色；②形成效益与配套，体现（林区居民）参与与和谐；③引入低碳旅游、3N 与 4E 体验、漫游与快行；④生态景观的环境化利用，功能集聚与要素配套，旅游富民与要素整合等原则
林业规划 （林业管理部门）	①坚持兴林与富民相结合；②坚持生态与产业相结合；③坚持保护与利用相结合；④坚持数量与质量相结合
生态环境保护规划 （环保部门）	①统筹兼顾，民生优先；②预防优先，防治结合；③分类指导，分区推进；④政府主导，综合推进

注：表中规划原则均摘自各部门相关规划文本。

从表 14-2 中可以看出，各部门的规划原则在经济发展、资源集约节约利用、生态环境保护等方面已逐渐达成共识，但由于各部门所代表利益的不同，规划原则具有较强的部门色彩，主要表现为：国民经济与社会发展规划是以效益为中心，以发展为导向；城乡规划强调以经济社会发展规划为依据，注重用地布局的合理性和科学性；土地利用总体规划强调耕地和基本农田的保护；旅游总体规划、林业规划、生态环境保护规划体现了较强的专业性，强调了各自领域内的发展和管理诉求。

（3）总体发展目标梳理（定性表达）及特点分析

规划的总体发展目标是战略思想的反映，目标体系构成往往包括定性和定量两个方面，定性目标包括发展定位、发展方向；定量目标是对定性目标的具体发展指标的量化规定。表 14-3 所示是对神农架林区"六规"总体发展目标定性表述的梳理。

神农架林区总体发展目标（定性表述）　　　　　　　　　　　表 14-3

规划名称	总体发展目标
国民经济与 社会发展规划 （发改部门）	"十三五"时期，必须牢固树立创新、协调、绿色、开放、共享的发展理念，加快国家公园、世界著名生态旅游目的地和全国生态文明示范区建设，推动实现小康赶超、转型跨越、绿色示范、惠民共享
城乡规划 （规划管理部门）	以神农架蓬勃发展的旅游业为依托，以巩固鄂西生态文化旅游圈核心区为抓手，逐步把神农架打造为世界山林养生旅游景点、华中避暑度假第一目的地

规划名称	总体发展目标
土地利用总体规划 （国土部门）	优化土地利用结构，协调各业用地布局，进行土地利用分区，为实施土地用途管制提供依据；落实耕地保护责任，调整基本农田布局，协调建设发展与耕地保护的空间关系；坚持节约和集约用地原则，重点保障中心城区用地，合理安排交通、水利等重大基础设施用地，促进城镇用地增加与农村建设用地减少相挂钩；加强土地生态环境建设，积极推广环境友好型土地利用模式，实现土地资源的可持续利用
旅游总体规划 （旅游管理部门）	国际知名的原生态旅游、全生态型静修度假旅游目的地；具有极高的美誉度和知名度的国家公园，高品质、高效益的国家级生态旅游度假区
林业规划 （林业管理部门）	打造建设湖北"绿谷"和生态资源保护升级版，全面形成生态林业良性发展机制，把神农架林区建设成为生态环境优美、林业产业发达、森林文化繁荣、林区社会和谐的现代林业示范区，按照省十次党代会提出的"把神农架建成世界著名生态旅游目的地"，使之真正成为人们回归大自然的旅游目的地
生态环境保护规划 （环保部门）	主要污染物排放得到控制，重点地区和城乡环境质量有所改善，生态环境质量明显改善，确保核与辐射安全，为全面建设小康社会奠定良好的环境基础

注：表中各部门规划总体发展目标均摘自各部门相关规划文本。

从各类规划的总体发展目标来看，各部门总体发展目标趋于一致，但存在部门特点与侧重。在指导性、约束性及专项性方面存在如下特点：

指导性特征：在总体发展目标中，国民经济与社会发展规划、城乡规划均体现出较强的指导性特征，二者立足于整个林区的发展，均提出了打造神农架为世界生态旅游目的地的目标，是综合性的发展规划。但国民经济与社会发展规划还提出了"民生"的要求（小康赶超，惠民共享），而城乡规划关注空间格局的发展，强调"生态文化旅游度假圈"的建设。

约束性特征：土地利用总体规划的发展目标中，坚持土地的集约和节约利用，强调耕地和基本农田的保护，相关基础设施的布局，以及生态环境的保护与建设。

专项性特征：总体发展目标中，生态环境保护规划强调对污染物的控制及良好环境基础的奠定，旅游总体规划强调以旅游带动林区经济发展，林业规划则在强调林业资源保护的同时发展生态旅游业，均体现出较强的专项性。

（4）规划目标指标体系（定量表达）及差异分析

发展目标指标体系作为规划目标和发展方向的具体定量表达，对于各规划之间的数据衔接、规划方向及目标定位具有一定的影响。在对神农架林区具体发展指标进行梳理时，为了方便对比，找出差异，对现有的六种规划成果所涉及的规划目标体系进行了梳理，发现指标类型与经济、人口、土地、环境、资源五个方面关联性较强。本研究将这些指标进行分类处理，按指标性质将其分为经济指标、人口指标、土地指标、环境指标和资源指标；按内容的接近性，将指标分为相同指标和相似指标（其中，相同指标指所表达含义完全相同的指标，相似指标则是所指内容接近的指标），如图 14-1 所示。

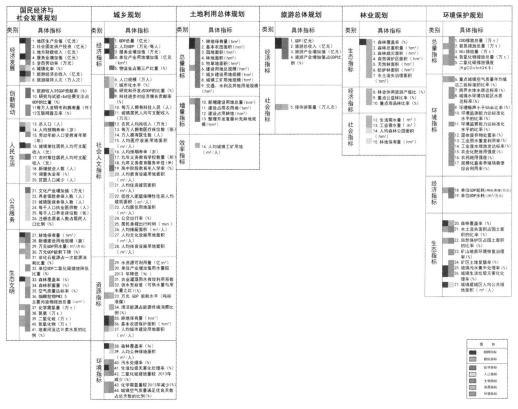

图 14-1　神农架林区"六规"发展指标梳理

从图 14-1 中可看出，国民经济与社会发展规划和城乡规划的指标数量最多，且指标体系涉及经济、人口、土地、资源、环境五个方面，综合性较强；土地利用总体规划中，土地指标较多；旅游总体规划中，经济指标较多；林业规划中，资源指标较多；生态环境保护规划中，环境指标较多。可以看出，不同部门的指标体系侧重点各有不同，细分指标中体现了较强的"部门特征"。

对比各类规划的相同指标的规划目标值（表 14-4），发现涉及经济指标、人口指标的目标值存在一定程度的差异。如 2020 年的目标值中，"地区生产总值"国民经济与社会发展规划确定为 36 万元、城乡规划为 38.6 万～41 万元、旅游总体规划为 48.8 万元；"旅游总收入"国民经济与社会发展规划确定为 60 万元、旅游总体规划为 46 万元；"城镇常住居民人均可支配收入" 国民经济与社会发展规划确定为 34935 元、城乡规划则为 29000 元；"人均预期寿命"国民经济与社会发展规划确定为 78 岁、城乡规划为 75 岁；"城镇建成区人均公共绿地面积"城乡规划确定为 $7m^2$/ 人、生态环境保护规划则为 $12m^2$/ 人。导致规划目标值差异的原因主要是规划基期年的不同，以及统计口径、统计方法、计算模型、数据来源等的不同。

另外，环境类指标也存在明显差异，如"污水处理率"和"生活垃圾无害化处理率"两个指标，城乡规划的目标值均高于生态环境保护规划的目标值。同时，在计算模型方面，生态环境保护规划更加细致，分为中心城镇和一般城镇两个层面。

涉及土地类的指标，在"多规"中已进行协调，规划目标一致。如到 2020 年，国民经济与社会发展规划和土地利用总体规划均将"耕地保有量"统一确定为 $6800hm^2$；城乡规划和土地利用总体规划确定的"基本农田保护面积"均为 $5500hm^2$。土地使用方面的冲突更多地体现在空间布局上。资源类指标目标值也基本一致，如到 2020 年，国民经济与社会发展规划、城乡规划、林业规划、生态环境保护规划中确定的"森林覆盖率指标"均在 90% 左右。

各类规划相同指标及规划目标值（以 2020 年为规划末期）　　　表 14-4

	国民经济与社会发展规划	城乡规划	土地利用总体规划	旅游总体规划	林业规划	生态环境保护规划
1. 地区生产总值	36.0 万元	38.6 万～41 万元	—	48.8 万元	—	—
2. 服务业增加值占 GDP 的比重	52.7%	50%	—	—	—	—
3. 旅游经济总收入	60 万元	—	—	46 万元	—	—
4. 人均预期寿命	78 岁	75 岁	—	—	—	—

基于云服务与众包技术的小城镇群国土空间规划支撑系统

	国民经济与社会发展规划	城乡规划	土地利用总体规划	旅游总体规划	林业规划	生态环境保护规划
5. 城镇常住居民人均可支配收入	34935 元	29000 元	—	—	—	—
6. 耕地保有量	$6800hm^2$ 以上	—	$6800hm^2$	—	—	—
7. 森林覆盖率	90% 以上	90%	—	—	90.4%	90%
8. 基本农田保护面积	—	$5500hm^2$	$5500hm^2$	—	—	—
9. 污水集中处理率	—	85%	—	—	—	中心城镇 70%，一般城镇 50%
10. 生活垃圾无害化处理率	—	100%	—	—	—	中心城镇 80%，一般城镇 50%
11. 城镇建成区人均公共绿地面积	—	$7m^2$/ 人	—	—	—	$12m^2$/ 人

注：表中的规划目标值均摘自各部门相关规划文本。

对比相似指标名称及其规划目标值（到 2020 年）（表 14-5），发现各类规划在"经济指标""人口指标""土地指标"和"环境指标"上都出现了或多或少的差异，尤其是"环境指标"之间的差异较大。

国民经济与社会发展规划中的"城镇化率""总人口""农村常住居民可支配收入""新增建设用地规模"等指标，均与城乡规划中的"城镇化水平""人口规模""农村居民纯收入""人均建设用地规模"等指标相似。"城镇化率"和"城镇化水平"、"总人口"和"人口规模"指标的含义相同，但名称不同，从规划数值上看，相差不大；但"农村常住居民可支配收入"和"农村居民纯收入"、"新增建设用地"和"人均建设用地规模"等指标，由于其计算方法、计算模型、数据源的不同，无法进行进一步比对。

国民经济与社会发展规划、城乡规划、生态环境保护规划对"环境指标"的定义上差异较大，且标准不一，减少量和排放总量之间的差异明显，空气质量的评价标准也不同，需进一步协同统一。

各类规划相似指标名称及规划目标值（以 2020 年为规划末期）　表 14-5

国民经济与社会发展规划	城乡规划	土地利用总体规划	旅游总体规划	林业规划	生态环境保护规划
城镇化率：57%	城镇化水平：62%	—	—	—	—
旅游接待人次：1500万人	—	—	接待游客量：240万人	—	—
总人口：7.86 万人	人口规模：7.9 万人	—	—	—	—
农村常住居民可支配收入：13450 元	农村居民纯收入：3.5 万元	—	—	—	—
新增建设用地规模：6028hm²	人均建设用地规模：102m²/亩	新增建设用地总量：1200hm²	—	—	—
万元 GDP 能耗下降：28%	万元 GDP 能耗水平：0.80 标准吨煤	—	—	—	万元 GDP 能耗：1 吨标煤
化学需氧量：0.11mg/L 以内	化学需氧量较 2013 年不增加	—	—	—	—
二氧化硫：0.11 万 t 以内	二氧化硫排放量较 2013 年减少：15	—	—	—	SO₂ 排放量：0.17 万 t
氮氧化物：0.05t 以内	—	—	—	—	氮氧化物排放量：0.37t
	城镇空气质量满足优良天数占总天数：>90 天	—	—	—	空气质量平均浓度达国家二级标准天数：330 天

注：表中的规划目标值均摘自各部门相关规划文本。

综上所述，在各类规划的目标体系及细分指标中，国民经济与社会发展规划、城乡规划的综合性较强，具有统筹全局的作用，土地利用总体规划、旅游总体规划、林业规划、生态环境保护规划则带有较强的"部门色彩"。

14.1.2　示范内容及工作流程

（1）示范内容

在示范应用中，基于神农架城镇组群规划建设和综合管理服务云平台，通过远程访问的方式，将松柏镇和新华镇的"两规"，即土地利用总体规划和城乡总体规划的空间数据统一到云环境中，以进行冲突检测；同时，将神农架林区所编制完成的生态保护红线、永久基本农田保护线、城镇建设用地增长边界三类控制线数据纳入云环境中，以进行多规冲突预警。所有的空间数据都可实现在云平台上上传及调用，利用"多规协同及冲突检测子系统"开发的功能模块进行操作，可以快速有效地查出不同规划在空间上的矛盾，并对突破境界线的规划进行冲突预警提示。成果数据可以保存在本地电脑或上传至云平台，生成的表以excel格式、图形以图像格式进行打印输出，为地方政府及规划管理部门进行"多规"协同提供技术支撑。

（2）工作流程

1）规划成果标准化预处理

由于神农架规划成果管理混乱，数字化基础薄弱，且数据分类标准、坐标系统以及数据格式均不统一，给"多规协同及冲突检测子系统"的示范应用带来了诸多困难。所以，在示范应用之前，必须将规划数据标准化，统一用地分类、坐标系统、数据格式等，并将

图 14-2　多规协同与冲突检测子系统用户界面

标准化的规划成果上传至云平台，建立空间数据库（图14-2）。

2）远程进入云平台网络环境

由湖北省基础地理信息中心承担的课题一通过云服务器提供了云计算的网络环境，在神农架林区可以用任意PC端通过网络连接到门户网公众版首页（http://111.47.17.49: 5515/portal-web-public/home），点击相应链接，在网页上就可进行"多规协同及冲突检测子系统"的操作。

3）选取神农架林区开展冲突检测的规划类型

由于受基础资料限制，仅有松柏镇及新华镇的"城规"和"土规"数据较齐全，其他乡镇的规划数据尚不完整，同时"两规"的空间矛盾最为突出，因此以松柏镇和新华镇的"两规"为例，进行示范应用。分析其编制期限及用地规模两方面的差异，利用本次开发的软件系统进行冲突检测及空间布局差异分析，得到了现有"两规"在空间及用地布局上的差异图斑，为进一步协调"两规"成果提供了现实可能。

4）划定神农架林区冲突预警的底线

神农架林区结合自身生态脆弱性以及可开发建设国土资源有限的特点，在空间管控综合规划工作中编制完成了生态保护红线、永久基本农田保护线、城镇建设用地增长边界三类控制线的划定，当没有数字化技术支撑时，难以进行有效管理和操作。本次示范应用中，将划定的"三线"管控数据统一到云平台空间数据库中，从而建立了空间冲突预警底线。

5）操作"多规"冲突检测模块和冲突预警模块

分别将松柏镇或新华镇的"两规"数据调入，按照系统操作流程进入模块，运用自动检测技术进行检测运算，即可生成差异列表，显示出"城规"和"土规"在空间布局及用地功能布局上的冲突和矛盾，并得到差异图斑的面积大小等（图14-3）。

在这个模块中，首先将神农架的空间管控界限（基本农田保护线、生态管控红线、建设用地增长边界）数据导入，按照系统操作流程，可以分别检测松柏镇或新华镇的相关规划（如"城规""土规"）与之存在的矛盾和冲突，一旦突破底线，将作为预警进行提示和报警。

6）统计与展示

根据对松柏镇或新华镇"两规"通过冲突检测模块得到的结果，以及通过预警模块检测出的冲突结果，用户可对每一条检测结果进行浏览、定位、查看属性等一系列相关操作，

图 14-3　神农架林区多规协同与冲突预警技术模块

根据差异图斑可以查询到包括长度、面积及相对位置的信息。所有结果数据也可回传至云端保存，以便后续查询及修改。

7）输出和打印

按照本系统操作流程所获得的结果（即差异图斑信息），可以表格形式（excel 格式）和图像格式（jpg、png、pdf 等）导出至本地电脑，进行分析或打印。所有数据均可导入至云平台成果数据库中进行存储或分析调用。

（3）系统建设

1）硬件设备

"多规协同及冲突检测子系统"可以在客户端上通过谷歌浏览器或火狐浏览器使用，示范应用时使用湖北省基础地理信息中心服务器进行数据处理，在松柏镇政府、新华镇政府和林区规划局的 PC 客户端上进行操作显示。

2）支持软件

服务器上需装载 ArcGIS Server10.2.2、ArcGIS Desktop10.2.2、Oracle11gR2，客户端不需要安装特定的软件。

3）场地

在神农架林区政府各部门任何配备 PC 服务器或者 PC 机，并且联网的场地均可使用。

4）部门

本系统开发立足于小城镇规划建设管理及日常维护的现实要求，示范应用的部门选择在松柏镇政府、新华镇政府及神农架林区规划局等单位进行。

"多规协同与冲突检测子系统"为了在松柏镇和新华镇顺利开展应用，2018 年 3 月13、14 日召开了四次技术交流会，分别对相关人员进行了系统培训，包括新华镇政府工作人员（13 日上午）、松柏镇政府工作人员（13 日下午）、林区规划局的相关技术人员（14日上、下午）。技术交流会针对在规划管理工作中承担不同角色的人员，进行了不同功能模块的操作培训，政府工作人员及一般规划管理人员作为普通用户掌握相关系统功能；规划局核心技术人员具有日常技术管理和维护职能，作为管理员掌握相应操作功能。通过培训，使他们熟练掌握冲突检测、预警检测、阈值设置等系统操作，并且根据他们的操作习惯，后期对系统又进行了完善。示范应用中，共培训了二十名左右的相关规划技术及管理工作人员。

14.1.3 示范应用结果及反馈

（1）神农架林区松柏镇"两规"冲突检测模块应用成果

将松柏镇"土规"和"城规"用地上传至小城镇规划成果专题数据库，并导入至小城镇规划建设和综合管理服务云平台，系统读取云平台数据，通过冲突检测模块进行分类检测。

松柏镇"城规"中的城镇建设用地和"土规"中的城镇建设用地有冲突的斑块如图14-4（a）所示，面积合计 99.4hm^2；"城规"的建设用地和"土规"的生态用地有冲突的斑块如图 14-4（b）所示，面积共计 150hm^2；"城规"的生态用地和"土规"的村庄建设用地有冲突的斑块分布如图 14-4（c）所示，面积为 22hm^2（表 14-6）。

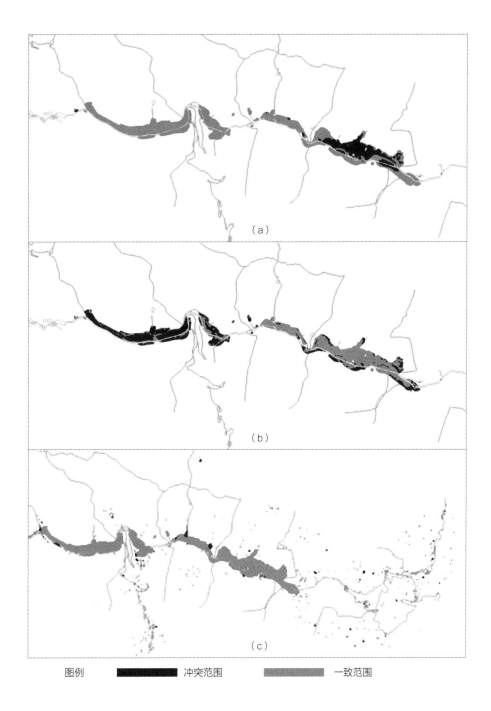

| 图例 | ▬▬ 冲突范围 | ▬▬ 一致范围 |

图 14-4 神农架林区松柏镇多规冲突检测

（a）"城规"与"土规"城镇建设用地冲突；（b）"城规"建设用地与"土规"生态用地冲突；
（c）"城规"生态用地与"土规"村庄建设用地冲突

松柏镇"城规"与"土规"用地冲突面积统计　　表 14-6

冲突检测用地类型		图斑			
		总数（块）	合计（块）	面积（hm²）	合计（hm²）
"城规"城镇建设用地	"土规"城镇建设用地	83	512	99.48	249.54
	"土规"生态用地	429		150.06	
"城规"生态用地	"土规"村庄建设用地	976	976	22.99	22.99
	三级管控区	255	1219	1752.83	2131.87
	永久基本农田保护范围	964		379.04	

（2）神农架林区松柏镇冲突预警模块应用

将松柏镇镇域"城规"所确定的生态用地与生态保护区三级管控区进行预警检测，得到冲突图斑如图 14-5（a）所示，合计面积为 1752.83hm²；与永久基本农田保护范围进行预警检测，得到冲突图斑如图 14-5（b）所示，合计面积为 379.04hm²。

将松柏镇镇域"土规"所确定的村庄建设用地和建设用地增长边界进行预警检测，结果得到差异图斑，面积共计 24.92hm²（图 14-5c）；生态用地与生态保护三级管控区进行预警检验，得到冲突图斑，合计面积为 2010.5hm²（图 14-5d）；与永久基本农田保护范围进行预警检测，得到冲突图斑，合计面积为 412.17hm²（图 14-5e、表 14-7）。

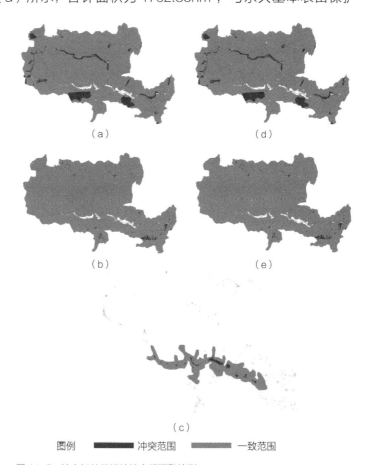

（a）　　　　　　　　　（d）

（b）　　　　　　　　　（e）

（c）

图例　　■ 冲突范围　　■ 一致范围

图 14-5　神农架林区松柏镇多规预警检测

（a）"城规"生态用地和三级管控区；（b）"城规"生态用地和永久基本农田保护范围；（c）"土规"村庄建设用地和建设用地增长边界预警检测；（d）"土规"生态用地和三级管控区；（e）"土规"生态用地和永久基本农田保护范围

冲突预警检测用地类型		图斑			
		总数（块）	合计（块）	面积（hm²）	合计（hm²）
"土规"村庄建设用地	建设用地增长边界	404	1219	24.92	2447.59
"土规"生态用地	三级管控区	293		2010.5	
	永久基本农田保护范围	730		412.17	
"城规"城镇建设用地	土规城镇建设用地	23	65	8.72	14.38
	土规生态用地	42		5.66	

（3）神农架林区新华镇冲突检测模块应用成果

将新华镇"土规"和镇区的"城规"用地上传至小城镇规划成果专题数据库，并导入至小城镇规划建设和综合管理服务云平台，系统读取云平台数据，通过冲突检测模块进行分类检测，得到如下结果：

新华镇镇区"城规"所确定的城镇建设用地和"土规"所确定的城镇建设用地的冲突图斑如图 14-6（a）所示，合计面积为 8.72hm²；"城规"的建设用地和"土规"的生态用地冲突图斑如图 14-6（b）所示，合计面积为 5.66hm²（表 14-8）。

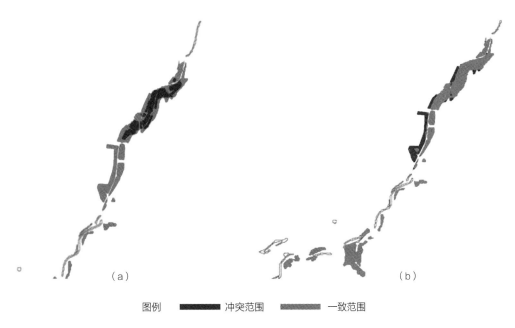

图例　███ 冲突范围　███ 一致范围

图 14-6　神农架林区新华镇多规冲突检测
（a）"城规"和"土规"城镇建设用地冲突；（b）"城规"建设用地与"土规"生态用地冲突

冲突检测用地类型		图斑			
		总数（块）	合计（块）	面积（hm²）	合计（hm²）
城规城镇建设用地	土规城镇建设用地	23	65	8.72	14.38
	土规生态用地	42		5.66	

（4）神农架林区新华镇冲突预警模块应用

选取新华镇镇区"城规"的城镇建设用地和预警底线进行预警检测，与永久基本农田保护范围的冲突图斑合计面积为 2.04hm²（图 14-7a）；与建设用地增长边界冲突图斑合计面积为 1.23hm²（图 14-7b）；与三级管控区冲突图斑合计面积为 1.31hm²（图 14-7c）。

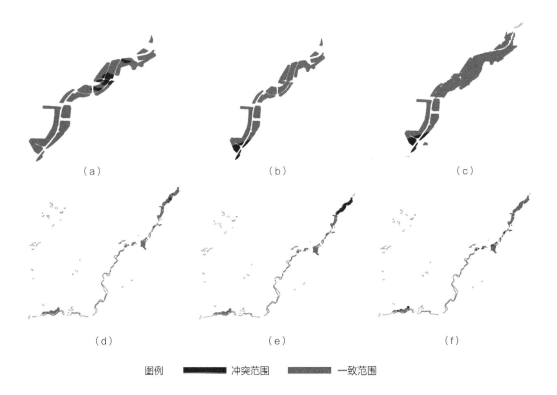

（a）   （b）   （c）

（d）   （e）   （f）

图例 ███ 冲突范围   ███ 一致范围

图 14-7　神农架林区新华镇多规预警检测
（a）镇区"城规"城镇建设用地和永久基本农田保护范围；（b）镇区"城规"城镇建设用地和建设用地增长边界；（c）区镇"城规"城镇建设用地和三级管控区；（d）镇域"土规"生态用地和永久基本农田保护；（e）镇域"土规"城镇建设用地和建设用地增长边界；（f）镇域"土规"城镇建设用地和三级管控区

选取新华镇镇域"土规"城镇建设用地和预警底线进行预警检测，与永久基本农田保护范围冲突图斑如图14-7（d）所示，合计面积为2.89hm²；与建设用地增长边界冲突图斑如图14-7（e）所示，合计面积为56.06hm²；与三级管控区冲突图斑如图14-7（f）所示，合计面积为13.57hm²（表14-9）。

新华镇镇区"城规""土规"与预警底线冲突面积统计 表14-9

冲突检测用地类型		图斑			
		总数（块）	合计（块）	面积（hm²）	合计（hm²）
"城规"的城镇建设用地	永久基本农田保护范围	17	27	2.04	4.58
	建设用地增长边界	5		1.23	
	三级管控区	5		1.31	
"土规"的城镇建设用地	永久基本农田保护范围	7	47	2.89	72.52
	建设用地增长边界	22		56.06	
	三级管控区	18		13.57	

14.2 远程专家评审子系统示范应用

14.2.1 示范基地概况

神农架林区所辖八个乡镇聚落，受地形地貌影响，呈离散分布状态，各乡镇自然特征各有差异，发展水平略有不同。神农架距离我国中部及东南部发达地区有一定距离，尤其是山地特征强化了空间距离，区位上处于劣势，对外交通极其不便；其次，神农架位置偏远，技术和专业人员都比较匮乏，缺乏高水平和高质量的专业指导，在编制规划的各个阶段，均受到地理条件和交通不便因素的制约，导致规划审批与专家评审不及时。远程专家评审系统的开发，利用互联网的高速发展，使"远"变"近"成为可能，为边远地区服务，节省时间，提高效率，提高规划管理水平。

14.2.2 示范内容及工作流程

（1）示范内容

远程专家评审系统示范基于神农架林区规划建设和管理服务云平台，为多用户模式，业务软件及数据由云平台统一管理。数据提交用户可以通过互联网上传规划数据，经过管理员对提交数据的审核并分配给专家评审后，由专家通过远程访问，从云平台调用需要评审项目的有关规划数据，并调用空间数据多模式分析模块、冲突检测模块、规划法规库等辅助评审，最终对规划项目作出评审。各专家的评审结果以 excel 或 pdf 格式汇总，并上传至云平台，用于后期的政府、规划部门管理工作（图 14-8）。

图 14-8　神农架林区远程专家评审用户登录页面

（2）系统建设

1）硬设备

服务器操作系统：Windows Server 2008，内存 4G，CPU 4 核，硬盘 250G；

数据库：Window Server 2008；

Web 服务：IIS7.0 或以上；

其他：IIS 服务、中间服务安装和配置。

2）支持软件

开发中运用的软件和技术如下：

Microsoft Visual Studio 2012，简称 VS2012，用于 .Net 程序开发平台；

JQuery，是一个快速、简洁的 Java Script 框架，用于进行数据处理的核心库；

EasyUi 框架开发；

Div+css，用于网页布局。

3）场地

任何配备 PC 服务器或者 PC 机并且联网的场所均可使用。

4）部门

由于远程专家评审子系统设计多个操作用户，且要满足小城镇日常维护管理的需要，因此远程专家评审子系统的管理示范应用部门为林区各政府，数据提交和专家用户经管理员审核后获取系统的登录账户与密码，在任何配备 PC 服务器或者 PC 机并且联网的场所均可使用。

（3）工作流程

通过与省地理信息中心、神农架政府的合作与多次现场交流及会议沟通，集成开发建设远程专家评审子系统，在省地理信息中心、神农架五镇三乡分配远程专家评审服务终端，向相关专家提供软件技术服务指导，依托云服务平台，实现专家的远程评审服务。以神农架林区森林公园规划为例，介绍远程专家评审子系统的操作流程。

1）远程建立云平台网络环境

湖北省基础地理信息中心通过云服务器提供的云计算的网络环境，在林区可以用任意 PC 端通过网络连接门户网公众版首页，在网页上进行远程专家评审子系统的使用。

2）数据提交用户提交规划数据

远程评审涉及的国家和省级规划建设法规和技术规范可在存于云平台的规范库中调用（见第 9 章）。神农架林区的示范应用涉及当地的相关规划与法规，这些地方文件需补充存入规范库里（图 14-9）。以下列出的是本次示范应用涉及的神农架林区的有关规划文本：

名称

《湖北省神农架自然资源保护条例》；

《神农架旅游区总体规划（2011 年）》（文本）；

《神农架国家级自然保护区生态旅游规划》；

《神农架国家级自然保护区总体规划（2005—2014 年）》；

《神农架国家森林公园总体规划》（文本）；

《鄂西生态文化旅游圈发展总体规划（2009—2020 年）（征求意见稿）》（文本）；

《神农架林区城乡商业网点中长期规划编制工作情况报告》；

《神农架林区地质灾害防治"十三五"规划（2016—2020 年）》；

《神农架林区老龄事业发展"十三五"规划》；

《湖北省环"一江两山"交通沿线生态文化景观建设与维护管理办法》（鄂发改办〔2011〕293 号）；

《神农架国家森林公园总体规划》（文本）；

《神农架林区生态建设规划（2013—2020 年）》。

神农架国家森林公园规划所包括的基础数据有《神农架国家森林公园总体规划专题报告——社会篇专题报道》《神农架国家森林公园总体规划专题报告——环境篇专题报道》

图 14-9　远程专家评审系统法规与技术规范库页面

基于云服务与众包技术的小城镇群国土空间规划支撑系统

《神农架总体布局》《神农架国家公园试点区主体功能分区示意图》《国家公园体制试点近期规划图》《大九湖总体规划》。

数据提交用户通过向管理员获取的用户名与密码登录普通用户界面,新添加神农架国家森林公园规划,并上传有关的资料数据。

数据提交用户在提交完数据之后,可以对规划项目进行空间定位,便于专家在评审项目的时候进行空间多模式分析。数据提交用户进入空间定位界面,通过检索快速定位神农架,再通过创建数据,大致划定神农架公园的位置及范围。

3)管理员审核规划数据

管理员用户登录系统,可以对已经上传到云平台上的数据进行管理。打开待审核文件,可以根据规划数据的完善程度对规划数据进行审核,审核通过的数据即可进入专家分配阶段。对于审核不通过的数据可以给予驳回,待数据提交用户进行修改后再进行审核。管理员用户在待审核文件中,选择神农架国家森林公园规划,下载所有的规划文件和数据进行审核,提交的数据满足要求,审核通过(图 14-10)。

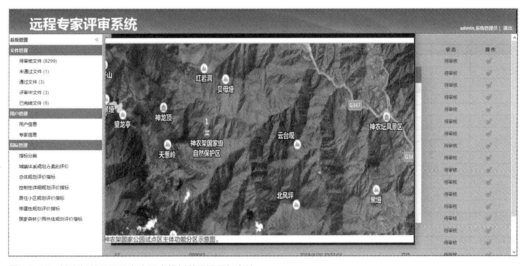

图 14-10　神农架林区远程专家评审规划数据调用与审核

4)评价指标的管理

管理员可以根据需要评审的规划类型新建评价指标,同时,根据项目落地原则,管理员用户可以根据当地的实际情况对指标体系进行修改,增加或删减子指标,使评价指标更具有针对性。管理员打开指标管理页面，添加新的评价指标——森林公园评价指标。

新建评价指标类型后，需要完善该类型的指标体系。完善指标体系的方法主要有两类：一是在系统中逐个添加，二是在 Excel 中按照给定的模板添加，然后整体导入系统中。

5）专家信息管理

为保证专家评审的效率与科学性，管理员用户需要根据待评审项目的特点与内容，并且可以查阅每个专家用户的评审记录与在审状态，以确定合适的专家。在本次应用示范中，事先联系五位专家配合系统操作的进行。

在确定好评审专家后，管理员需要在专家库中添加相关专家信息，以便于分配评审任务。专家信息的添加方式主要有两种：一是逐个添加，二是根据模板批量添加。

6）指标分配与专家分配

完成专家信息的录入和查询后，管理员可以在通过的文件中选择需要评审的文件进行专家分配。在通过的文件中，选择神农架国家森林公园规划，完成指标分配与专家分配。

管理员分别点击指标分配与专家分配，进入分配界面，选择森林公园评价指标为评价指标；选择刘杨、吕维娟、郑斌、何君、吴志华为评审专家，并确定刘杨为专家组组长。

7）专家评审

专家用户在收到评审的通知后，通过登录界面进入专家评审界面，打开待审核界面，选择需要评审的项目，进入项目界面，下载规划资料，进行审阅（图14-11）。

专家在进行评审的时候，可以借助系统所提供的三个拓展模块——规范与标准调用模

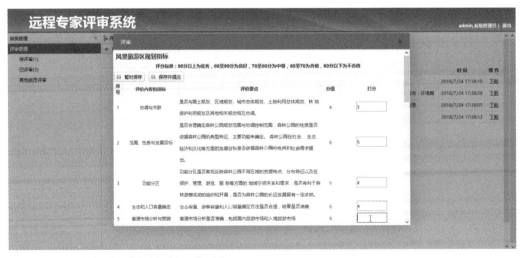

图 14-11　远程专家评审系统专家打分与评价示例

块、空间数据多模式分析模块、避让检测模块——进行辅助分析与决策。

规范与标准调用模块涵盖了国家级、省级、地区级中的商业、居住、工业、仓储、生态环境与绿化、文化旅游与城市风貌等十大类的规划标准与法规。专家可以针对《神农架国家森林公园规划》，在法规库中查找有关的森林规划法规以及神农架当地有关政策，辅助决策。

空间数据多模式分析在数据提交用户的定位数据上可以进行简单的空间分析，包括缓冲区分析、等时圈分析等。

以等时圈分析为例，作为辅助专家评审的依据。神农架地处湖北省西部边陲，山地特征强化了神农架林区内各个城镇间，以及与周边各省的空间距离，在一定程度上会对当地的旅游发展造成影响。利用空间数据多模式分析的等时圈分析功能，可以简单测算出神农架国家森林公园在受山地条件限制的同时，沿道路通行的不同时间的范围，以此分析神农架国家森林公园与周边县市的基本关系，同时可以根据距离的相对关系判断道路的通达性以及神农架国家森林公园的发展可能性，并对之后的规划作出指导。

专家查看完所提交的规划数据及文本，并通过上述三个拓展模块进行辅助决策后即可进行最终的打分与评价。其中，专家组组长可以查看专家组其他成员的打分以及评价情况，对专家组的意见进行综合。

8）评审结果汇总与上传

《神农架国家森林公园规划》专家评审完成后，评审结果会上传至云平台，管理员可

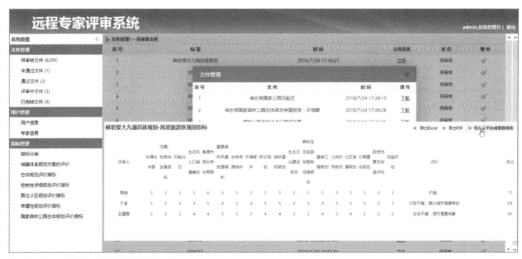

图 14-12　远程专家评审结果汇总与输出

以在已完结页面查看专家的评审结果，并汇总评审结果。具体评审结果如下：五位专家的打分分值比较接近，平均分数为 73.2 分，《神农架国家森林公园规划》基础数据翔实，指导思想明确，思路清晰，定位准确，目标具体，方法科学，编制规范，特色鲜明，内容全面，具有较强的针对性和可操作性；神农架进行国家公园体制试点，有利于以国际自然保护水准，充分运用科学组织、信息技术、严格的管理考核等措施，打造国际一流、国内示范的自然保护新模式。

14.2.3　示范区远程专家评审子系统应用推广与反馈

（1）示范应用技术推广

为顺利推进远程专家评审系统在神农架林区的应用，结合神农架林区相关规划审查工作，召开了 6 次远程专家咨询会议，通过实际操作分模块对远程专家系统进行了咨询测试，并对系统操作过程中的细节问题、系统的稳定性、多用户并发特征等进行了探讨咨询，生成了专家咨询报告（表 14-10）。

专家咨询会议反馈　　　　　　　　　　　　　　　表 14-10

咨询会议	咨询重点内容	后续系统完善
第一次	远程专家评审系统操作流程演示，针对实际评审中可能遇到的问题进行了体验和分析。对功能的设计提出一些改进意见	进一步完善已经建立起的系统框架及系统流程，并对系统提交的文件大小及数量限制等细节问题进行了完善
第二次	主要对系统管理员模块进行咨询测试，规划管理部门是系统的主要用户，需要进一步明确数据管理过程，对操作功能提出进一步的设计要求，保证操作过程友好	针对项目评审过程中不断添加的普通用户数据、专家用户数据及评审项目数据等，明确数据之间的关联，保证数据之间的关联查询，尤其是专家用户与项目之间的关联查询
第三次	主要针对专家评审模块进行咨询测试，专家模块是系统的核心模块，测试任务书中提出的评审手段及相关功能要求是否能较好实现，并提出了相关改进意见	对规划法规及技术规范库的内容作进一步完善，对指标计算及使用方式进行进一步明确，对空间分析手段的使用进行了多种尝试
第四次	主要对系统操作过程中的细节问题进行探讨，进一步完善系统功能，在已经完善的远程评审操作流程基础上，对操作过程中发现的一些常见的问题，包括指标修改方式、专家分配流程及操作错误可修改等问题，提出了进一步的修改意见	在系统中新增指标修改的功能，在未提交最终成果前的操作过程中增加了操作回退功能，把专家分配与指标分配分开操作，对于评审专家的分配可以根据实际情况进行新增或删除，明确了专家组组长的作用和功能

咨询会议	咨询重点内容	后续系统完善
第五次	由当地工作人员参与测试，测试结果显示该系统能很好地满足当地规划管理部门的规划评审管理要求，但是希望在有些操作上，如指标数据的操作能更便捷，并对一些细节进一步提出优化建议	在指标体系管理中增加指标模板，通过提供模板在 excel 中设置指标，再整体快捷导入，更好地支持指标体系的建立。同时，对评审结果的汇总作进一步处理，形成汇总报告，在导出中增加了 pdf 报告导出操作
第六次	对系统的稳定性、多用户并发特征、浏览器的兼容性等特征进行咨询测评，对空间数据的操作提出后期研究的方向指引，以及优化设计	较好地借助 SaaS 模式的公有云服务，完善系统的空间参考和多源空间数据的支持。扩大系统空间分析范围和分析方式。对登录界面进行优化设计，与其他子系统统一

2018 年 3 月 13、14 日分别邀请新华镇政府、松柏镇政府工作人员及林区规划局的相关技术人员参与系统培训会议。在培训过程中，介绍系统所涉及的三大类用户群体（用户、管理员、专家），介绍每一群体的操作界面以及功能，并举例说明，使得各个群体能够熟练操作远程专家评审系统内所对应的模块，在系统上完成从用户上传数据、管理员审核数据、建立评价指标体系、建立专家资料库、分配专家、专家远程接收数据、利用空间多模式分析、相关法规库等多方位评价规划成果并作出评议、提交评审结果、管理员汇总结果到输出打印等全过程的操作，基本完成对系统使用人员和业务相关人员的使用方法推广，并且根据他们的操作习惯，后期对系统进行了完善。

（2）示范应用结果及反馈

示范应用以《神农架国家森林公园规划》为例，介绍了远程专家评审的操作流程。数据提交用户登录系统提交神农架国家森林公园规划有关的所有数据，经由管理员审核通过后分配指标与专家，专家接收到评审任务后登录远程专家评审子系统下载评审文件并结合规范与标准调用模块、空间数据多模式分析模块、避让检测模块进行评价打分。最终的评审结果会上传至云平台，管理员可以查看评审结果并整理导出。

为顺利推进远程专家评审系统在神农架林区的应用，系统技术平台完成既定功能后，课题组成员自上线以来准备了完善的培训资料，在 2018 年年初开始开展远程专家评审系统培训工作，在神农架多个乡镇为相关科室人员开展多次系统培训推广工作，总共培训 20 名技术人员。

通过远程专家评审子系统的培训推广应用表明了该系统满足了用户在城市规划项目远程评审方面的需要，用户体验良好，项目推广成果收效明显，主要体现在以下几个方面：

（1）评审速度更快，更智能。系统提供实时规划评审项目数据传递、全面的评审项目状态展示、便捷的评审专家分配及评审结果管理等功能，时效性大幅提升。同时，系统还为专家用户提供规划法规及技术规范库查询及空间分析功能支持，为专家用户提供更智能的服务。

（2）开拓专家评审工作新途径，提升地方政务信息化及办公自动化水平。通过远程专家评审系统建立，开始尝试规划评审的另一种方式，尤其对于偏远山区，其社会经济效益更为明显，同时，也是在互联网技术快速发展下，新的办公手段的使用和管理理念的提升。

（3）搭建统一的系统管理平台，有助于技术数据资源共享及评审过程系统化管理。开启 SaaS 建设模式尝试，基于 MySQL 等开源软件建设，符合安全可控要求，具备架构灵活、易扩展等特性，能满足未来业务发展需要。

14.3　本章小结

本章介绍小城镇群智慧规划与建设管理技术集成示范应用于规划管理实践在规划编制阶段的工作情况，即"多规"协同和远程专家评审。通过开发"多规"协同及冲突检测子系统，智能化实现神农架林区自然保护区规划、土地利用规划、城乡规划等跨部门规划之间以及神农架林区城镇体系规划、镇区总体规划、控制性详细规划以及乡村建设规划等各层次城乡规划之间协同度的分析，自动完成各规划之间的空间冲突检测及预警。

神农架林区规划管理人员不足，专业技术力量薄弱。基于神农架林区云服务平台，示范建立了智慧规划审批支持系统，通过远程智力资源，辅助神农架规划决策。在省地理信息中心、神农架林区六镇两乡建设远程专家评审服务终端，向相关专家提供技术服务软件，依托云服务平台，实现专家的远程评审服务。

第 15 章 神农架林区公众参与与众包监督反馈应用示范

15.1 公众参与子系统示范应用

15.1.1 示范内容与工作流程

区别于传统的线下"面对面"的公众参与形式，本次智慧规划公众参与采用线上互动形式，是基于云服务平台的研发，支持规划管理及编辑人员通过网站、手机端应用程序发布规划方案，收集公众意见，并对公众意见进行整理、分类、统计分析，同时将公众意见处理情况实时反馈给公众。公众可以通过网站、手机应用程序获取规划信息并反馈意见，实时了解规划建议的最新动态。最终形成互联网模式下的规划公众参与及互动。

系统按依托的硬件终端分为两类，六个技术模块。硬件分为 PC 终端和手机终端（图 15-1）。其中，PC 端应用，开发基于云服务平台的"智慧规划公众参与软件"，支持对公众手机发布规划成果，收集不同格式的公众意见，对公众意见进行整理，及时通知规划管理、编制人员，并将公众意见处理情况实时反馈给公众手机终端。手机端应用，开发基于智能手机的"规划公众参与手机应用程序"，便于公众获取、查询城乡规划信息并反馈意见，开展问卷调查，通过云服务器上的"智慧规划公众参与软件"将公众反馈信息提交给规划编制人员、管理人员进行处理，并将处理结果及时告知公众。

六个技术模块包括"规划成果发布""公众意见数据收集""公众意见分类""公众意见统计分析""公众意见告知"和"公众意见处理情况反馈"。其中，规划成果发布模块，支持对城乡规划成果文本、图纸的发布及公众查询；公众意见数据收集模块，实现公众意见众包数据的收集汇总，提供文本、图像、语音等不同格式数据的动态接入、汇总；公众意见分类模块，根据土地利用、道路等关键词等信息，对公众意见进行分类、整理；公众意见统计分析模块，对公众意见进行分类整理，对问卷调查信息进行统计分析，生成报表，进行展示；公众意见告知模块，将公众意见汇总信息及时告知规划管理、编制人员；公众意见处理情况反馈模块，将规划管理、编制人员的处理意见，通过点对点消息模式和发布—订阅消息模式反馈给公众。

系统功能组织如图 15-2 所示，以公众参与网站构建公众参与网络平台，便于规划管

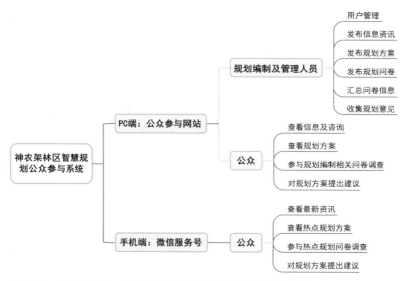

图 15-1　公众参与网站、微信服务号、系统管理的程序界面组织导图

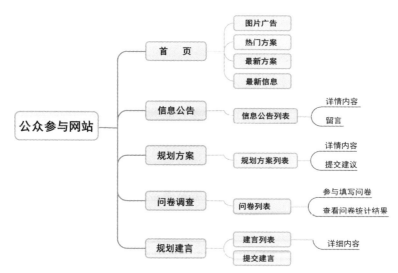

图 15-2　公众参与网站功能组织导图

理及编制人员对公众手机发布规划方案及成果，收集相关公众意见，并将处理情况实时反馈给公众。公众可通过该网站及时了解规划信息，并提交自己的规划建议。基于微信服务号开发公众参与的手机端应用程序，用户不仅无需安装单独的 App，且借助微信强大的用户群及网络媒体传播方式，易于应用宣传与推广，便于公众积极参与互动。

在小城镇群智慧规划与管理技术集成的主页面，用户点击公众参与的链接来到 PC 端公众参与界面。通过此页面大众可以浏览规划信息，了解已经批复或者正在进行的规划项目，发表点评或回复调查问卷等。手机用户可以扫描该页面上的微信公众号二维码，在手机端进行各种参与活动（图 15-3）。

本子系统在神农架林区示范应用期间有若干规划项目正在开展，这些规划项目被纳入了本系统供公众了解、点评或反馈具体意见。下文选择其中三个规划项目作简要介绍。

图 15-3　神农架林区规划公众参与手机端界面

15.1.2 公众参与规划项目

（1）《神农架林区城乡统筹战略规划（2016—2030年）》公众咨询

神农架林区是中国首个获得联合国教科文组织人与生物圈自然保护区、世界地质公园、世界遗产三大保护制度共同录入的"三冠王"名录遗产地，也是湖北省"多点支撑、均衡发展"的战略局点。林区具有区别于一般地区的高离散度、风貌独特、与环境有机融合的特征，但受制于地貌、交通、生态保育等因素，其社会经济发展长期受到制约。为贯彻"牢固树立保护生态环境就是保护生产力、改善生态环境就是发展生产力的理念"，神农架林区住房和城乡建设委员会组织编制《神农架林区城乡统筹战略规划》。

在规划理念层面，转变纯粹侧重保护的单一思路，通过跨学科、多技术手段，探索了一条生态框架区域城乡均衡发展的新路径。在规划技术层面，采用GIS分析手段，通过大样本数据分析，为生态容量的确定提供支撑，科学确定林区生态承载力。

在规划管控层面，针对非建设用地，通过划定生态红线，实现对生态框架、生态资源的有效保护；针对村镇建设用地，通过对接林区现有规划管理及建房政策，实现对全域镇村建筑环境风貌的统筹与分级管控。

《神农架林区城乡统筹战略规划（2016—2030年）》在"神农架林区智慧规划公众参与系统"进行方案公示，征询公众意见（图15-4）。

（2）《松柏镇"四化同步"示范乡镇试点规划（2013—2030年）》

由上海同济城市规划设计研究院、武汉市规划研究院、湖北大学成立联合工作组，共同开展《神农架林区松柏镇"四化同步"示范乡镇试点村镇系列规划》编制工作。项目组对全域进行"地毯式"调研，悉心聆听居民意愿、了解部门要求、听取园区企业诉求，实现了规划编制期间政府、企业、居民的全程参与。

规划成果按照"镇域、镇区、村庄"三个层面，建立"1+1+5+6"的规划体系，以慢城为愿景、四化同步为路径、五大战略及专项为手段、项目库为抓手、构建实施路径。规划内容突出了以下六方面特征：一是全域规划体现城乡统筹；二是"三规"协调实现土地、规划、经济发展全面对接；三是产业先行促进充分就业；四是镇村防灾强调生态安全大局观；五是旅游发展体现地方文脉及特色；六是项目库化保障规划实施。

图 15-4　神农架林区城乡统筹战略规划方案公示页面

《松柏镇"四化同步"示范乡镇试点规划（2013—2030 年）》在"神农架林区智慧规划公众参与系统"进行方案公示，征询公众意见（图 15-5）。

（3）神农架机场路沿线地区控制性详细规划

随着 2008 年 11 月 13 日湖北神农架机场获国务院常务会议批准立项，神农架林区对外交通条件将得到进一步改善。武汉规划研究院按照神农架林区政府的要求，编制《神农架机场临空服务区总体规划与重点区域控制性详细规划》。

本次规划包括神农架机场临空服务区总体规划和重点区域控制性详细规划两部分内容，其中神农架机场临空服务区总体规划包括机场路沿线地区功能分区、用地布局以及机场路整体景观设计；重点区域控制性详细规划成果包括强制性执行规定（法定文件）和指导性执行细则（指导文件、技术文件）两部分。

图 15-5　松柏镇"四化同步"规划方案公示页面

神农架机场路沿线地区控制性详细规划在"神农架林区智慧规划公众参与系统"进行方案公示，征询公众意见（图 15-6）。

15.1.3　效果与反馈

公众参与系统平台运营成本低，应用系统维护简单，建设周期短，在神农架林区的推广应用中取得了一定成效。智慧规划公众参与 App 操作方便，易于接受，并以完善城市规划管理体制，改善居民生活环境为目的，激发了市民参与城市规划管理、切身维护自身利

图 15-6　神农架机场路沿线地区控规方案公示页面

益的积极性。

为了在神农架林区有效推广智慧规划公众参与系统平台，研究小组邀请神农架林区住房和城乡建设委员会相关专业人员开展了多场培训会议，针对公众参与系统平台的背景、主要特点、构成、功能以及操作流程进行讲解，并利用计算机演示等方式进行系统流程预演。此会议培训对象为平台的管理人员，要求熟悉基于移动终端的公众参与系统手机 App 的功能构成和操作流程。管理人员的主要任务是通过公众参与系统平台进行后台管理，包括处理公众参与系统 App 反馈的上报事件、回复公众提问、发布新闻等。

"神农架林区智慧规划公众参与系统"除了提供公众对公示的规划方案留言或反馈意见外，也可以作为平台实施专项问卷调查，系统征询公众意见（图 15-7）。

神农架林区市民通过公众参与 App 进行规划全过程的参与，从问卷调查、方案征集到

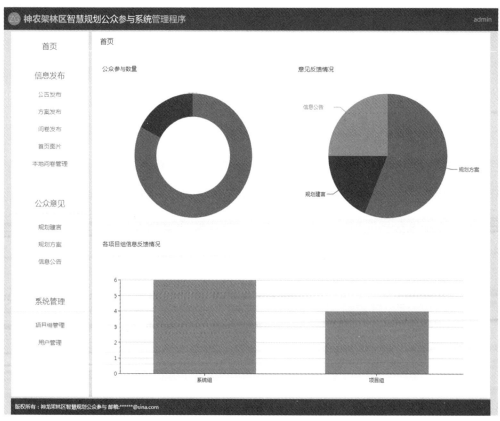

图 15-7 企业问卷调查和居民生活满意度问卷调查页面

图 15-8 神农架林区公众参与反馈意见汇总

规划方案公示反馈，为城市规划管理部门提供了大众信息源，节约了信息采集的人力和成本。自 2017 年 5 月在神农架林区推广应用智慧规划公众参与系统平台至 2018 年 11 月 28 日，平台关注人数达 804 人，收到规划方案反馈意见 22 条，信息公告反馈意见 11 条，规划建言反馈意见 24 条（图 15-8）。

15.2 智慧规划公众监督管理系统示范应用

15.2.1 示范内容与工作流程

（1）系统建设

神农架林区居民点离散式分布，交通欠发达，灾情、交通、基础设施故障等信息通报、反应时间较长。神农架林区违法用地和违法建设监督系统研发适用于神农架林区居民的移动终端应用程序，在神农架地区进行应用推广，促进公众参与，多方位实时监督城镇建设用地和建设工程，发现、预警可疑违法用地和建设行为。具体包括：

1）违法建设监督举报：本介绍模块旨在通过移动终端应用程序向神农架地区居民公告已审批的建设工程方案，建立体制机制鼓励居民通过多种智能终端对建设工程规模、建筑高度、建筑退让、风貌等违章、违法事件进行取证上报，在省级云服务平台进行关联归档，通知乡镇规划建设部门调查处理。

2）灾情实时报警：利用移动终端数据采集的新型管理模式，发动普通群众对神农架林区可能突发的山地滑坡、洪水、泥石流或火灾等灾情信息进行及时上报，对灾情进行公示，辅助灾害防治工作，提高防御和应对灾害的能力，降低对人身和财产安全的危害。

3）交通路况信息实时反馈：神农架林区作为国内外知名的旅游胜地，传统的道路交通系统规划不能完全满足林区旅游旺季"井喷式"的交通需求，需要加强交通路况信息实时发布技术应用。当发生交通堵塞时，大众通过多种智能终端对交通拥堵状况、停车场使用状况、交通人数等进行取证上报并归档，利用路况信息数据发布服务对路况进行公示。

4）基础设施故障反馈：应对神农架地区基础设施薄弱，设施维修不便利，专业人员紧缺等现状问题，研究基础设施故障反馈系统。当基础设施损坏时，普通大众通过多种智能终端对路面损坏、管道破损、通信设施损坏、环境卫生破坏等进行取证上报并归档，对基础设施故障反馈信息进行发布。

图 15-9 所示的是手机端公众监督管理子系统各类举报选项的用户界面。公众用户在个人手机上完成的操作在云服务平台的数据库得以实施存储和更新（图 15-10）。

（2）系统应用推广

为在神农架林区有效推广本项目集成管理平台服务，项目组邀请神农架林区住建、规划、国土等多个部门专业人员参与了多场培训会议。除对专业公职人员的培训外，项目组还发动和培训民众上报身边的违建、市容、拥堵等城市热点事件，号召公众参与城市规划管理工作。项目组成员在神农架林区通过路演的方式吸引林区民众了解公众监督系统平台，向其介绍平台的背景意义，以赠送小礼品的方式鼓励公众扫描二维码下载公众监督手机App，进行用户注册，并向其演示操作流程（图 15-11）。同时，研究小组通过上报有奖的方式进行初期产品营销宣传，吸引公众利用手机 App 对违法用地现象、违法建设现象、特色风貌建筑破坏、突发灾情、道路交通信息、基础设施故障等进行监督反馈。

图 15-9　公众监督举报类型选择手机界面

图 15-10　公众监督举报信息云平台上传

图 15-11　公众参与系统平台专业人员培训和路演

15.2.2 示范应用结果公众监督事件应用与结果分析

本子系统在神农架林区实施推广得到了相关部门和市民的积极配合和参与。市民上报了各类事件（图15-12）。以下对上报事件作汇总和空间分析。

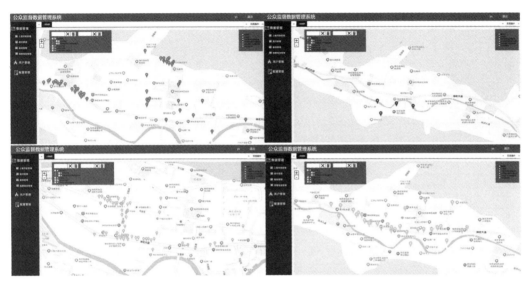

图 15-12　公众参与事件上报

（1）公众监督事件上报概况

上报事件信息包括事件的大类（Main Type Name）、一级分类（First Type Name）、二级分类（Second Type Name）、创建时间（Update Time）、更新时间（Create Time）、上报内容（Report Content）、上报人（Reporter）、事件发生点的经度（Lon）和纬度（Lat）以及用户上传事件所在位置的经度（User Lon）和纬度（User Lat）。

（2）神农架林区公众监督事件上报类型

上报事件分类有大类、一级分类、二级分类三个层次，以下将从这三个层次分析公众监督系统平台在神农架林区采集到的上报事件数据。

1）大类

神农架林区公众上报事件中四大类型事件均有涉及，其中违法建设上报事件有 560

条，占总上报事件的 22.29%；污染与灾害上报事件有 8 条，占总上报事件的 0.32%；道路与交通上报事件有 1101 条，占总上报事件的 43.83%；市容与基础设施故障上报事件有 843 条，占总上报事件的 33.56%。由此可见，神农架林区道路与交通问题最为严重，其次是市容与基础设施故障的问题，同时违法建设也比较普遍，污染与灾害情况较少（表 15-1）。

上报事件分类及占比表（大类）　　　　　　　　　　表 15-1

类型	数量	占比
违法建设	560	22.29%
污染与灾害	8	0.32%
道路与交通	1101	43.83%
市容与基础设施故障	843	33.56%

2）一级分类

从上报事件的一级分类来看，违法建设事件中主要违法行为是无证违建，有 559 条上报，占上报事件总数的 22.25%；风貌建筑与文物古迹保护上报事件仅有 1 条，占上报事件总数的 0.04%；污染与灾害事件中大部分灾害为地质与气象灾害，有 7 条上报，占上报事件总数的 0.28%；环境污染灾害仅有 1 条上报，占上报事件总数的 0.04%；道路与交通二级分类仅市内交通一项，占上报事件总数的 43.83%；市容与基础设施故障以基础设施部分为主，有 834 条上报，占上报事件总数的 33.20%，市容市貌上报事件仅 9 条，占上报事件总数的 0.36%，如表 15-2 所示。可见，神农架林区无证违建、市内交通以及基础设施方面问题比较严重。

上报事件分类及占比表（一级分类）　　　　　　　　　表 15-2

类型	数量	占比
无证违建	559	22.25%
风貌建筑与文物古迹保护	1	0.04%
地质与气象灾害	7	0.28%

类型	数量	占比
环境污染灾害	1	0.04%
市内交通	1101	43.83%
基础设施	834	33.20%
市容市貌	9	0.36%

3）二级分类

从上报事件的二级分类中我们可以看到详细的事件类型。

违法建设事件中涉及 9 种详细的违法事件，其中数量最多的类型是乱搭乱建，有 197 条上报，占违法建设上报事件总数的 35.18%；其次是临时建筑逾期未拆，有 137 条上报，占违法建设上报事件总数的 24.46%；再次是建设超过限高和私改建筑外表，分别有 89 条和 83 条上报，占违法建设上报事件总数的比例分别为 15.89% 和 14.82%；再次是建设项目证件未公示，有 44 条上报，占违法建设上报事件总数的 7.86%；改变建筑性质、建设侵占道路、建设项目证件不齐、擅自迁移拆除风貌建筑或文物古迹以及其他违法建设这些类型的上报事件较少，共有 10 条，共占违法建设上报事件总数的 1.8%（表 15-3）。可见神农架林区乱搭乱建现象严重，相关管理部门应进行严格控制；对于临时建筑逾期未拆和建筑超过限高的应尽快展开拆除工作。

违法建设上报事件二级分类及占比表　　　　　　　表 15-3

类型	数量	占比
改变建筑性质	3	0.54%
建设超过限高	89	15.89%
建设侵占道路	3	0.54%
建设项目证件不齐	2	0.36%
建设项目证件未公示	44	7.86%
临时建筑逾期未拆	137	24.46%
乱搭乱建	197	35.18%

类型	数量	占比
擅自迁移拆除风貌建筑或文物古迹	1	0.18%
私改建筑外表	83	14.82%
其他违法建设	1	0.18%

　　污染与灾害事件上报较少，涉及4种详细污染灾害事件，其中滑坡有4条上报，占污染与灾害上报事件总数的50.00%；塌陷有2条上报，占污染与灾害上报事件总数的25.00%；洪涝和有毒废品倾倒各1条上报，各占污染与灾害上报事件总数的12.50%（表15-4）。推测污染与灾害事件上报数量较少的原因可能有两点：一是神农架林区环境质量良好，污染情况较少；二是自然灾害往往发生在山林之中，城市建成区内少有发生，而公众监督系统平台目前主要是在松柏、木鱼、新华各镇区内推广应用。

污染与灾害上报事件二级分类及占比表　　　　表15-4

类型	数量	占比
滑坡	4	50.00%
洪涝	1	12.50%
塌陷	2	25.00%
有毒废品倾倒	1	12.50%

　　道路与交通事件中涉及6种详细事件类型，其中最主要的是机动车与非机动车乱停放，有921条上报，占道路与交通上报事件总数的83.65%；道路遗撒事件也较为常见，有50条上报，占道路与交通上报事件总数的4.54%；其次是道路积水积雪和施工占道事件，分别有29条和28条上报，占道路与交通上报事件总数的比例分别为2.63%和2.54%；道路标识标牌损坏和交通拥堵情况较少，各有4条上报，各占道路与交通上报事件总数的0.36%；另外，如占道经营等其他交通问题也比较常见，有65条上报，占道路与交通上报事件总数的5.90%（表15-5）。可见神农架林区道路与交通问题主要体现在机动车与非机动车乱停放，相关管理人员应加强车辆停放的监管力度。

表 15-5

类型	数量	占比
机动车与非机动车乱停放	921	83.65%
道路标识标牌损坏	4	0.36%
道路积水积雪	29	2.63%
道路遗撒	50	4.54%
交通拥堵	4	0.36%
施工占道	28	2.54%
其他交通问题	65	5.90%

市容与基础设施故障事件中涉及的详细事件类型较多，达 20 种。其中，道路破损事件上报最多，有 376 条，占市容与基础设施故障上报事件总数的 44.60%；其次是垃圾渣土倾倒，有 180 条上报，占市容与基础设施故障上报事件总数的 21.35%；再次是井盖破损，有 148 条上报，占市容与基础设施故障上报事件总数的 17.56%，是架空线缆损坏，有 93 条上报，占市容与基础设施故障上报事件总数的 11.03%；河堤破损、路灯破损、下水道堵塞或破损、店外经营、非法喷涂广告等其他市容与基础设施故障事件共有 46 条上报，占市容与基础设施故障上报事件总数的 5.46%（表 15-6）。可见神农架林区道路设施破损情况严重，需加紧修缮；垃圾渣土随意倾倒现象较多，相关管理部门应加强管理，设置垃圾渣土倾倒点，避免市民随意倾倒渣土垃圾；另外，井盖和架空线缆损坏也较为严重，相关管理人员应进行定期维护和检修。

市容与基础设施故障上报事件二级分类及占比表　　　　　　　　表 15-6

类型	数量	占比
道路破损	376	44.60%
河堤破损	2	0.24%
路灯破损	2	0.24%
井盖破损	148	17.56%
架空线缆破损	93	11.03%

类型	数量	占比
下水道堵塞或破损	4	0.47%
自来水管破裂	20	2.37%
垃圾渣土倾倒	180	21.35%
热力管道破损	1	0.12%
燃气管道破裂	4	0.47%
环卫设施损坏	4	0.47%
暴露垃圾渣土	1	0.12%
店外经营	1	0.12%
动物尸体清理	1	0.12%
非法喷涂广告	1	0.12%
焚烧垃圾树叶	1	0.12%
工地扬尘	1	0.12%
圈地种菜	1	0.12%
油烟污染	1	0.12%
噪声	1	0.12%

（3）上报事件空间分布

分析研究上报事件的空间分布，总结其中的特征规律，对未来相关管理部门提高管理效率具有非常重要的意义。在某类事件高发区域加强监管力度，做到有的放矢，能有效遏制违法建设活动以及改善城市生活环境。

以下分别对松柏镇、木鱼镇和新华镇的上报事件空间分布进行分析研究。

1）松柏镇

从上报事件点的空间分布来看，松柏镇的上报事件点主要分布在镇区主干道神农大道及其外延区域，事件点主要集中在镇区中心区。从上报事件点的核密度分析中可以看出松柏镇上报事件点呈现出多点集聚的空间分布特征，空间分布密度较大的区域主要集中在神农大道、中心街、张公路周边，其他区域事件点空间分布密度较低，如图 15-13（a）所示。

从各类型上报事件点核密度分析来看，松柏镇违法建设事件在神农架客运站、神农架林区财政局以及神农架林区广电局周边区域空间分布密度较大；污染与灾害事件主要集中在神农架体育中心周边区域；道路与交通事件主要集中在神农架客运站、中心街以及世纪金源假日酒店周边区域；市容与基础设施故障事件空间分布较为分散了一些，主要集中在神农大道沿线区域，另外在中心街、张公路以及松柏镇卫生室周边区域空间分布密度也比较大。

2）木鱼镇

木鱼镇上报事件数量较少，且仅涉及两种事件类型，即违法建设和道路与交通事件。从上报事件点的空间分布来看，木鱼镇的上报事件点主要集中在镇区南部商业中心片区，

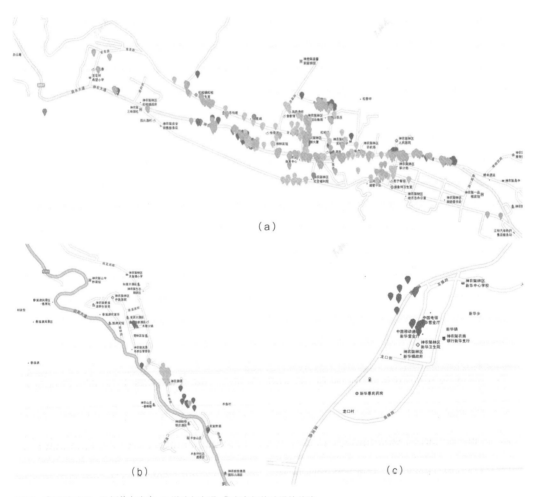

图例　●违法建设　●污染与灾害　●道路与交通　●市容与基础设施故障

图 15-13　松柏镇、木鱼镇和新华镇上报事件点空间分布
（a）松柏镇；（b）木鱼镇；（c）新华镇

北部居住片区上报事件较少，从上报事件点的核密度分析中可以看出木鱼镇上报事件点空间分布密度较大的区域主要集中在木鱼路周边。

从各类型上报事件点核密度分析来看，木鱼镇违法建设事件主要集中在盛景宜家酒店、鑫源大酒店以及神农架绿缘山庄旅社周边区域；道路与交通事件主要集中在神农御景周边区域（图 15-13b）。

3）新华镇

新华镇上报事件数量也较少，且仅涉及违法建设一种事件类型。从上报事件点的空间分布来看，新华镇的违法建设事件主要分布在镇区北部的滨河路和发展路上，如图 15-13（c）所示。从上报事件点的核密度分析中可以看出新华镇的上报事件点空间分布密度较大的区域主要集中在镇区北部滨河路和发展路周边。

图 15-14 所示为对松柏镇和木鱼镇上报的不同类型事件作点密度空间分析后得出的各类事件密度空间特征。

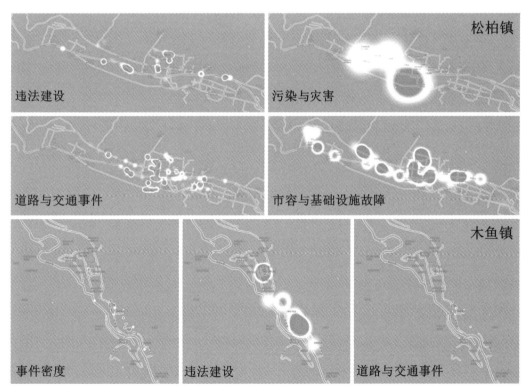

图 15-14　松柏镇、木鱼镇上报事件点空间密度分布

（4）上报事件年度演变

对比 2017 年和 2018 年神农架林区各类型上报事件比例，可以看出，相比 2017 年，在 2018 年里违法建设上报事件比例增加了 2.97%，污染与灾害上报事件比例减少了 0.46%，道路与交通上报事件减少了 21.15%，市容与基础设施故障上报事件增加了 18.64%，如表 15-7 所示。由此可见，2018 年神农架林区违法建设情况较上一年并没有得到改善，道路与交通问题有所缓解，然而市容与基础设施故障问题更为严重，成为最主要的城市问题，因此未来相关管理部门应加强违法建设和市容与基础设施故障事件的监测管理力度，尤其是市容与基础设施故障事件应重点关注。

上报事件类型占比年度对比表　　　　　　　　　　表 15-7

类型	2017 年占比	2018 年占比
违法建设	20.86%	23.83%
污染与灾害	0.54%	0.08%
道路与交通	54.04%	32.89%
市容与基础设施故障	24.56%	43.20%

对比松柏镇两年上报事件点的核密度分析图，可以看出 2017 年和 2018 年上报事件点都主要集中在镇区中心区，但仍然存在着明显的变化特征，相比上一年，2018 年上报事件点有向镇区外围、往西扩散的趋势，在神农架林区气象局、松柏镇政府以及航天新村等周边区域出现了新的事件集聚点，因此相关管理部门的工作重心应由镇区中心区适当向外围扩展。

15.3　本章小结

本章介绍了小城镇群智慧规划与建设管理技术集成示范应用于规划管理实践中的公众

参与环节，公众参与可以出现在规划实践和建设管理的所有阶段。本项目的应用示范开发面向神农架居民的公众参与子系统，推广手机应用客户端，在神农架林区六镇两乡规划主管部门建设服务终端，利用门户网站、手机终端向居民发布不同层次的城乡规划方案信息，征求、汇总公众意见，反馈到相应城乡规划编制评审和决策工作中。项目组在神农架林区松柏镇、木鱼镇和新华镇应用了基于手机的基础设施故障反馈和违章建设事件上报的众包技术子系统。

第 16 章　结论

16.1　核心技术总结

小城镇群智慧规划建设和管理技术集成包含有 9 项核心技术，第 1～3 项与云平台构建相关，为规划建设与管理应用提供技术支撑。第 4～9 项为基于云平台的规划建设与管理应用专项技术。这些核心技术在神农架林区的示范应用中完成了调试和优化。

16.1.1　小城镇群规划建设与管理的云服务机制和云平台

第一个核心技术是构建了针对小城镇群规划建设与管理特性的云服务机制和云平台子系统。该子系统在既有的省级云平台基础上研究和确定了相应可行的云服务机制，完成了其核心技术的 6 项组成要素，包括容器化支撑与编排、容器调度弹性伸缩、消息驱动与一致性协调、服务引擎、服务网关与 API 网关以及云平台操作系统，以此搭建完成的云服务平台含平台首页、资源中心、系统管理、组织管理、资助服务、可视化和众包资源 7 类共30 个功能模块。

小城镇群智慧规划建设与管理云服务平台是一个复杂的技术集成，需要整合各种异构的信息资源，然后对外提供以共享交换为主要形式的信息化服务。云服务平台构建的核心是服务引擎。该子课题的服务引擎达到了国家测绘局相关技术大纲的要求，实现了服务与数据的在线测试调用、滚动更新和智能组装，可进行贯穿云平台的动态伸缩、弹性调度，具有云平台广泛接入与智能服务能力。同时，提供了与服务引擎相配套的资源目录、服务发现与一致性维护，以满足服务的主动性与智能组装需求。云平台构建的重要环节是实现了封装的标准化和管理接口的标准化。通过容器化封装，该子系统提供 OGC、SOAP 以及 REST 的标准信息化服务，提供用户与平台资源服务。在 IaaS 层，云服务平台全面兼容各类虚拟机，以及建立于其上的容器客户端；资源动态伸缩与弹性调度采用主流的 K8s 编排调度，克服了智慧湖北时空信息云平台基于 OpenStacks 技术栈调度能力不足的问题，提升了服务能力。

16.1.2　小城镇群规划数据智能云同步与更新软件

小城镇群规划数据智能云同步与更新软件是基于云平台、面向小城镇规划管理应用的"一张图"数据整合子系统。该子系统含 25 个技术模块，具体包括用于加载与入库规划编制成果空间数据的 7 个软件功能模块、加载与入库规划审批管理空间数据的 3 个软件功能模块、加载与入库 12 类规划管理非空间数据的 7 个软件功能模块、用于规划空间数据与规划非空间数据关联分析的 3 个算法模块和用于规划网格数据操作的 5 个算法模块。

面向云平台的规划建设与管理数据整合通过构建基于基础地理空间数据的规划管理网格，建立规划建设与管理数据整合机制，实现面向云平台的规划建设与管理数据共享，为其他子系统提供基础数据和规划数据服务，并且通过加载众包数据，为城市智慧规划决策和公众监督平台提供基础服务。地理信息空间格网的构建采用了多尺度规划管理网格构建与基础地理空间数据及规划管理数据的多尺度网格化匹配相结合的技术。规划信息整合则是通过建立多个规划数据标准规范数据库，再依据规划空间数据与非空间数据的关联技术实现。规划数据同步与反馈更新则是建立以时间驱动和空间驱动的规划数据同步更新机制。系统具体分为 B/S 端与 C/S 端两个部分：C/S 端主要负责数据的录入与管理，采用的是 SQL Server 数据库，通过与数据库的连接、矢/栅数据集的创建以及矢/栅数据的导入三个步骤完成数据的录入，同时仕录入后可以查看、浏览数据库已录入数据的信息等，包括地图实时显示、属性表的查看、数据的增删；B/S 端则是提供了一个云平台将数据库中在 ArcGIS Server 上已发布的数据进行显示、浏览、编辑等操作。用户通过注册，登录即可进入云平台，并根据规划数据的需求进行增删、查看修改属性、合并分裂、上传附件等操作。

16.1.3　众包数据采集 App 软件

　　项目开发了服务于小城市（镇）规划建设与管理的众包数据采集 App 软件，该软件含 36 个技术模块，服务于众包数据导入、众包数据的分布式存储、众包数据的分布式索引、数据索引算法、综合调用以及实现众包数据与云平台的交互运行等功能。通过移动终端采集的众包数据具有实时性、易失性、突发性、无序性、无限性等流式特征，因而这类数据的动态接入与高效存储管理对于小城镇智慧规划与管理具有十分重要的意义。众包数据的优点是获取成本低、来源广，虽具有一定的缺陷，但是经过一定的质量控制以及数据清洗，仍然具有很大的应用价值。

　　众包数据与传统静态数据有着本质区别，它是公众在生产生活过程中通过来自移动终端、传感器、网站等媒介的响应而形成的具有动态特征的数据流，而且因为媒体种类的多样，数据的产生方式决定了数据的种类与格式无法完全统一。为了数据的接入有序和可靠，本项目开发的 App 软件可采集众包数据并归为四类：图像数据、文本数据、语音数据、坐标位置数据，完成动态的采集、上传、质检与更新操作。该软件与小城镇群智慧规划建设与管理服务时空信息云平台相对接，基于移动端 Android 系统开发出可以进行众包任务领取，以及众包数据采集、更新与质检的移动 GIS 软件，再将数据上传至云平台进行存储管理以及进一步分析。与目前市场上众多数据采集 App 软件相比，本项目的 App 软件采用众包技术，让公众参与众源地理数据的采集、更新和多级质检策略，同时提供了数据更新的功能，具有更强的适用性和针对性。软件开发基于普及程度高的中低款手机、发动和利用大众力量，提供了相对低价的数据获取途径，减少了数据录入和更新成本，弥补了基础设施和专业人员不足的缺陷。

16.1.4　生态承载力评估子系统

　　生态承载力评估系统的核心技术适用于对规划范围内的生态环境承载容量作综合评价，具体包括有 7 个技术模块：信息数据调用、评价模型选择、评价因子选择、因子权重计算、承载力评估、评估结果统计和评估结果展示与输出。评价因子类别包括地形地貌、土地资源、生物资源、气候因子、自然环境、水资源、干扰强度、经济发展水平、社会发展水平和域外交通联系，因子总数超过 40 个。该子系统提供 AHP 法、德尔菲法和灰色系统法 3 个评估计算模型，评估精度超过 50m×50m。

此项核心技术的研发把生态系统看作一个复合体，设计了一套综合的生态承载力评估方法和工具体系，所有数据、算法及评估操作均搭建在云平台之上。该核心技术运用 GIS 手段进行生态信息的挖掘，系统地应用综合指标体系法，分析区域生态承载力的空间格局，并给出量化和图示化的评估结果，为规划范围内各地区的生态保护和规划建设决策提供可靠、直观的技术支撑。

16.1.5 建设用地适宜性评价子系统

建设用地适宜性评价子系统的核心技术应用于重大项目选址用地条件综合评价目的。该子系统含地理信息数据调用、评价模型选择、评价因子选择、因子权重半自动计算、用地适宜性评估、评估结果统计与结果展示等 7 个技术模块，评价因子类别包括区位要素、建设用地条件、地震风险、水土流失、地质灾害、经济环境、基础设施条件和生态环境容量等，共 50 个评价因子，该子系统包括 AHP 法、德尔菲法和专家打分法 3 种评价方法，评价精度超过 50m×50m。

此项核心技术的研发针对重大建设项目选址综合条件评价的应用需求，设计了一套技术工具体系，全面考虑影响重大建设项目的安全性、适宜性以及该项目对自然和现有建成环境可能带来的生态和经济社会负担等相关因素。该核心技术涉及的数据、算法及评价操作均通过云平台服务来完成。该技术工具体系可对不同类别的建设项目展开建设用地适宜性综合指标评价，为规划范围内各地区的规划建设决策提供量化和图示化的技术支撑。

16.1.6 多规协同及冲突检测子系统

多规协同及冲突检测子系统的核心技术包括两个功能，一个是多规冲突检测，例如土地利用规划、城乡规划等不同部门的规划在空间位置、形态、指标等方面的一致性或不一致性，如有，在哪里？多大范围或程度？另一个是冲突预警，检测规划方案与相关法规、标准、政策是否一致，例如新的规划与建设用地增长边界、基本农田保护和生态三级管控线等政策是否有冲突，如有，在哪里？多大范围或多么严重？该子系统含 6 个功能模块：规划成果数据调用、多规协同智能评价指标加权、多规协同智能评价、规划空间冲突检测、冲突检测统计与展示和冲突预警，用地检测精度达到宗地级。多规协同及冲突检测子系统，依托规划信息共享云平台，以相对低成本、快速的方式获取实时更新的规划成果，得到详细的空间量化信息，实现智慧规划反馈，提高行政管理服务效率。

当前，我国诸多小城镇在空间发展规划中，存在多部门规划管控的区域交叉重叠、管控内容相互矛盾的现象，在实施过程中相互掣肘、效益低下，无法全域协调，浪费宝贵的空间资源，破坏生态环境。同时，小城镇技术力量薄弱，规划成果管理混乱，难以把握多种规划在成果、标准和协调机制上的矛盾，不利于进行"多规"协同工作，急需合理有效的空间管理工具以及一套健全的协同机制。针对小城镇规划的特点，多规协同及冲突检测子系统服务的地域目标选择城、镇共存的最基层地理单元——县域内小城镇群，有利于县域的国土空间规划和多规融合应用工作。

16.1.7　远程专家评审子系统

远程专家评估子系统的核心技术在于创建一个虚拟环境，使得全国甚至世界各地专家能够不到现场、异地远程为小城镇规划编制和建设管理提供专业技术服务和支持。该子系统含用户远程登录、地方规划数据提交、规范与标准调用、空间数据多模式分析、避让检测、指标测算、评审结果递送和评审报告整理存储等八个功能模块。通过专家评审软环境建设为专家评审提供技术标准、指标运算、空间分析测算等服务。并通过技术标准与规范库设计、城市规划指标体系建立及公有云服务等方式支持专家评审软环境建设。

远程专家评审子系统中的技术开发采用云技术平台和云服务模式，基于互联网建设，通过虚拟化技术突破单个物理机制的限制，实现服务器的高可用性；通过公有云的海量数据分布存储技术，动态资源调整，为城市规划分析提供大范围空间数据及多尺度空间运算模型服务。该子系统探索应用了 SaaS 模式在远程专家评审工作中的实施。SaaS 模式是在 21 世纪兴起的　种全新的软件应用模式，远程专家评审系统通过 SaaS 模式实现海量空间数据使用，所有操作均在互联网中完成，消除客户端，实现数据资源、软硬件资源、运算资源的完美共享。

16.1.8　基于 PC 和手机端公众参与子系统

　　本子系统的核心技术包括基于 PC 端和基于手机端，用于支撑公众参与的两组软件。基于 PC 端的软件服务于公众通过 PC 终端了解规划信息、参与问卷调查、提出规划建言等，具体含六个功能模块：规划成果发布模块的功能包括信息编辑、信息展示等；公众意见收集模块的功能包括意见提交、意见查看等；公众意见分类及统计分析模块的功能包括意见分类、意见查询、意见统计等；公众意见处理及反馈模块的功能包括意见提醒、意见反馈等；问卷调查模块的功能包括问卷编辑、问卷发布、结果查看；公众意见告知模块的功能包括意见推送等。基于手机端的软件通过微信公众号实现相关服务功能，具体包括四个功能模块：支持点对点消息模式和发布—订阅消息模块；公众意见反馈模块，支持公众利用文本数据、图像数据、语音数据反馈规划意见；问卷调查模块，支持公众填写、提交调查问卷；处理意见反馈模块，将规划编制、管理人员对公众意见的采纳情况反馈给公众。

　　传统的城市规划仅限于政府部门和专家，社会公众往往很少参与决策，只有在规划被正式批准公示后，社会公众才能了解规划的大致情况。随着我国城市化的发展，对城市规划提出了更高的要求，公众意愿成为城市规划中必须考量的要素，而传统的民调方式难以筹集到大多数民众的智慧。本项目运用了"互联网+"的技术手段，利用互联网"扁平，无边界"的特点，可以快速、准确地寻找到城市规划的目标人群，大大降低了民众参与城市规划的门槛，提高了规划部门与社会公众的沟通效率。在互联网技术的支撑下，让城市规划在方案编制阶段便可以充分吸取民众意愿，相较于传统的规划公示，是一项规划理念和质量的改革与提升。

16.1.9　公众监督反馈手机应用软件

　　本项目研发完成了用于城镇规划建设管理的公众监督子系统，包括两个部分：搭建基于云环境、面向小城镇城管应用技术平台的智慧公众监督反馈软件和智慧公众监督反馈手机应用程序。智慧公众监督反馈软件含五个功能模块：规划成果发布模块，支持对城乡规划成果文本、图纸的发布及公众查询。公众意见数据收集模块，实现公众意见众包数据的收集汇总，提供文本、图像、语音等不同格式数据的动态接入、汇总。公众意见分类模块，根据违法用地、违法建筑、灾情、交通、基础设施等关键词等信息，对公众意见进行分类、整理。公众意见告知模块，将公众意见汇总信息及时告知政府相应管理部门工作人员。公众意见处理情况反馈模块，将管理部门的处理意见，通过点对点消息模式和发布—订阅消息模式反馈给公众。智慧公众监督反馈手机应用程序含三个功能模块，具体为手机 App 消息发布模块，支持点对点消息模式和发布—订阅消息模式；公众信息反馈模块，支持公众利用文本数据、图像数据、语音数据反馈规划意见；处理意见反馈模块，将规划管理人员对公众意见的采纳情况反馈给公众。

传统的城管监察常常采用蹲点或者扫街式的巡查方式，基于手机和众包技术应用的神农架林区违法用地和建设监督技术应用改变了传统的、"扫街"式的城管监察工作方式（图 16-1），该子系统通过众包模式发动当地群众参与城市监管，这一新的巡查模式在两方面大大降低了工作运营成本：一方面在于增强巡查针对性，使得城管人员出车效率得到提升，减少了巡查扫街过程中的人力与物力消耗；另一方面基于手机的公众监督终端节约了采购专用 PDA 的成本消耗，在实际城管工作中，公众监督手机终端同样能够上传语音、图像与文本信息，同时与后台进行沟通，在功能上基本可以完全覆盖专用 PDA 的功能。并且，相比佩戴专用 PDA，利用手机实现城管监察工作更为方便、快捷。

16.2　创新点

16.2.1　基于云平台的规划数据"一张图"整合与反馈更新

第一个创新点是基于云环境的规划数据同步与反馈更新。"一张图"的数据整合很多大城市已实现了，例如武汉。但是在云平台实现多源数据的整合、存储、更新、调用等，本项目成果有其创新性。该技术创新主要用于规划数据编辑、更新与网络共享实现，包括空间数据变化检测、多比例尺数据综合机制和网络地理信息服务组合等。空间数据变化检测的目的是确定现状与历史数据相比有修改的要素，为数据的更新工作提供基础。本项目融合了多种变化检测方法，包括基于旧历史矢量数据的特定要素全自动检测新数据的对应

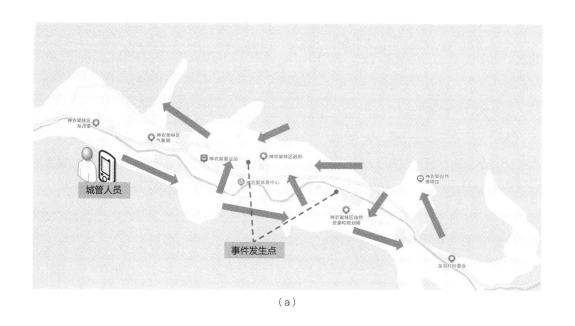

（a）

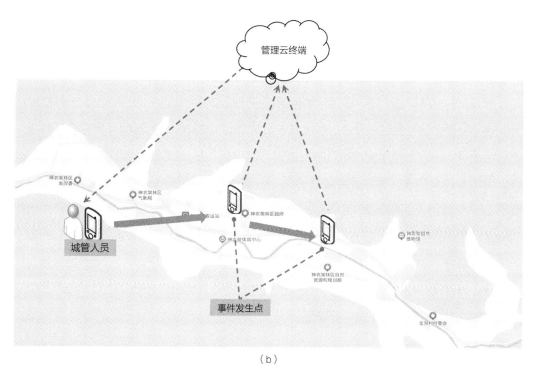

（b）

图16-1　传统"扫街"式与众包技术应用城管监督模式对比
（a）"扫街式"传统城管监察过程；（b）众包模式城管监察过程

比较、基于新的空间数据自动或半自动检测新增地理要素。针对点状、线状和面状的地理要素则应用缓冲区匹配判别、投影跟踪和 LSB-Snake 模型、区域生长和形态学处理算法提取特征要素，以进行新旧数据的比对。多比例尺的数据综合机制包括语义综合和几何综合，前者侧重属性信息的合理分类和表达，本项目提供层次关键词分类和知识表达结构化予以实现。后者主要关注图形符号的形状简化和地理要素的表达构建，本项目根据几何类型及分类信息建立地图符号，通过不同详细程度和要素抽象表达。在线地图综合和数据更新通过大比例尺数据的在线实时综合使得用户可以按需获取不同细节层次的空间数据。本项目的网络地理信息服务组合机制完成了空间信息服务的序列组合。针对多尺度空间数据在线更新应用，本项目的"一张图"整合可提供专门的数据更新服务工作流，包括各类相关比例尺数据服务（WMS）、高分辨率遥感影像服务（WCS）、变化检测处理服务（WPS）、多比例尺数据综合功能和更新结果传播功能等。

16.2.2 基于固定和移动终端的多粒度并行计算优化

第二个创新点是基于固定和移动终端的多粒度并行计算技术应用。多粒度并行计算在云计算领域的应用日益广泛，本项目的创新在于将这个技术整合应用于项目特定的技术环境，基于远程和云平台用户需求，优化基于固定终端和移动终端的远程数据存储和调用。本系统采用 Hadoop+Spark 集群进行并行计算，分别进行粗粒度和细粒度任务调度，通过网络进行数据传输，提供多种容错机制，以保证使用者需求任务的顺利完成。同时，基于 Spark 优势，采用 RDD 和 MLlib 算法库，高效编写自己的代码。采用 YARN 或者 Mesos 作为资源调度器，高效共享集群中的资源和底层数据。此外，利用 GIS 分析基础算子，构建 GIS 算法内核和并行化算法两层体系，对 GIS 算子进行封装，对外提供接口，与并行处理架构对接，形成面向非整体局部处理任务、简单分解与合并任务、分层次组织任务、阶段迭代任务的多粒度并行模型。

16.2.3　基于云平台的共享建设与服务体系构建

　　第三个创新点在于机制创新，将省级地理信息中心的硬件、软件、数据等资源通过云平台和云服务与偏远山区小城镇群共享。机制创新的实现需要相匹配的技术支撑。云平台的核心技术主要以离散的大数据为中心，它与规划数据的底层，即规则的空间规划大数据与位置大数据在数据模型上存在着很大差异，实现面向规划应用的、基于云平台的数据整合和服务所需的服务标准化、接口封装、服务注册发现等，目前没有成熟的经验和技术可直接采用。另一方面，既有的以 GIS 为支撑的空间规划信息化服务，也需要与云平台作整合与融合处理。本项目在此方面的技术创新体现在：①基于容器化集群管理、微服务架构的新一代云平台体系，汇集融合来源各异的空间规划服务与规划模型，将传统的数字城市服务平台、基于虚拟化资源池的云平台推进至弹性伸缩、灵活集成的云操作平台，将云平台的工作重心从偏软硬件资源管理的 IaaS 层推进至服务展现的 PaaS 层，专注上层的业务逻辑重构、按需服务与资源高可用，体现从资源分散型服务向资源节约型的集约服务模式转变。②在构建成熟的平台服务层与业务层之上，基于规划业务特征"量身定制"，使用服务注册、发现、组装、调度与管理等云平台技术体系，构建服务于小城镇群规划管理应用的云平台支撑和服务体系。

16.2.4　城乡规划与管理应用技术集成

　　第四个创新点在于规划管理实践的功能在云平台集成。本项目将城乡规划与管理的重要环节在省级云平台技术框架里作应用子系统和技术模块开发，并将这些子系统和技术模块集成于同一服务平台。目前，国内尚未有类似的、面向小城镇群需求的规划应用集成。项目开发了 6 个子系统共 46 个技术模块，6 个子系统分别为：①生态承载力评估；②建设用地适宜性评价；③"多规"协同及冲突检测；④远程专家评审；⑤智慧规划公众参与；⑥基于移动终端众包技术的规划建设管理。这 6 个子系统和 46 个技术模块并非城乡规划与管理实践工作的所有内容，但涵盖了涉及城乡规划与管理实践的前期自然环境条件分析（子系统①和 ②）、中期规划编制和相关规划与政策分析（子系统③）、中后期规划方案的专家评审和公众参与（子系统④和⑤）以及后期规划实施与管理（子系统⑥），6 个子系统内在逻辑联系紧密，构成完整、集成的智慧规划与管理支撑体系。6个子系统主题内容的选择考虑了我国当下城镇化和城乡发展规划的热点和难点问题，即生态问题、保护用地和建设用地的矛盾、多规合一、公众参与和规划建设精细化管理。每个子系统的开发都采用了相对成熟的相关理论和方法，以保证该子系统应用的专业可靠性和稳定性。

16.2.5 基于"市民科学"的多界面应用平台

第五个创新点是紧跟信息技术科学和城乡规划学科发展前沿，搭建了基于"市民科学"（Citizen Science）理论的多界面应用平台，利用信息技术充分"发动群众"采集数据、参与决策，共同监督城乡规划管理。"市民科学"是指普通市民协作参与或在专业科研人员指导下从事传统上由专业科研人员完成的专业和研究工作，常见的有众包（如任务分发或数据采集）、众筹（规划设计想法、方案思路筹集）、众参（决策和管理共商共议）等。在互联网、移动通信等信息服务技术迅速普及的当下，"市民科学"国际上发展迅猛，在城乡规划与管理领域应用也日益广泛。本课题立足信息科学应用的发展前沿理论，针对应用对象的不同"众"群，例如管理人员、规划设计项目咨询结构的专业人员、专家学者、普通市民等，各子课题开发了基于手机、个人电脑、微信和万维网等不同界面的应用平台，设计了不同的、跟参与方式相匹配的参与界面选择、参与信息获取方法、参与数据管理自动分类和参与反馈的模式。

16.2.6 针对偏远地区城镇聚落离散分布的特点而开发的低成本、宽适应性技术系统

第六个创新点体现在所开发技术系统的低成本、宽适应性，对客户端软件和硬件的低要求，以解决偏远小城镇在专业技术、基础数据、规划管理等方面资源不足的难题。本项目技术设计允分考虑偏远地区城镇聚落离散分布的特点，在保证系统运转技术要求的前提下尽可能降低系统应用对硬件、专业软件以及使用者专业技能的要求，专业性相对较强的子系统①～③在客户端PC不要求安装专业软件（如ArcGIS），子系统①～④所涉及的专业技术方法、规范、基础数据等资料和参数均已植入系统云平台中，因此系统运转对客

户端不做特殊要求，使用者不必局限在某一个特定地点或时间，只要有网络信号和互联网浏览器即可使用各个子系统。面向普通大众的子系统⑤和⑥不要求使用者具备城乡规划与管理方面的专业技术或知识，所开发的系统在最普通的手机上可运行（测试手机机型为"魅族"，其他安卓手机兼容）。本项目开发的子系统的使用进入门槛和维护成本相对较低，系统的空间、时间和技术适应性宽，特别适宜于常规交通工具不方便到达的、聚落分散的偏远县市村镇地区。

16.3　技术成果的示范应用与推广前景

　　本项目开发的9项技术成果在神农架林区完成了示范应用，手机应用用户数574人，远程专家会议6次，3次规划方案公众咨询，获取反馈信息2512条，培训20名技术人员，举行8场相关软件推广培训会。其中，多规协同及冲突检测子系统和公众监督子系统在松柏镇、木鱼镇、新华镇和红坪镇结合实际规划和管理实践开展了应用服务示范。基于示范应用的结果和用户反馈，本项目的技术成果具备较大的推广前景，总结起来体现在如下四个方面。

16.3.1　支撑小城镇群国土空间规划的"一张图"云平台

　　小城镇地区，尤其是位于山地和偏远地区的小城镇群，受地理环境的影响其城乡聚落分布相互离散，彼此之间地理高程落差大，交通不便，时空互动关联的机制与平原地区迥异。同时，多数偏远小城镇地区经济和技术力量薄弱，城镇规划与建设管理面临许多挑战但缺乏相应的技术和专业实力去有效地应对这些挑战。迅速发展的云计算和云服务技术为大城市或发达地区向偏远地区小城镇远程提供专业技术服务带来了巨大的机遇。本项目构建了基于湖北省省级云基础设施的小城镇群智慧规划建设与管理时空云平台，开发了小城镇群规划数据整合与云同步更新软件，并且提供了众包数据的动态接入与存储功能。这项功能利用普及程度高的手机、发动大众力量，有助于以相对低成本的方式获取规划管理需要的数据，减少数据录入和更新成本，弥补基础设施和专业人员不足。小城镇群智慧规划建设与管理时空云平台及相关技术在神农架林区完成应用示范，技术成果在我国其他偏远地区小城镇群为推进国土空间规划、实现规划管理"一张图"等方面具有非常广阔的推广应用前景。

16.3.2 支撑规划建设的前期研究

我国有很多类似于神农架林区的小城镇地区，这些地区生态资源丰富但经济发展和居民生活水平相对偏低。沿海或大城市地区以城镇化为驱动的经济发展模式不宜在这些生态资源丰富的小城镇地区沿用。要实现生态保护与经济增长平衡发展，首先需要对所在地区的生态条件及其建设开发承载力作详尽的勘察和可靠的评估。然而，小城镇地区往往不具备系统地开展生态承载力评估所需的技术力量。本项目开发的基于云平台的小城镇群生态承载力评估子系统为我国众多的偏远地区小城镇群提供了一个可行、适用的技术手段。各地区生态资源和条件会有所不同，在神农架林区完成的生态承载力评估示范不一定能直接移植到其他地区。但该子系统包含 40 多个评价因子，覆盖内容全面，可在其他地区因地制宜地推广应用。

生态承载力评估子系统也为实行生态补偿机制提供了有效的技术支撑。"生态补偿机制"是指经济发达地区向生态脆弱的地区提供生态补偿用于生态环境建设，补偿生态脆弱区因生态保护而失掉经济发展的机会。2015 年神农架林区的大九湖湿地已经纳入全国湿地生态效益补偿试点。可靠且可及时更新的生态承载力评估有助于恰当地确定生态资源价值、制定切合实际的生态补偿标准、稳定生态保护和生态修复所需资金来源，提高自然生态保护区规范化建设水平。

本项目开发的生态承载力评估子系统主要用于对所在地区的生态资源作基础性全面勘察和状态评估，而另一子系统，建设用地适宜性评价，则是面向城乡建设实践，为优化决策重大工程项目选址提供技术支持。神农架林区城镇建设受许多自然条件制约，沟壑纵横，层峦叠嶂，地质条件复杂，适宜于城镇建设的地域面积小，山洪、山火和泥石流等自然灾害对很多地段具有潜在的威胁。此外，林区有丰富的矿产资源，但均为小型矿，现有的开采方式粗放落后，矿产资源利用率较低。种种原因导致神农架林区人均耕地面积呈现逐年下降的趋势，而可供规模性城市开发建设和工业发展的土地资源逐渐减少。

　　类似于神农架林区的山区小城镇群有很多，面临的城乡建设困难类似。本项目研发的建设用地适宜性评价子系统有助于这些小城镇群的土地资源管理和城镇规划与建设部门科学地划定区内适宜建设开发的用地的位置和范围，减少新的建设项目对生态环境的损毁以及可能面临的自然灾害的威胁，有效地提升可建设用地的利用率，同时减少由于对建设用地条件不了解而简单地提高工程安全系数带来的工程造价过高等方面的问题。

16.3.3　规划编制与评审

　　"多规协同及冲突检测子系统"以管理经济实用、操作简便易学的方式，清晰地将不同类型规划在空间上的冲突及矛盾以图、表的方式展示出来，便于直观而方便地交流和讨论，为小城镇群地区推进国土空间规划提供了经济有效的技术支撑。"多规协同及冲突检测子系统"在神农架林区松柏镇和新华镇的应用，对神农架林区的规划编制和管理工作产生了较好的示范效应。在示范应用中，通过冲突检测及时发现"多规"在实际工作中存在的矛盾，为进一步协调空间规划提供了直观的技术成果。通过冲突预警检测，发现了现有规划与生态敏感区、基本农田保护区及建设用地增长边界管理方面的矛盾，为下一步协调空间规划提供了技术参考。同时，神农架林区目前所划定的各类刚性管控界线，都已进入云平台数据库管理系统，可以为今后各类空间规划的制定起到较好的预警提示作用。

　　"多规协同及冲突检测子系统"基于规划数据信息化，为今后小城镇群在规划设计成果管理方面提出了规范化要求和示范。在示范应用中，提升了神农架规划管理工作人员规划信息化的工作认知。为了方便实施管理，需要大力推进规划信息管理平台的建设，从规划编制的拟定、立项、招标、编制、审查、评议、批准、公示、入库等各阶段入手，记录每个阶段的各类信息，形成规划编制项目档案库，使规划编制全流程管理规范化、信息化，推动神农架林区的可持续发展。

　　城镇规划与建设项目的申报审批是城乡规划管理部门的一项重要工作，为了解决传统项目申报评审流程既耗费人力又耗费时间、项目申报评审效率低下等问题，本项目基于云平台整合专家库、评审项目库及评审标准库等数据，实现城镇规划项目网上申报及审批管理，大大提高工作效率，规范化项目审批，尤其是解决偏远地区专家资源缺乏、审批效率低等问题，实现多地域、多层次专家资源共享与支援，社会和经济效益突出，尤其是针对偏远山区。

以往由于神农架地处偏远，交通不便，且受季节性影响较大，很多规划审核工作难以在有效的时间内完成。远程专家评审系统借助服务器虚拟化及并行运算等云技术的核心技术，实现城市规划项目网上申报及审批管理，解决了以往由于时间差距、空间差距造成的审批不及时的问题，极大地提高了当地的工作效率。同时，基于云平台的数据集成，远程专家评审系统具有完整的数据管理体系、规划指标体系等，规划管理人员基于该平台即可完成规划数据从前期的审核到专家分配到最后结果汇总全过程的管理，极大地提高了对规划数据的管理水平。

神农架的地域特征很大程度上限制了当地的发展，包括对人才的吸引能力。提升当地的规划编制与管理水平也成为我们关注的重点。在以往的规划编制过程中，由于缺乏足够的专业人员以及及时的专家评审，会造成规划过程中存在一些不足而无法及时得到修正。同时，为了解决部分专家尚未去过规划地而难以准确评审的问题，远程专家评审子系统借助系统空间分析 WebGIS 技术及海量空间数据操作的 SaaS 技术，构建空间数据分析多模式模块，可以满足基本的空间数据分析需求，为专家评审提供必要的工具支撑。

远程专家评审子系统借助云计算的虚拟化技术实现信息资源整合，提高了政府设备资源的利用率，充分实现信息资源的共享。同时，有效地解决不同信息源之间的集成问题，包括规划评审过程涉及不同用户之间的承接流转的无缝集成，从而提升规划评审过程的信息化水平，提升评审效率和科学性。远程专家评审子系统的应用，尤其是在边远地区和交通不便地区的使用，可以极大地提高当地规划工作人员的工作效率和管理水平。

16.3.4　规划管理公众参与和公众监督环节

神农架林区的规划管理目前存在两个较为典型的问题。一是行政管理资源过度集中在松柏镇、木鱼镇这两个镇域，对其他乡镇难以做到高频率的城市监管。二是松柏镇与木鱼镇的建成区内由于地势环境和道路规划的关系，巡查车辆难以深入每家每户，只能步行进入这些区域，城市监管难以及时发现问题。面对这两个较为棘手的问题，本项目开发了将移动终端众包技术应用于神农架林区的城市监管子系统。一方面，发动远离松柏和木鱼的一般乡镇（如上述示范应用中的新华镇）的相关公务人员安装移动监管上报终端，即使距离神农架林区城市管理局总部较远也能实时上传该地区的城市监管问题。乡镇中心与其他地区在城镇监管上的沟通效率大大提升。另一方面，子系统的应用示范在松柏镇与木鱼镇开展了多场次公众路演，发动当地居民安装移动监管终端，扩展了城市监管的巡逻区域，并更加准确地发现居民身边的城市管理问题。这极大地提高了巡逻人员的执勤效率，从单纯的扫街式巡逻转变为具有极强目的性的针对性巡逻，大大节约了扫街巡逻所需的人力与物力。

对比国内外城市监管的智慧化建设方案，均极少涉及偏远小城镇的相关研究与实践。而本项目公众监督系统平台的建设填补了国内外相关应用实践的空白，开拓出一条以公众参与为核心的低成本、高效率的智慧化城乡规划管理解决方案，为财力有限的小城镇地区规划管理决策提供了强有力的技术支持，有效地提高了小城镇群规划管理能力，同时为在其他类似地区的项目推广提供了宝贵的实践经验。

此外，将神农架林区民众通过移动终端在公众监督 App 上报的事件进行类别和时空分析，可以总结出神农架林区各类事件的集聚特征以及变化情况。从民众的上报事件来看，神农架林区机动车与非机动车乱停放、违法乱搭乱建以及道路设施破损情况较为严重，且各类事件呈现出了不同的集聚特征，为规划管理者下一步的工作重心提供了决策指导。与此同时，基于公众监督的城市监管方案极大地调动了城市居民参与城市形象管理的积极性，配合适当的奖励政策能够提升城市居民对于城市发展的认同与主人翁意识。在参与监管的过程中，通过亲身实地的实践体验，逐步使得环保、文明、健康、和谐的城市精神深入人心，提高居民的精神文明面貌。

后 记

AFTERWORD

早在 2005 年《瞭望新闻周刊》刊文《规划编制的"三国演义"》，尖锐地指出我国各级政府的国民经济与社会发展计划、城市规划和土地利用规划等三大规划之间存在的竞争与不协调关系。类似的"演义"和"博弈"关系在其他各类规划中也普遍存在。多规博弈现象的衍生既有规划编制与管理体制上的原因，也有规划技术与方法方面的原因。与大城市和沿海发达地区相比，偏远山区中小城镇规划专业人员缺乏、规划技术支撑基础薄弱，需要应对更多的规划编制、多规博弈和规划实施监督等方面的挑战。鉴于普遍存在的多规博弈和不协调问题，尤其关注偏远山区中小城镇面临的规划困局，我们构思了基于云计算和众包技术的面向偏远地区小城镇群"多规合一"需求的技术集成，于 2014 年申请"十二五"国家科技支撑计划项目经费的支持。项目于 2015 年获批并启动，2018 年完成研发和示范任务并通过单项课题验收，2019 年通过项目整体验收。此年恰逢中央政府颁发《关于建立国土空间规划体系并监督实施的若干意见》，正式全面地推进多规合一、抑制多规博弈。遗憾的是，因新冠疫情耽误了三年多，我们项目的整体成果未能及时得以发表出版。

即便如此，我们项目的成果依然有其时效性。在当下全国开展国土空间规划之际，该项目基于云计算和众包技术的技术构思和集成框架搭建依然具有前瞻性和先进性。近几年网络技术、通信技术和数据技术均有巨大发展，该项目成果有极大的应用推广价值和潜力。以下我们对该项目成果的特点做一个概括总结：

一、双评价。系统平台集成的"生态承载力评估子系统"和"建设用地适宜性评价子系统"构建了"双评价"的技术方法体系，通过对资源环境承载能力和国土空间开发适宜性评价，为国土空间规划编制奠定了坚实基础。

二、双评估。系统平台集成的"多规协同及冲突检测子系统"和"远程专家评审子系统"基于云平台建立了"双评估"信息系统，实现了在线多规协同空间冲突识别评估，专家远程评估，筑牢国土空间安全底线，为科学划定"三区三线"提供了重要依据。

三、双监测。系统平台集成的"多规协同及冲突检测子系统"和"公众监督子系统"基于云服务和众包技术建立了"双监测"服务系统。通过云服务平台对国土空间冲突风险进行在线识别预警，通过众包公众参与对规划实施进行动态管理与监督。

四、云平台信息服务。以信息为核心的云平台技术体系，将规划、建设与管理过程中来源多样、格式标准不统一、采集时间不一致，且在时间域与空间域上存在差异的各类数据进行集成与融合，为规划各阶段提供科学详实的数据基础。以服务为导向的云平台集成系统，通过各类智慧规划服务产品，如小城市（镇）规划数据智能云同步与更新软件、众包数据采集 APP、公众参与 APP、公众监督反馈 APP 等为实现规划能用、管用、好用奠定坚实基础。

五、科学规划管理体系。"基于云服务和众包技术的小城镇群规划建设与管理服务系统"通过对规划编制审批体系、动态监督体系、法规政策体系和技术标准体系的构建，初步形成了国土空间规划体系框架，为全面推行并深化国土空间规划提供了可操作的技术支撑。

随着"基于云服务和众包技术的小城镇群规划建设与管理服务系统"在更多示范应用中的不断完善，期待其能为小城镇群国土空间规划提供更好的技术支持。

张明　李晓锋　李兵

图书在版编目（CIP）数据

基于云服务与众包技术的小城镇群国土空间规划支撑
系统 = Territorial Spatial Planning Support
Systems for Small Town Clusters Based on Cloud
Services and Crowdsourcing Technologies / 张明，李
晓锋，李兵编著 . -- 北京：中国建筑工业出版社，
2023.6
　　ISBN 978-7-112-28860-1

　　Ⅰ . ①基… Ⅱ . ①张… ②李… ③李… Ⅲ . ①城市群
—国土规划—计算机管理系统—研究—中国 Ⅳ .
① TU984.2-39

　　中国版本图书馆CIP数据核字（2023）第114275号

责任编辑：杨　虹　尤凯曦
责任校对：芦欣甜

基于云服务与众包技术的小城镇群国土空间规划支撑系统
Territorial Spatial Planning Support Systems for Small Town Clusters Based on Cloud
Services and Crowdsourcing Technologies
张　明　李晓锋　李　兵　编著

*
中国建筑工业出版社出版、发行（北京海淀三里河路9号）
各地新华书店、建筑书店经销
北京海视强森图文设计有限公司制版
北京富诚彩色印刷有限公司印刷
*
开本：787 毫米 × 1092 毫米　1/16　印张：24¼　字数：440 千字
2024 年 12 月第一版　2024 年 12 月第一次印刷
定价：**98.00** 元
ISBN 978-7-112-28860-1
　　（41289）